“十三五”江苏省高等学校重点教材（2018-1-052）

JavaScript 程序设计实例教程

第2版

主编 程 乐 郑丽萍 刘万辉

参编 章早立 管曙亮 郭艾华

机械工业出版社

本书采用任务驱动模式编写，内容涵盖 JavaScript 概述、HTML、CSS+DIV 应用、JavaScript 语言基础、常用内置对象、BOM 及事件处理、DOM 编程及表格操作、Ajax 应用和 MUI 布局等客户端交互特效制作行业新技术。本书由浅入深，每章内容都与案例紧密结合，有助于读者理解知识、应用知识，可以大大加强读者实践动手操作的能力。所选案例具有较强的扩展性，能够给读者以启发。新版教材还设计了实战项目在线测试系统（PC 端+移动端），贯穿知识体系，使读者能够学以致用。

本书结构合理，内容丰富，实用性强，可以作为高职高专院校计算机类专业、商务类专业、艺术类专业的教学用书，也可以作为培训教程，还可以作为相关专业从业人员的自学用书。

本书支持线上与线下相结合的教学方式，包含了大量的微课视频、课程大纲、授课计划、教学课件、电子教案、程序源代码、习题答案等配套资源，方便教师教学和学生学习。其中，微课视频可以直接扫码观看，教学课件等资源可登录 www.cmpedu.com 免费注册、审核通过后下载，或联系编辑索取（QQ：1239258369，电话：010-88379739）。

图书在版编目（CIP）数据

JavaScript 程序设计实例教程 / 程乐，郑丽萍，刘万辉主编. —2 版. —北京：机械工业出版社，2020.1（2025.1 重印）
“十三五”江苏省高等学校重点教材
ISBN 978-7-111-64715-7

Ⅰ. ①J… Ⅱ. ①程… ②郑… ③刘… Ⅲ. ①JAVA 语言-程序设计-高等学校-教材 Ⅳ. ①TP312.8

中国版本图书馆 CIP 数据核字（2020）第 024094 号

机械工业出版社（北京市百万庄大街 22 号 邮政编码 100037）
策划编辑：王海霞　　责任编辑：王海霞　张淑谦
责任校对：张艳霞　　责任印制：单爱军

北京虎彩文化传播有限公司印刷

2025 年 1 月 • 第 2 版 • 第 10 次印刷
184mm×260mm • 15.5 印张 • 382 千字
标准书号：ISBN 978-7-111-64715-7
定价：49.00 元

电话服务
客服电话：010-88361066
010-88379833
010-68326294

网络服务
机　工　官　网：www.cmpbook.com
机　工　官　博：weibo.com/cmp1952
金　　书　　网：www.golden-book.com
机工教育服务网：www.cmpedu.com

前　言

JavaScript 是世界上最流行的脚本语言之一，因为在计算机、手机、平板计算机上浏览的所有网页以及无数基于 HTML5 的移动 App、交互逻辑等都是由 JavaScript 驱动的。JavaScript 能跨平台、跨浏览器驱动网页，与用户进行交互。

1．本书内容

本书首先介绍 JavaScript 的含义、页面布局以及样式应用，为后续的 JavaScript 动态操作元素和样式应用打下基础；然后介绍 JavaScript 的基础语法和应用；介绍内置对象，利用 JavaScript 的内置对象，如数组、日期和字符串等，可以管理复杂的数据，简化程序的设计、脚本化表单和其他控件，创建专业水准的 Web 应用程序，并实现与用户交互；介绍事件的触发和处理，实现在线测试系统登录注册页面的居中显示，本地存储实现在线测试系统个人信息的访问；介绍了 DOM 的常用属性和方法的应用，包括元素的获取、增、删、改、替及遍历等操作，并实现了表格的动态操作；介绍了 JavaScript 实现 Ajax 无刷新页面加载数据，应用原生 Ajax 实现远程验证，并拓展实现数据库的访问功能；最后介绍 JavaScript 和 MUI 布局，实现移动版在线测试系统。

本书以培养职业能力为核心，以工作实践为主线，以项目为导向，采用任务式教学，兼顾界面布局样式与交互性，以增加课程内容的视觉效果。

2．体系结构

本书采用任务驱动模式编写，每一章都采用“学习目标”→“任务描述”→“知识准备”→“任务实施”→“任务训练”的结构。

1）**学习目标**：介绍本章的知识目标和技能目标。

2）**任务描述**：简要介绍本章的任务需求以及功能效果。

3）**知识准备**：详细介绍完成任务需要储备的各类知识，采用案例的方式进行讲解。

4）**任务实施**：分析任务，得到解决思路，运用所储备的知识完成任务。

5）**任务训练**：进行理论与实践训练。

3．本书特色

本书内容简明扼要、结构清晰、实例丰富、强调实践、图文并茂、直观明了，可以帮助学生在完成实例的过程中学习相关的知识和技能，提升自身的综合职业素养和能力。

4．教学资源

本书配套资源包括课程大纲、授课计划、教学课件、电子教案、程序源代码、习题答案等，同时本书配套了大量对重点与难点、技能点等进行讲解的微课视频。

本书由程乐、郑丽萍、刘万辉主编，编写分工为：程乐编写第 1、2、4、6 章，郑丽萍编写 5、7、8、9、10 章，刘万辉编写第 3 章，章早立负责课件设计与制作，管曙亮负责案例设计，郭艾华负责整理习题。

由于编者水平所限，书中难免存在不妥之处，请读者原谅，并提出宝贵意见。

编　者

目 录

任务 1　与用户交流：开启 JavaScript 学习之旅

学 习 目 标

【知识目标】

了解 JavaScript引擎的工作原理。

掌握 JavaScript 的组成。

掌握 JavaScript 的主要特点和相关应用。

掌握常用的与用户交流的方式。

掌握 JavaScript 程序的调试技巧。

理解页面结构、样式和行为。

【技能目标】

能够使用 JavaScript 脚本编辑器创建项目和新建文件。

能够改变 JavaScript代码的执行顺序。

能够使用多种方案将 JavaScript 脚本代码引入 HTML 文档。

能够使用常用的输出语句实现与用户交流。

能够获取元素并改变元素的内容。

能够实现程序的简单调试。

任 务 描 述

作为初学者，体验 JavaScript 程序的编写方法与技巧，实现“现在开始学习 JavaScript 吗？”询问式与用户互动交流效果，如图 1-1 所示，单击“确定”按钮后页面效果，如图 1-2 所示，单击“取消”按钮后显示 alert 警示对话框效果，如图 1-3 所示。单击图 1-2 中的文字显示图 1-4 所示的页面。

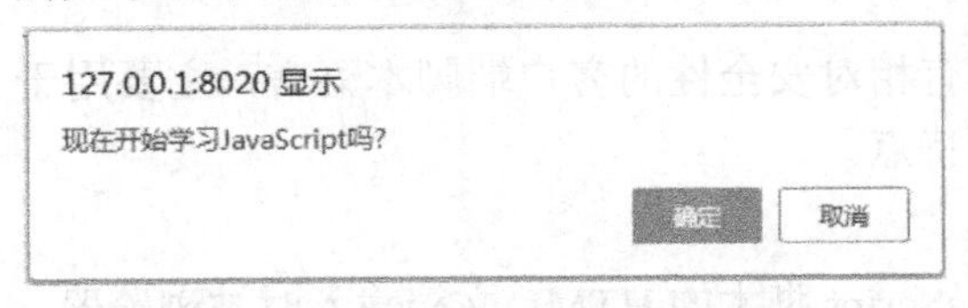

图 1-1　向用户询问效果（确认对话框）

图 1-2　单击“确定”按钮后页面效果

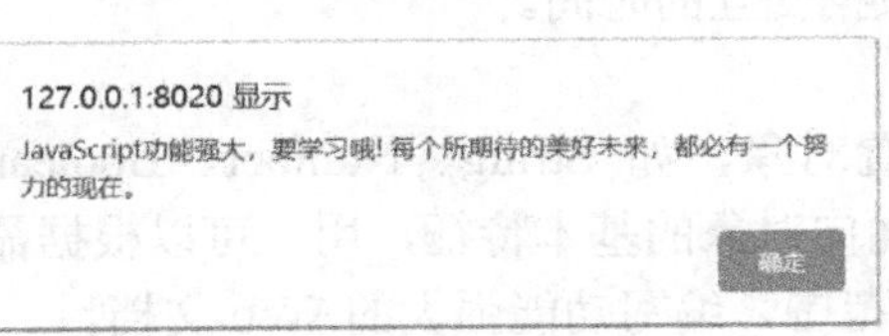

图 1-3　单击“取消”按钮后显示 alert 警示对话框

图 1-4　单击页面文字后效果

知识准备

1.1 JavaScript 简述

1-1 JavaScript 简述

JavaScript 是一种广泛应用于 Web 页面的脚本编程语言，也是一种通用的、跨平台的、基于对象和事件驱动并具有安全性的脚本语言。它不需要进行编译，而是直接嵌入 HTML（Hyper Text Markup Language，超文本标记语言）页面中，把静态页面转变成支持用户交互并响应事件的动态页面。

JavaScript 非常重要，可以说学习前端的本质就是学习 JavaScript 编程。后面学的很多高级技术都是基于 JavaScript 的。JavaScript 可以让网页元素具备更加流畅的动态效果。这在目前流行的 B/S 架构体系下是极其重要的事情，也是为什么前端工程师被广泛需求的根本原因。

1.1.1 JavaScript 的组成

JavaScript 由如下三部分组成。

- 核心（ECMAScript），描述了该语言的语法和基本对象。
- 浏览器对象模型（Browser Object Model，BOM），描述了与浏览器进行交互的方法和接口。
- 文档对象模型（Document Object Model，DOM），描述了处理网页内容的方法和接口。

BOM 用来获取或设置浏览器的属性、行为，例如新建窗口、调整窗口大小、关闭窗口、浏览历史记录等。DOM 定义了 JavaScript 操作 HTML 文档的接口，提供了访问 HTML 文档中元素（如 body、form、div、textarea 等）的途径以及操作方法，可以用来获取或设置文档中标签的属性，例如获取或者设置 input 表单元素的 value 值。

浏览器载入 HTML 文档后，将整个文档规划成由节点构成的节点树，文档中每个部分都是一个节点。例如<div id="div1" class="div1">DOM 示例</div>，其中<div>标签是元素节点，“id”和“class”是属性节点，“DOM 示例”是文本节点。

1.1.2 JavaScript 的主要特点

JavaScript 是一种基于对象和事件驱动并具有相对安全性的客户端脚本语言，主要用于创建具有较强交互性的动态页面，主要具有如下特点。

1．解释型脚本语言

JavaScript 是一种解释型脚本语言，嵌入 JavaScript 脚本的 HTML 文档载入时被浏览器逐行地解释，可以大量节省客户端与服务器端进行数据交互的时间。

2．基于对象的语言

JavaScript 是基于对象的，它提供了大量的内置对象，如 String、Number、Boolean、Array、Date、Math 及 RegExp 等。它还具有一些面向对象的基本特征，用户可以根据需要创建自己的对象，从而进一步扩大 JavaScript 的应用范围，编写功能强大的 Web 文档。

3．简单性

JavaScript 基本结构类似于 C 语言，采用小程序段的方式编程，提供了便捷的开发流程，并通过简易的开发平台就可以嵌入 HTML 文档中供浏览器解释执行。同时，JavaScript 的变量类型是弱类型，不强制检查变量的类型，也就是说可以不定义其变量的类型。

4．相对安全性

JavaScript 是一种安全性语言，它不允许访问本地硬盘，也不能将数据存入服务器，不允许对网络文档进行修改和删除，只能通过浏览器实现信息浏览或动态交互，从而能有效地防止数据的丢失。

5．动态性

JavaScript 是动态的，它可以直接对用户或客户的输入做出响应，无须经过 Web 服务程序。它对用户的响应是采用事件驱动的方式进行的。所谓事件，就是指在页面中执行了某种操作所产生的动作，例如按下鼠标、移动窗口、选择菜单等。当事件发生后，可能会引起相应的事件响应，即事件驱动。

6．跨平台性

JavaScript 依赖于浏览器本身，与操作系统环境无关，只要操作系统能运行浏览器并且浏览器支持 JavaScript，就可以正确执行。

综上所述，JavaScript 是一种有较强生命力和发展潜力的脚本描述语言，它可以被直接嵌入 HTML 文档供浏览器解释执行，直接响应客户端事件（如验证数据表单合法性），并调用相应的处理方法，迅速返回处理结果并更新页面，实现 Web 交互性和动态的要求；同时，它将大部分工作交给客户端处理，将 Web 服务器的资源消耗降到最低。

1.1.3 JavaScript 相关应用

1-2 JavaScript 相关应用

JavaScript 的功能十分强大，可实现多种任务，如在数据被送往服务器前对表单输入的数据进行验证、对浏览器事件做出响应、读写 HTML 元素、检测访客的浏览器信息等，实现如执行计算、检查表单、编写游戏、添加特殊效果、自定义图形选择、创建安全密码等操作，所有这些功能都有助于增强站点的动态效果和交互性。

1．验证数据

通过使用 JavaScript，可以创建动态 HTML 页面，以便用特殊对象、文件和相关数据库来处理用户输入和维护永久性数据。正如大家都知道的，向某个网站注册时必须填写一份表单，输入各种详细信息，如果某个字段输入有误，向 Web 服务器提交表单前，错误会经客户端验证被发现，并弹出提示警告信息，如图 1-5 所示。

2．页面特效

浏览页面时，经常会看到一些动画效果，这些动画效果使页面显得更加生动。使用 JavaScript 也可以实现这些动画效果，图 1-6 所示为使用 JavaScript 实现的几幅图片的轮播效果。

3．数值计算

JavaScript 脚本将数据类型作为对象，并提供丰富的操作方法，使得 JavaScript 可以用于数值计算。图 1-7 所示为用 JavaScript 脚本编写的进货单结算页面效果。

图 1-5　JavaScript 数据验证提示

图 1-6　图片的轮播效果

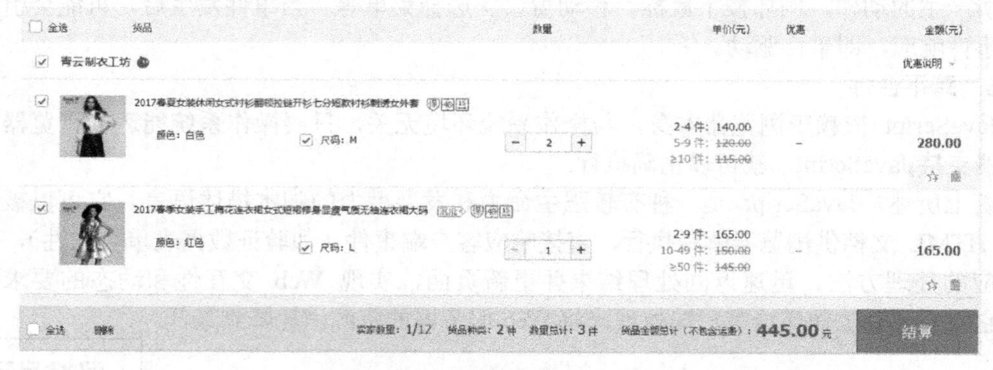

图 1-7　进货单结算页面效果

4．动态页面效果

使用 JavaScript 脚本可以对 Web 页面的所有元素对象进行访问，并通过使用对象的方法访问和修改其属性来实现动态页面效果。例如可以使用 JavaScript 实现网页版象棋游戏、俄罗斯方块游戏，如图 1-8 和图 1-9 所示。

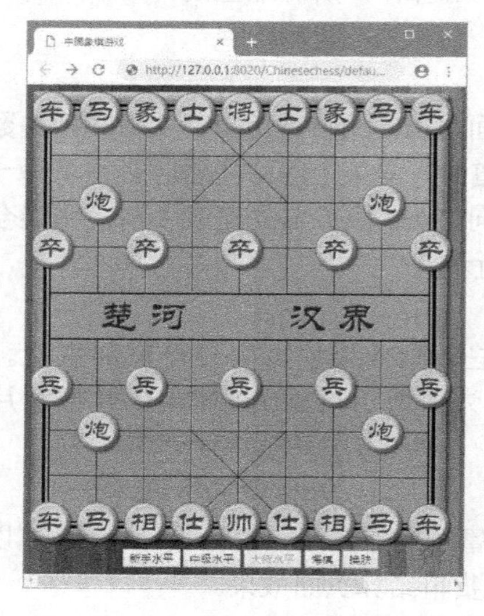

图 1-8　象棋游戏页面效果

图 1-9　俄罗斯方块游戏页面效果

1.1.4 JavaScript 的工作原理

JavaScript 的工作原理如图 1-10 所示。

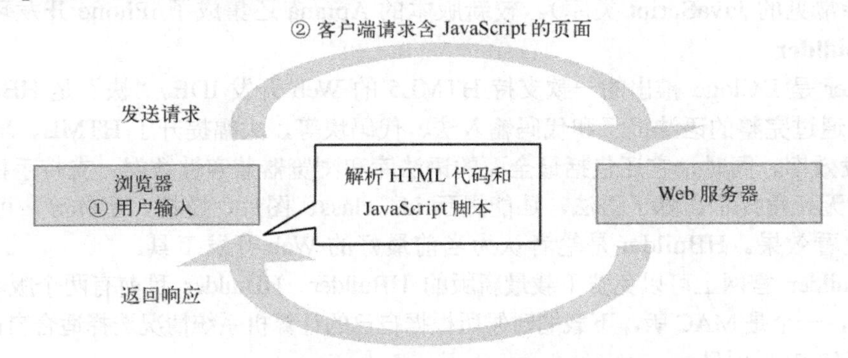

图 1-10 JavaScript 脚本执行原理

在脚本执行的过程中，浏览器客户端与应用服务器采用请求/响应模式进行交互，具体执行过程分解如下。

第一步：用户在浏览器的地址栏中输入要访问的页面（这个页面中包含 JavaScript 脚本程序），浏览器接收用户的请求。

第二步：向 Web 服务器请求某个包含 JavaScript 脚本的页面，浏览器把请求信息（要打开的页面信息）发送到应用服务器端，等待服务器端的响应。

第三步：Web 服务器端向浏览器客户端发送响应信息，即把含有 JavaScript 脚本的 HTML 文件发送到浏览器客户端，然后由浏览器从上至下逐条解析 HTML 标签和 JavaScript 脚本，并显示页面效果给用户。

使用客户端脚本的好处有两点，第一，含有 JavaScript 脚本的页面只要下载一次即可，能够减少不必要的网络通信；第二，脚本程序是由浏览器客户端执行，而不是由服务器端执行的，因此能够减轻服务器端的压力。

1.2 JavaScript 编程起步

1-3 HBuilder 的快速开发

1.2.1 选择 JavaScript 脚本编辑器

在编写 JavaScript 脚本的过程中，一款好的编辑器能让开发者事半功倍。目前市面上流行的 JavaScript 脚本编辑器很多，主要有 Dreamweaver、NotePad++、Aptana、HBuilder 等。

1．Dreamweaver

Dreamweaver 是 Adobe 公司推出的一款 Web 开发工具，是一款很好的入门工具，是集网页制作和管理网站于一身的所见即所得的网页编辑器，在 Web 开发中占有重要的地位。

2．NotePad++

NotePad++是一款开源免费的文本编辑器，功能比 Windows 自带的记事本强大很多。NotePad++支持多国语言，支持众多编程语言的语法高亮和语法折叠。

3．Aptana

Aptana 是一款专业级的 Web 开发软件，拥有功能较强的 JavaScript 脚本编辑器和调试工具（支持常见的 JavaScript 类库）。较新版本的 Aptana 还集成了 iPhone 开发环境。

4．HBuilder

HBuilder 是 DCloud 推出的一款支持 HTML5 的 Web 开发 IDE。“快”是 HBuilder 的最大优势，它通过完整的语法提示和代码输入法、代码块等，大幅提升了 HTML、JavaScript、CSS 的开发效率。同时，它还包括最全面的语法库和浏览器兼容性数据，支持手机数据线真机联调；有无死角提示，除了语法，还能提示 id、class、图片、链接、字体等，可以一边写代码，一边看效果。HBuilder 是笔者认为当前最好的 Web 开发工具。

在 HBuilder 官网上可以免费下载最新版的 HBuilder。HBuilder 目前有两个版本，一个是 Windows 版，一个是 MAC 版，下载的时候所根据自己的计算机系统情况选择适合自己的版本。

（1）创建 Web 项目

选择“文件”|“新建”|“选择 Web 项目”命令，如图 1-11 所示。打开“创建 Web 项目”对话框，如图 1-12 所示，在“项目名称”文本框中填写新建项目的名称，“位置”文本框中填写（或选择）项目保存路径（更改此路径 HBuilder 会记录，下次使用时会默认使用更改后的路径），然后选择使用的模板，本书案例选择默认项。

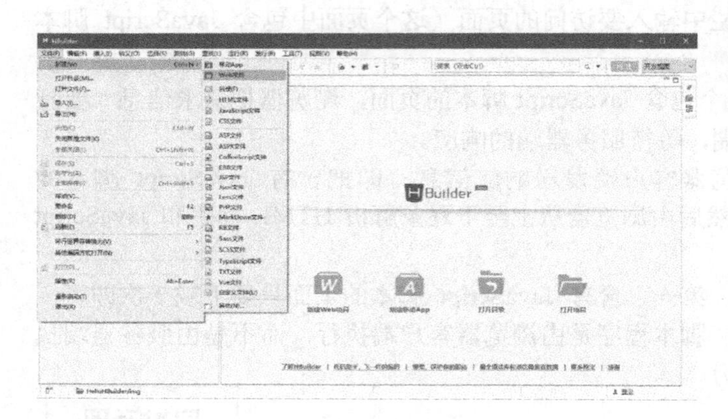

图 1-11　HBuilder 菜单

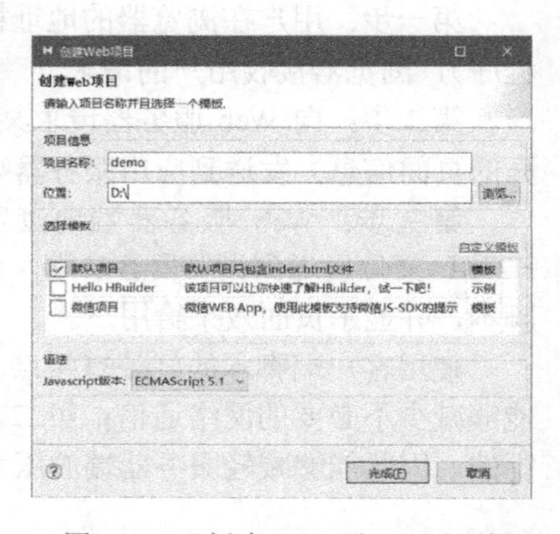

图 1-12　“创建 Web 项目”对话框

（2）创建 HTML 文件

选择“文件”|“新建”|“选择 HTML 文件”命令，打开“创建文件向导”对话框，如图 1-13 所示，在“文件名”文本框中填写新建文件的名称，如 test.html，然后选择使用的模板，本书 PC 端的案例选择 HTML5。

（3）index.html 文件

新建的页面或新项目中自带的 index.html 文件内容如下。

```
<!DOCTYPE html>                       <!--文档类型 ：这是标准的 HTML5doctype-->
<html>
    <head>
        <meta charset="UTF-8">        <!--这是 UTF-8，表示国际通用的字符集编码格式-->
        <title></title>
    </head>
```

```
    <body>
    </body>
</html>
```

DOCTYPE 是 document type（文档类型）的简写，!DOCTYPE 是一个文档类型标记，是一种标准通用标记语言的文档类型声明，<!DOCTYPE>声明位于文档中最前面的位置，处于<html>标签之前。<!DOCTYPE>声明不是一个 HTML 标签，用来告知 Web 浏览器页面使用了哪种 HTML 版本。对于中文网页需要使用<meta charset="UTF-8">声明编码，否则会出现乱码。

将光标置于 title 标签内，给 HTML 文件设置 title:HelloHBuilder，完成后按“Ctrl+Enter”组合键在当前位置的下一行插入空行，并将光标移动到下一行，按“s”快捷键打开下拉列表，选择生成一个 script 块来编写 JavaScript 代码（或者输入“s”后按“Enter”键）如图 1-14 所示，也可以向下移动，比如选择第三个实现外链 JavaScript 文件。

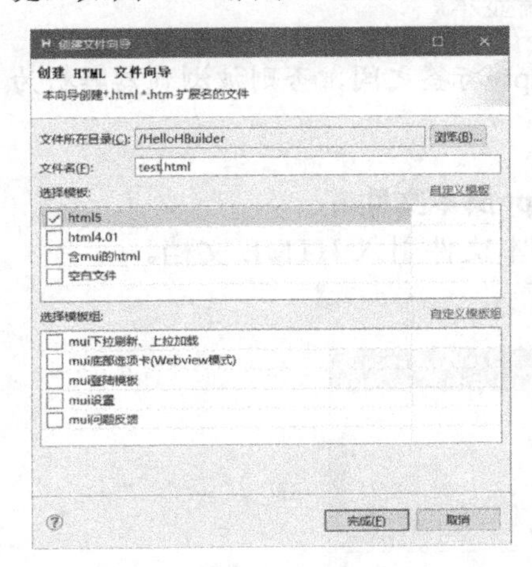

图 1-13 “创建文件向导”对话框

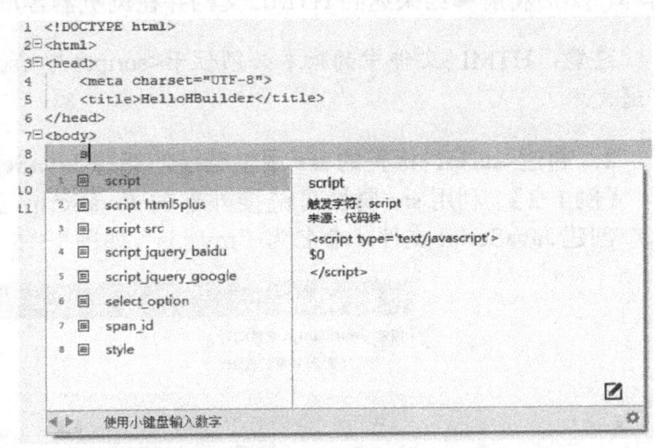

图 1-14 快捷键的使用

1.2.2 引入 JavaScript 脚本代码到 HTML 文档中的方法

1-4 JavaScript 的使用方法

将代码包含于<script>和</script>标签对内，然后可嵌入 HTML 文档中。将 JavaScript 脚本嵌入 HTML 文档中有 4 种标准方法，下面分别介绍。

1. 通过<script>标签嵌入 HTML 文档

【例 1-1】 利用<script>和</script>标签引入 JavaScript 脚本（运行结果如图 1-16a 所示），代码如下。

```
<!DOCTYPE html>                    <!--文档类型-->
<html>
    <head>
        <meta charset="UTF-8">     <!--这是 utf-8，表示国际通用的字符集编码格式-->
        <title> Sample Page!</title>
    </head>
        <body>                          <!--文档默认 8 像素的外边距 -->
            <script>
```

```
            document.write("Hello World!");   //向页面输出字符串
        </script>
    </body>
</html>
```

首先，<script>和</script>标签对将 JavaScript 脚本代码封装，同时告诉浏览器其间的代码为 JavaScript 脚本代码，然后调用 document 文档对象的 write()方法写字符串到 HTML 文档中：

```
document.write("Hello World!");
```

【例 1-1】的代码中除了<script>与</script>标签对之间的内容外，都是最基本的 HTML 代码，可见<script>和</script>标签对将 JavaScript 脚本代码封装并嵌入到 HTML 文档中。

浏览器载入嵌有 JavaScript 脚本的 HTML 文档时，能自动识别 JavaScript 脚本代码起始标签<script>和结束标签</script>，并将其间的代码按照解释 JavaScript 脚本代码的方法加以解释，然后将解释结果返回 HTML 文档并在浏览器客户端显示。

注意：HTML 文件中的脚本必须位于<script>与</script>标签之间，否则被浏览器解析为普通文本。

2．通过<script>标签的 src 属性链接外部的 JavaScript 脚本文件

【例 1-2】 利用 src 属性可链接外部的 JavaScript 脚本文件引入 HTML 文档。

创建 JavaScript 文件，命名为"myjs.js"如图 1-15 所示。

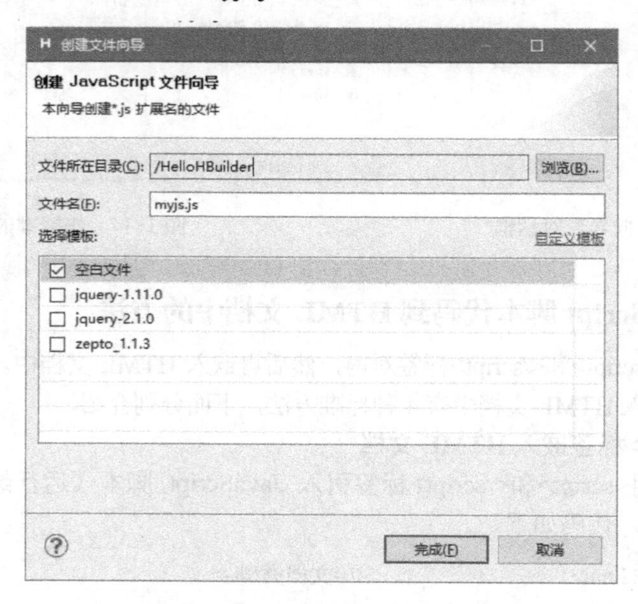

图 1-15 创建 JavaScript 文件

在 myjs.js 文件中编辑如下代码并将其保存。

```
document.write("Hello World!");
```

创建 HTML 文档，代码如下：

```
<!DOCTYPE html>
<html>
    <head>
        <meta charset="UTF-8">
        <title> HelloHBuilder</title>
    </head>
    <body>
        <script src="js/myjs.js"></script>
    </body>
</html>
```

运行结果如图 1-16b 所示。

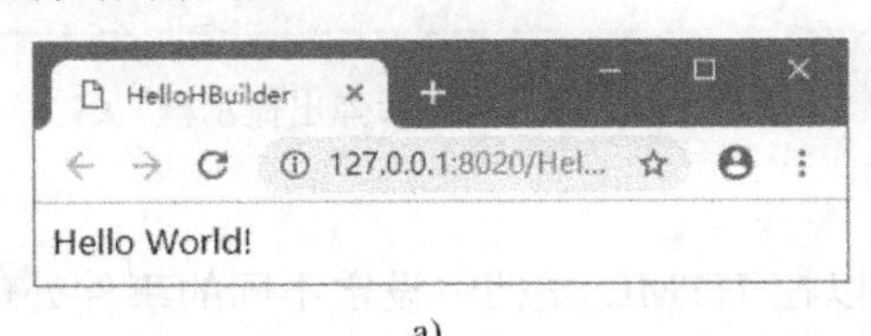

a)

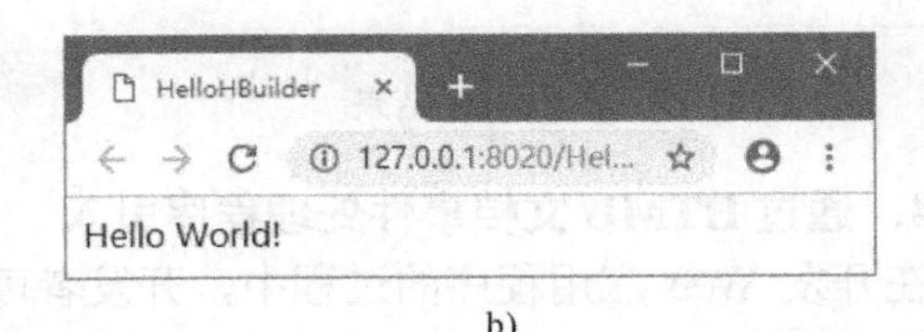

b)

图 1-16　运行结果对比

a)【例 1-1】运行结果　b)【例 1-2】运行结果

代码中的 src 属性用于将外部的脚本文件内容嵌入当前文档中，使用 JavaScript 脚本编写的外部脚本文件必须使用.js 为扩展名。

可见通过外部引入 JavaScript 脚本文件的方式，能实现同样的功能，并具有如下优点。

1）将脚本程序同页面的逻辑结构分离。

2）通过外部脚本，可以轻易实现多个页面共用同一功能的脚本文件，以便通过更新一个脚本文件内容达到批量更新的目的。

3）浏览器可以实现对目标脚本文件的高速缓存，避免额外的由于引用同样功能的脚本代码而导致下载时间的增加。

注意：一般来讲，将实现通用功能的 JavaScript 脚本代码作为外部脚本文件引用，而实现特有功能的 JavaScript 代码则直接嵌入 HTML 文档中，目前业界推荐的做法是 JavaScript 代码放到最后，这样会避免因 DOM 没加载而产生的错误。

3．通过 JavaScript 伪 URL 引入

在多数支持 JavaScript 脚本的浏览器中，可以通过 JavaScript 伪 URL 调用语句来引入 JavaScript 脚本代码，这是一种短小高效的脚本代码嵌入方式。伪 URL 的一般格式如下，一般以“javascript:”开始，后面紧跟要执行的操作。

```
javascript:alert("Hello World!")
```

【例 1-3】 通过 JavaScript 伪 URL 引入脚本，运行效果如图 1-17 和图 1-18 所示，代码如下。

```
<!DOCTYPE html>
<html>
    <head>
```

```
            <meta charset="UTF-8">
            <title> Sample Page!</title>
            </head>
            <body>
            <a href="javascript:alert('已单击超链接!')" >鼠标单击超链接</a>
        </body>
    </html>
```

图 1-17　代码运行结果

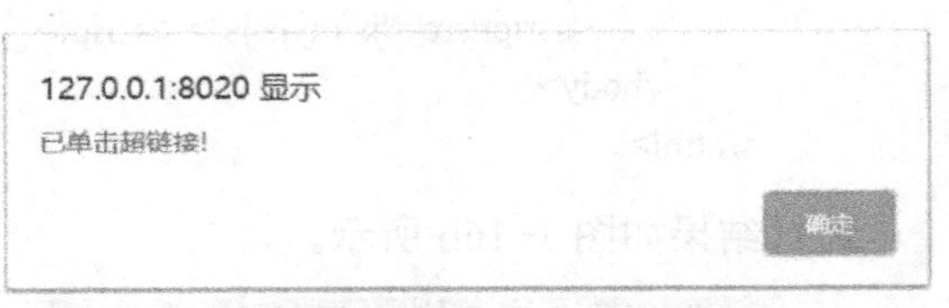

图 1-18　单击后弹出提示框　(1)

4．通过 HTML 文档事件处理程序引入

在开发 Web 应用程序的过程中，开发者可以在 HTML 文档中设定不同的事件处理器，通常是设置某 HTML 元素的属性来引用一个脚本（可以是一个简单的动作或者函数），属性一般以 on 开头，如 onmousemove（鼠标移动）等。

【例 1-4】 通过 HTML 文档事件处理程序引入脚本，使用 JavaScript 脚本对按钮单击事件进行响应，代码如下。

```
<!DOCTYPE html>
<html>
    <head>
        <meta charset="UTF-8">
        <title> Sample Page!</title>
    </head>
    <body>
            <input type=button name="MyButton" value="单击按钮" onclick="ClickMe()">
            <script>
                function ClickMe(){
                    alert("鼠标已单击按钮");
                }
            </script>
    </body>
</html>
```

程序运行后，原始页面如图 1-19 所示，单击“单击按钮”按钮，出现如图 1-20 所示的提示框。

图 1-19　显示单击按钮页面

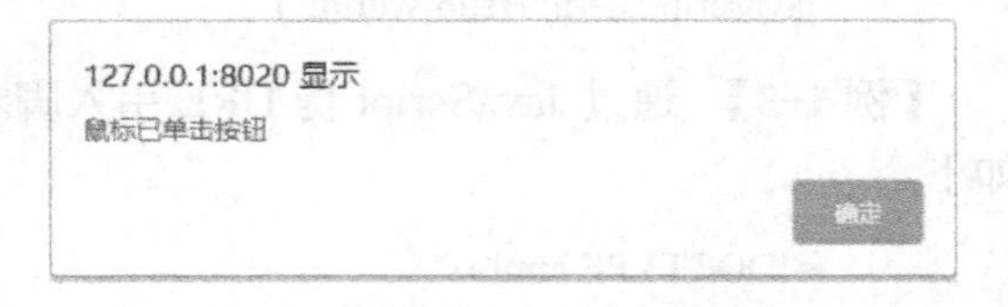

图 1-20　单击后弹出提示框（2）

事件处理机制：除鼠标单击事件例子，类似的还有双击事件，需要使用ondblclick属性，示例中当单击事件触发时，弹出提示框，提示单击事件触发。

1.2.3 实现与用户交流的常用方式

JavaScript 与用户交流的方式有多种，以多样的方式显示数据，实现页面的交互性，下面分别介绍 JavaScript 脚本常用的与用户交流的方式。

1-5 JavaScript 常用的输出语句

1．使用 window.alert() 弹出警告框，向用户发出警告或提醒

alert()方法会创建一个警告框，用于将浏览器或文档的警告信息传递给客户。参数可以是变量、字符串或表达式，警告框无返回值。“window”可以省略。

alert()方法的基本语法格式：

```
alert("提示信息");
```

示例如下。

```
alert("第一个段落");                //参数是字符串
var age=19;                        //var 关键字用来定义变量，无论变量是什么类型都用 var
alert("我的年龄是：" +age);         //参数是变量
window.alert(5 + 6);               //参数是表达式
```

2．使用 document.write() 方法将内容写到 HTML 文档中

document.write()方法可以向文档写文本、HTML、表达式或 JavaScript 代码。该方法需要一个字符串参数，它是写到文档 HTML 中的内容，这些字符串参数可以是变量或值为字符串的表达式，写入的内容常常包括 HTML 标签语言。

document.write()方法的基本语法格式：

```
document.write("输出内容");
```

示例如下。

```
document.write ("第一个段落");              //参数是字符串
var age=19;
document.write ("我的年龄是：" +age);       //参数是变量
document.write ("5 + 6=",5 + 6);            //参数是表达式
document.write("<h1>班级信息</h1>");        //参数是带有标签的
document.write("<h3>班级名称：310192 班<br/>人数：31<br/></h3>");
```

3．使用 console.log() 写入浏览器的控制台

示例如下。

```
var a = 5;
var b = 6;
var c = a + b;
console.log(c);
```

如果浏览器支持调试，可以使用 console.log() 方法在浏览器客户端显示 JavaScript 值。在调试窗口中单击“console”选项卡，HBuilder 默认控制台里也可以显示结果。

4．使用 confirm()方法确认用户的选择

向用户提供信息是有用的，但有时候还希望从用户那里获得信息。window. confirm("str")等效于 confirm("str")，确认消息对话框返回值为布尔型，单击“确认”返回 true，单击“取消”返回 false，可以根据用户对提示的反应给出相应的回复，示例如下。

```
if (confirm("确定开始么?")) {
        alert("您确认了");
}
else {
        alert("您取消了");
}
```

1-6 prompt()方法

5．使用 prompt()方法提示用户

有时候，不仅希望用户回答 Yes/No，而且希望得到更特定的响应。在这种情况下，可问一个问题（带默认回答），然后接收回复。

prompt()方法用于显示可提示用户进行输入的对话框，返回用户输入的字符串，其基本语法 prompt(msg,defaultText)

其中，参数 msg 可选，是要在对话框中显示的纯文本（而不是 HTML 格式的文本），用于提示。参数 defaultText 可选，是默认的输入文本。

例如可以使用 prompt 对话框询问用户籍贯，如图 1-21 所示，输入内容如图 1-22 所示，然后单击“确定”按钮，会出现如图 1-23 的结果，若单击“取消”按钮，会出现如图 1-24 的结果，示例代码如下。

```
var answer= prompt("请输入籍贯","江苏省南京市");
if(answer){
        alert("您的籍贯是：  " + answer);
}
else {
        alert("您拒绝了回答！ ");
}
```

图 1-21　提示输入信息

图 1-22　输入信息

图 1-23　单击“确定”按钮处理结果界面

图 1-24　单击“取消”按钮处理结果界面

6．使用 innerHTML 将 JavaScript 脚本写入 HTML 元素

【例 1-5】 使用 innerHTML 将 JavaScript 脚本写入 HTML 元素，代码如下。

```
<!DOCTYPE html>
```

```
<html>
    <head>
        <meta charset="UTF-8">
        <title> Sample Page!</title>
    </head>
    <body>
        <h1 id="demo" >开启你的 JavaScript 学习之旅吧！</h1>
        <script>
            document.getElementById("demo").innerHTML = "学习环境无处不在，只要有文本编辑器，就能编写 JavaScript 程序。";
        </script>
    </body>
</html>
```

以上 JavaScript 语句可以在 Web 浏览器中执行，document.getElementById("demo") 是通过 id 属性值来查找 HTML 元素的 JavaScript 代码；“innerHTML = "学习环境无处不在，只要有文本编辑器，就能编写 JavaScript 程序。"”是用于修改元素的 HTML 内容（innerHTML）的 JavaScript 代码。

注意：console.log()和 alert()主要用于调试，使用 alert()和 document.write()不好控制显示的位置，而使用 innerHTML 将 JavaScript 脚本写入 HTML 元素的方式可以精确地控制显示的位置，所以第 6 种方案最为常用。

1.2.4 调试 JavaScript 程序

本书案例使用 HBuilder 进行开发，并采用 Chrome 浏览器作为展示和调试工具，如果脚本代码出现错误，通过 Chrome 浏览器找出错误的类型和位置，用编辑器打开源文件修改后保存，并重新使用浏览器浏览，重复此过程直到没有错误出现为止。

1. 边改边看模式

HBuilder 的边改边看模式最方便，最常用。在 HBuilder 主界面右上角可以切换开发模式，可以选“边改边看模式”，切换模式的快捷键是“Ctrl+P”。进入“边改边看模式”后，左侧窗格会显示代码，右侧窗格会显示浏览器，如图 1-25 所示。Windows 版的 HBuilder 界面右侧窗格的浏览器是 Chrome；MAC 版右侧窗格的浏览器是 Safari。

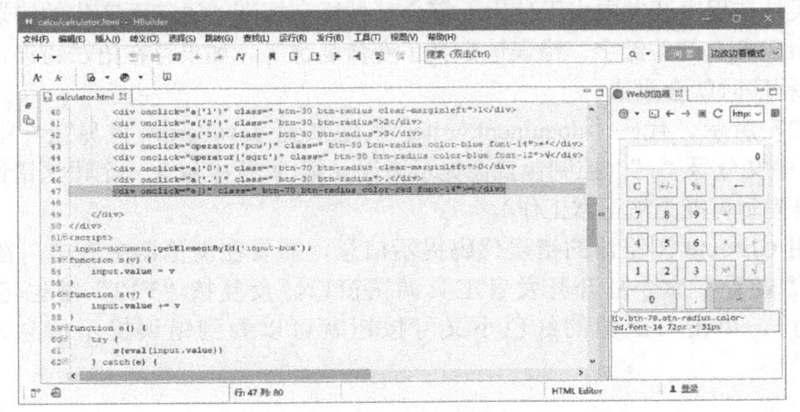

图 1-25 边改边看模式

在此模式下，如果当前打开的是 HTML 文件，每次保存均会自动刷新显示当前页面效果。若为 JavaScript、CSS 文件，如与当前浏览器视图打开的页面有引用关系，也会刷新。Windows 版的边改边看模式还支持代码和页面元素的互相跳转。右击代码里的一个 div 元素，在弹出的快捷菜单中选择“高亮浏览器内对应元素”命令，就会看到右侧窗格浏览器里指定的元素高亮显示了，如图 1-26 所示。反之，右击浏览器某个元素点，在弹出的快捷菜单中选择“查找文档中对应元素”命令，会跳转到相应代码段落。

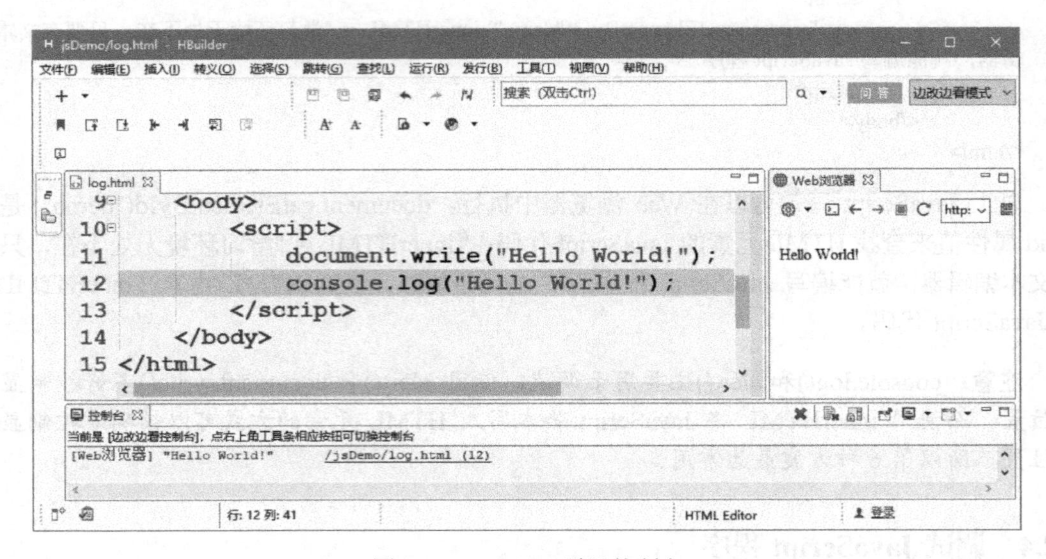

图 1-26　HBuilder 默认控制台

边改边看模式有两个控制台，默认控制台显示在 HBuilder 下方，直接输出了 log 和错误日志，显示了代码行号，单击后可直接转到该行代码，如图 1-26 所示。

另一个控制台是 Chrome 控制台。在 Windows 版 HBuilder 的边改边看模式下右击，可以通过在快捷菜单中选择命令选择启动 Chrome 控制台。Chrome 控制台的功能非常多，如检查 CSS 覆盖、调试 JavaScript、查看网页加载性能等。

2．程序出错的类型

（1）语法错误

语法错误是在程序开发中由于使用不符合某种语言规则的语句而产生的错误，例如错误地使用了 JavaScript 的关键字、错误地定义了变量名称等。如果存在语法错误，当浏览器运行 JavaScript 程序时就会报错。

如图 1-27 所示，代码“document.write("欢迎来到 JavaScript 世界");”中的英文分号“;”误写成了中文分号“；”，控制台就会提示错误（第 9 行中包含一个语法错误，在解决错误之前，代码提示可能无法正常工作）。

若要使用 Chrome 浏览器的错误代码提示信息，需要在浏览器中右击，在弹出的快捷菜单中选择“查看”命令打开开发者工具调试窗口，反复按“F12”键也可以切换状态（打开或关闭）。单击右上角的红色小叉号按钮就可以看到错误提示信息，如图 1-28 所示。

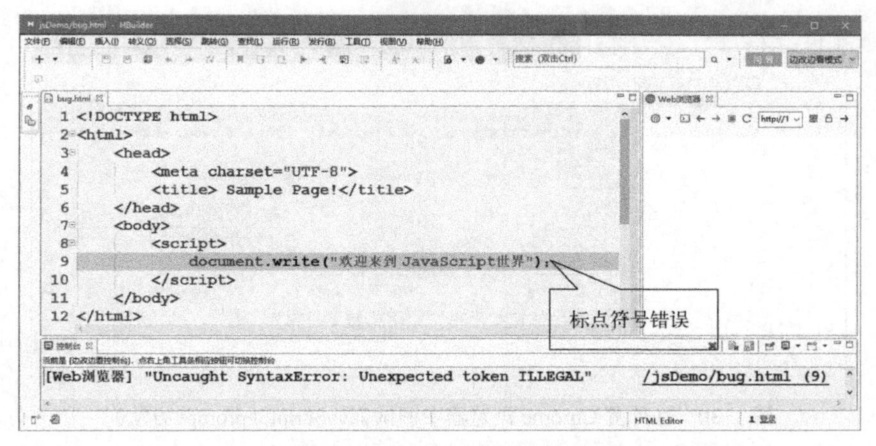

图 1-27 语法错误实时检测（内置控制台输出错误信息）

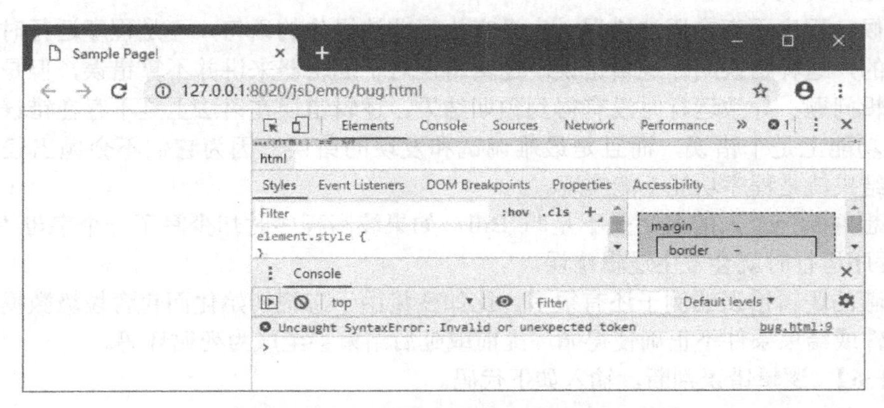

图 1-28 在 Chrome 浏览器中调试 JavaScript

JavaScript 区分大小写，如图 1-29 所示，代码“prompt("请输入你的年龄",20);”中的第一个字符误输成了大写字母，即“Prompt("请输入你的年龄",20);”，保存文件后运行本程序，将会出现错误提示。在外置 Chrome 浏览器中调试 JavaScript（prompt 方法），会出现如图 1-30 所示的错误。

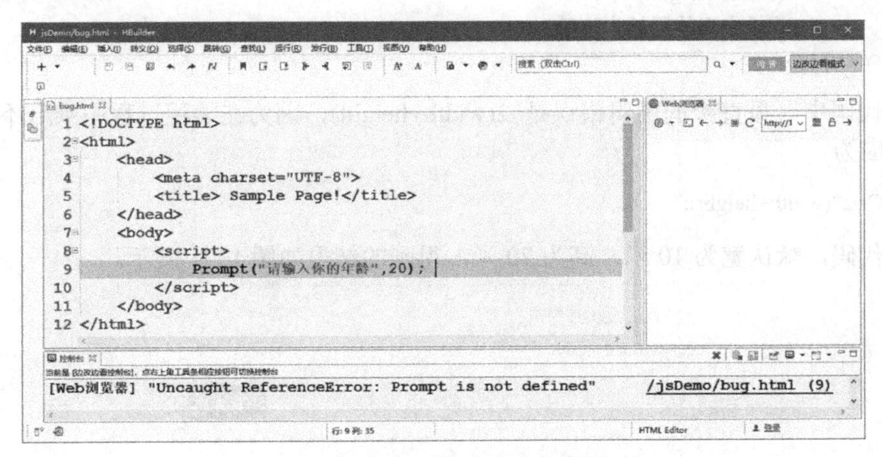

图 1-29 内置控制台输出错误提示

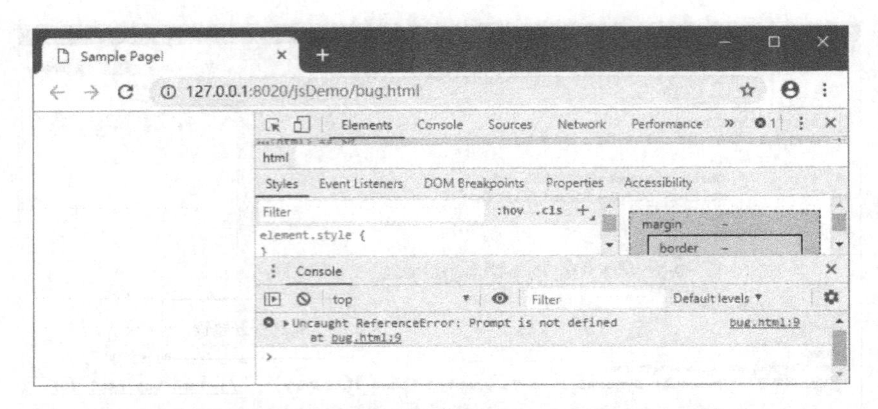

图 1-30　在外置 Chrome 浏览器中调试 JavaScript（prompt 方法）

（2）逻辑错误

有时候，程序不存在语法错误，也没有执行非法操作的语句，可是程序运行时的结果却是不正确的，这种错误叫作逻辑错误。逻辑错误对于编辑器来讲并不算错误，但是由于代码中存在逻辑问题，导致运行时没有得到预期结果。逻辑错误在语法上是不存在错误的，但是在程序的功能上是个错误，而且是最难调试和发现的错误。因为它们不会抛出任何错误信息，唯一结果就是程序功能不能实现。

比如想判断一个人的名字是不是叫 Bill，如果编写程序时却少写了一个字母“l”，写成了 Bil，程序运行时就会发生逻辑错误。

更隐蔽的逻辑错误的例子还有很多，比如变量由于忘记初始化而包含垃圾数据、忘记判断结束条件或结束条件不正确使得循环提前或延后结束甚至成为死循环等。

【例 1-6】 逻辑错误判断，输入如下代码。

```
<script>
    document.write("求长方形的周长");
    var width,height,C;
    width=prompt("请输入长方形的宽（单位米）",10);
    height=prompt("请输入长方形的高（单位米）",20);
    C=2(width+height);
    alert("长方形的周长为"+C);
</script>
```

以上代码中，最直接的逻辑错误是 2(width+height)，因为在编程过程中乘号不可忽略，所以代码应为：

```
C=2*(width+height);
```

测试代码，默认宽为 10 米，高为 20 米，得到的结果如图 1-31 所示。

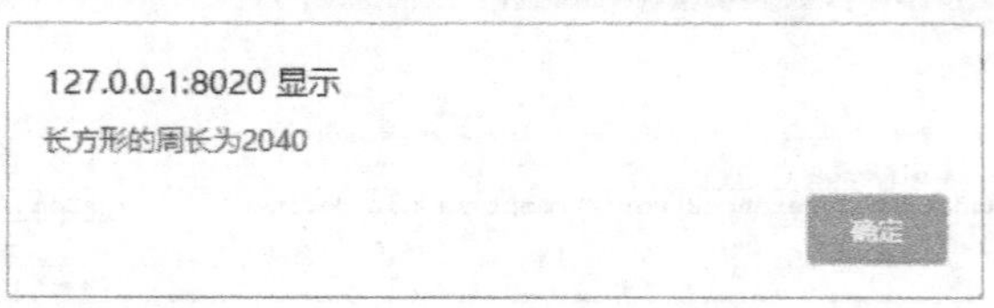

图 1-31　测试结果

虽然用户输入的是数字 10 和 20，但 prompt()返回的是字符串类型，也就是"10"和"20"，所以语句 c=2*(width+height)中变量 width 和 height 都是字符串类型，字符串类型的值相加是首尾相连，语句相当于：c=2*("10"+"20")，所以出现了“2040”的结果。所以输入的参数需要通过 parseFloat()函数转换为数字，语句应为：

```
C=2*(parseFloat(width)+ parseFloat(height));
```

再次运行代码，可得到正确结果为 60。

1.2.5 页面结构、样式和行为

HTML 定义了网页的内容，即页面结构；CSS（Cascading Style Sheet，层叠样式表）描述网页布局的样式；JavaScript 控制网页的行为，即通过 JavaScript 脚本改变网页的内容和样式，实际上就是通过调用 JavaScript 函数改变文档中各个元素对象的属性值，或使用文档对象的方法模仿用户操作的效果。本书介绍 JavaScript 如何与 HTML 和 CSS 一起工作。

若按照结构、样式、行为的方式进行分离，对站点进行修改就会很容易，尤其修改全站点范围的效果会很方便，所以实现高质量的代码需要在结构、样式、行为分离的基础上做到精简、重用、有序。

1）精简：尽量减小文件的大小，提高页面加载速度。

2）重用：提高代码的重用性，减少冗余代码，提高开发速度。

3）有序：提高代码的结构性，组织好代码结构更利于维护和应变特殊情况。

任 务 实 施

1. 任务分析

本任务可以帮助读者体验 JavaScript 的编写方法与技巧，实现与用户交流，使用确认对话框向用户询问，单击“确定”或“取消”按钮获得不同响应。

1-7 文字切换效果

拓展应用：使用 innerHTML 写入 JavaScript 脚本到 HTML 元素的方式实现页面文字的切换。给 HTML 文档中的图片元素设定事件处理器、引用函数、完成切换文字的效果。

2. 实施过程

创建 HTML 文件，添加元素及内容，代码如下。

```
<!DOCTYPE html>
<html>
  <head>
    <meta charset="UTF-8">
    <title>Sample Page!</title>
  </head>
  <body>
    <script type="text/javascript">
      var mymessage = confirm("现在开始学习 JavaScript 吗?");
      if(mymessage == true) {
```

```
            document.write("很好,加油!来这里开启 JavaScript 学习之旅吧！");
         }
         else {
            alert("JavaScript 功能强大，要学习哦!每个所期待的美好未来，都必有一个努力的现在。");
         }
      </script>
   </body>
</html>
```

3．实例拓展

增加文字切换功能，要实现如图 1-2 和图 1-4 所示的单击“开启 JavaScript 学习之旅吧！”切换文字的动态效果，需使用 JavaScript 定义函数 clickMe()，并为页面 p 元素绑定单击事件调用 clickMe()，就是给 p 元素增加 onclick 属性，设定单击事件处理器，并引用函数。

首先将 if(mymessage == true)语句中的 document.write 内容修改为：

```
var strp= '<p id="demo" onclick="clickMe()">开启 JavaScript 学习之旅吧！ </p>';
document.write(strp);
```

然后使用 function 关键字定义函数 clickMe()，代码如下：

```
function clickMe(){
     var str='学习环境无处不在，只要有文本编辑器，就能编写 JavaScript 程序。';
      document.getElementById("demo").innerHTML = str;
}
```

函数中使用关键字 var 定义的字符串变量 str 赋值为新的文字信息内容，document.getElementById("demo")是使用 id 属性来查找 id 为 demo 的 HTML 元素，给它的 innerHTML 属性重新赋值为新的字符串 str，就可以看到需要的切换文字的效果。完整代码展示如下。

```
<!DOCTYPE html>
<html>
   <head>
      <meta charset="UTF-8">
            <title> Sample Page!</title>
   </head>
   <body>
      <script type="text/javascript">
            var mymessage = confirm("现在开始学习 JavaScript 吗?");
            if(mymessage == true) {
                        var strp= '<p id="demo" onclick="clickMe()">开启 JavaScript 学习之旅吧！ </p>';
               document.write(strp);
            }
            else {
               alert("JavaScript 功能强大，要学习哦! 每个所期待的美好未来，都必有一个努力的现在。");
            }
            function clickMe() {
```

```
            var str = '学习环境无处不在，只要有文本编辑器，就能编写 JavaScript 程序。';
            document.getElementById("demo").innerHTML = str;
        }
    </script>
    </body>
</html>
```

4．外链式完整源码展示

要实现上述步骤中 JavaScript 代码与 HTML 的分离，可使用<script>脚本调用外部 JavaScript 文件。首先新建 JavaScript 文件 my.js，添加内容如下。

```
var strp= '<p id="demo" onclick="clickMe()">开启 JavaScript 学习之旅吧！ </p>';
var mymessage = confirm("现在开始学习 JavaScript 吗?");
if(mymessage == true) {
    document.write(strp);
}
else {
    alert("JavaScript 功能强大，要学习哦！每个所期待的美好未来，都必有一个努力的现在。");
}
function clickMe() {
      var str = '学习环境无处不在，只要有文本编辑器，就能编写 JavaScript 程序。';
      document.getElementById("demo").innerHTML = str;
}
```

然后新建 HTML 文件，添加外链式 JavaScript 引用，代码如下。

```
<!DOCTYPE html>
<html>
  <head>
    <meta charset="UTF-8">
    <title> Sample Page!</title>
  </head>
  <body>
      <script type="text/javascript" src="js/my.js" ></script>
    </body>
  </html>
```

任务训练

【理论测试】

1．在调用外部 JavaScript 文件（test.js）时，下面哪种写法是正确的？（　　）

A．<script src="test.js"></script>　　B．<script file="test.js"></script>

C．<script>"test.js"</script>　　D．<script href="test.js"></script>

2．JavaScript 是否区分大小写？（　　）

A．是　　B．否

3．Javascript 的基本组成不包括（　　）。

A．DOM　　B．BOM　　C．ECMAScript　　D．jQuery

4．以下哪个选项是 JavaScript 的技术特性？（　）

A．跨平台性　　　　　　　　　　B．解释型脚本语言

C．基于对象的语言　　　　　　　D．具有以上各种功能

5．写“Hello World”的正确 JavaScript 语法是（　　）。

A．document.write("Hello World")

B．"Hello World"

C．response.write("Hello World")

D．("Hello World")

6．JavaScript 脚本的编辑工具有（　　）。

A．记事本　　　　　　　　　　　B．Dreamweaver

C．HBuilder　　　　　　　　　　D．任何一种文本编辑器

7．JavaScript 程序在不同的浏览器上运行时，将得到的结果（　　）。

A．一定是相同的　　　　　　　　B．不一定是相同的

8．在下述 JavaScript 语句中，（　　）能实现确认消息对话框。

A．window.open("确认您的删除操作吗?");

B．window.confirm("确认您的删除操作吗?");

C．window.alert("确认您的删除操作吗？");

D．window.prompt("确认您的删除操作吗？");

9．JavaScript 特性不包括（　　）。

A．解释性　　B．用于客户端　　C．基于对象　　D．面向对象

【实训内容】

1．使用两种方式（内嵌式和外链式）使网页弹出提示“你好啊！”。

2．编写一个 JavaScript 程序，求解长方形的面积，并在页面中显示结果。

3．页面放置 div 标签，内容为个人信息（<div id="info">个人信息</div>），单击获取该学生的详细信息，如图 1-32 所示。提示：单击后更改元素的 innerHTML 属性值为学号、班级等信息，注意加上标签，如<h1>等。

图 1-32　学生个人信息展示

任务 2　实现在线测试系统页面的静态布局

学 习 目 标

【知识目标】

掌握 HTML 的基本语法。
掌握文字与段落标签。
掌握图像与超链接标签。
掌握表格与列表标签。
掌握表单元素标签的应用。

【技能目标】

能使用 HTML 基本标签。
能使用 HTML 列表、超链接标签等布局标签。
能使用表单标签实现注册等页面的布局。
能使用 HTML5 表单常用新属性。
能使用表格相关标签实现信息展示。
能综合使用常用标签实现页面的整体布局。

任 务 描 述

本任务采用 HTML 的布局方式，实现在线测试系统用户注册页面、测试页面及学生信息展示页面的静态布局，如图 2-1～图 2-3 所示。

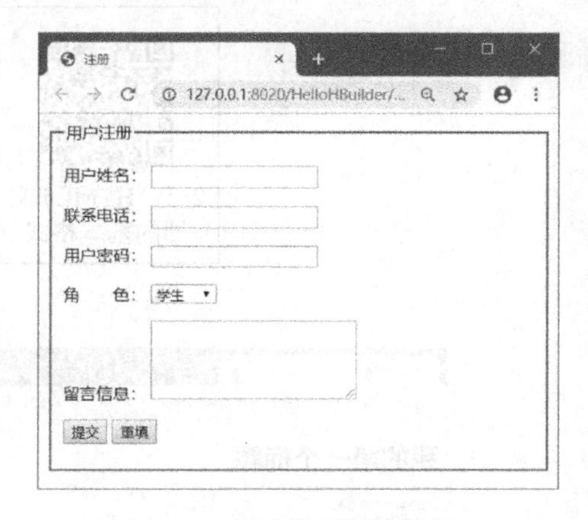

图 2-1　用户注册页面效果

图 2-2　在线测试页面效果

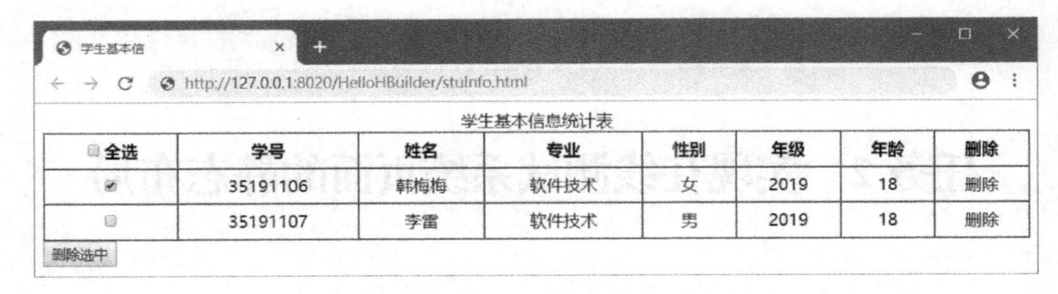

图 2-3　学生信息展示页面效果

知 识 准 备

2.1　HTML 的基本概念

2.1.1　HTML 简介

HTML 是全球广域网描述网页内容和外观的标准，通过 IE、FireFox、Chrome 等浏览器的翻译，将网页中所要呈现的内容、排版展现在用户眼前。

事实上，HTML 是一种互联网上较常见的网页制作标记型语言，并不能算作一种程序设计语言，因为它缺少程序设计语言所应有的特征。标记语言是一套标记标签（markup tag），HTML 使用标记标签来描述网页，在当中包含有属性和值。标签描述了每个在网页上的组件，例如文本段落、表格或图像等。HTML 文档包含了 HTML 标签及文本内容，HTML 文档也叫作 Web 页面。

2.1.2　HTML 基本格式

【例 2-1】 创建一个带标题和段落的页面，效果如图 2-4 所示，代码如下。

2-1　HTML5 文档的基本格式

```
<!DOCTYPE html>
<html>
    <head>
        <meta charset="UTF-8">
        <title>页面标题</title>
    </head>
    <body>
        <h1>我的第一个标题</h1>
        <p>我的第一个段落。</p>
    </body>
</html>
```

图 2-4　基础页面效果

实例解析：

1）<!DOCTYPE html>，声明为 HTML5 文档。

2）<html> 元素，是 HTML 页面的根元素。

3）<head> 元素，包含了文档的元（meta）数据，如<meta charset="UTF-8">定义网页编码格式为 UTF-8。

4）<title> 元素，描述了文档的标题。

5）<body> 元素，包含了可见的页面内容。

6）<h1> 元素，定义一个一级大标题。

7）<p> 元素，定义一个段落。

注意：doctype 声明是不区分大小写的，用来告知 Web 浏览器页面使用了哪种 HTML 版本。目前在大部分浏览器中，直接输出中文会出现中文乱码的情况，需要在头部将字符声明为 UTF-8。使用 HBuilder 创建的页面就有了基本的结构，只需要在 body 标签内输入 h1 和 p 标签并填充内容，然后更改 title 标签的内容即可达到上面的效果。

2.1.3 HTML 注释语句

HTML 注释语句包含在“<!--”与“-->”之间，会被浏览器忽略，且不会显示在用户浏览的最终界面中。例如：

```
<body>
    文档内容……<!--这是一个注释，注释在浏览器中不会显示-->
</body>
```

2.2 HTML 文档常用标签

HTML 标记标签通常称为 HTML 标签（HTML tag），是由尖括号包围的关键词，比如<html>。HTML 标签通常是成对出现的，比如<b>和</b>。标签对中的第一个标签是开始标签，第二个标签是结束标签。开始和结束标签也称为开放标签和闭合标签。

2-2 HTML5 文档头部 head 标签

2.2.1 <head>标签

<head>标签用来封装其他位于文档头部的标签，放在文档的开始处，紧跟在<html>标签后面，并处于<body>标签之前。不论是<head>标签还是相应的结束标签</head>，都可以清楚地被浏览器推断出来。<head>标签中包含文档的标题、样式定义和文档名等信息，大多数浏览器都希望在<head>标签中找到关于文档的附加信息。此外，<head>标签还可以包含搜索工具和索引所要的其他信息的标签。head 区是指首页 html 代码的<head>和</head>之间的内容，所以<head>标签是必须加入的标签。

2.2.2 <body>标签

HTML 的<body>标签界定了文档的主体。<body>标签和其结束标签</body>之间的所有部分都称为主体内容，包括文字、图片、链接、表格、表单等。<body>标签有很多自身的属性，如定义页面文字的颜色、背景的颜色、背景图片等，见表 2-1。

表 2-1　<body>标签的属性

属　性	描　述
text	设置页面文字颜色
bgcolor	设置页面的背景颜色
link	设置页面超链接默认的颜色
alink	设置鼠标单击时超链接的颜色
vlink	设置访问过的超链接的颜色
background	设置页面的背景图片
bgproperties	设置页面背景图片为 fixed（固定），不随页面滚动，默认为滚动
topmargin	设置页面上边距
leftmargin	设置页面左边距
bottommargin	设置页面下边距
rightmargin	设置页面右边距

2.2.3　文字与段落相关标签

2-3　标题与段落标签

常用的文字与段落标签有以下几种。

1．标题标签<hn>

通常文章都包括标题、副标题、章和节等结构，关于标题，HTML 中也提供了相应的标题标签<H*n*>，其中 *n* 为标题的等级，HTML 共提供了 6 个等级的标题，*n* 值越小，标题字号就越大，如下示例定义一级、二级、三级和四级标题：

<h1>…</h1>　　一级标题
<h2>…</h2>　　二级标题
<h3>…</h3>　　三级标题
<h4>…</h4>　　四级标题

**2．换行标签
**

在编写 HTML 文件时，不必考虑太细致的设置，也不必理会段落过长的部分是否会被浏览器切掉。因为，在 HTML 语言规范里，每当浏览器窗口被缩小时，浏览器会自动将右边的文字转折至下一行。开发者要想自己换行，应在需要换行的地方加上
标签。

3．段落标签<p>

为了使文字排列得整齐、清晰，在文字段落之间常用<p>和</p>来做段落标签。文件段落的开始由<p>来标记，段落的结束由</p>来标记。</p>是可以省略的，因为下一个<p>的开始就意味着上一个<p>的结束。

<p>标签还有一个属性 align，用来指明段落文字的对齐方式，属性值有 left、center、right 三种，即左对齐、居中对齐和右对齐。<p>标签的属性见表 2-2。

表 2-2　<p>标签的属性及说明

属　性	说　明
id	文档的识别标记
class	文本的样式控制类

（续）

属　　性	说　　明
dir	文字方向
title	标题
style	行内样式信息
align	段落对齐方式

4．水平分隔线标签<hr>

<hr>标签是单独使用的标签，是水平分隔线标签，定义显示有阴影效果的水平线（这是默认的）用于段落与段落之间的分隔，使文档结构清晰明了，使文字的编排更整齐。通过设置<hr>标签的属性值，可以控制水平分隔线的样式。如<hr color="red" >，通过设置 color 属性设置了水平分隔线的颜色。

2-4　特殊字符标签

5．特殊字符

在 HTML 文档中，有些字符无法直接显示出来，例如版权标志©。使用特殊字符可以将键盘上没有的字符表达出来，而有些 HTML 文档的特殊字符（如<等）在键盘上虽然可以得到，但浏览器在解析 HTML 文档时会报错，为防止代码混淆，必须用一些代码来表示它们，这时可以用字符代码来表示，也可以用数字代码来表示。HTML 常见特殊字符及相应字符代码见表 2-3。

表 2-3　HTML 常见特殊字符及其代码

特 殊 字 符	字 符 代 码
<	<
>	>
&	&
“	"
©	©
®	®
空格	

2.2.4　图像标签

2-5　图像标签

网页中插入图片用单标签<img>，当浏览器读取到<img>标签时，就会显示此标签的 src 属性所设定的图像。如果要对插入的图片进行修饰，仅用这一个属性是不够的，还要配合其他属性来完成。<img>标签属性见表 2-4。

表 2-4　<img>标签属性

属　　性	描　　述
src	图像的 URL
alt	规定在图像无法显示时的替代文本
width	宽度，通常只设为图片的真实大小以免失真

（续）

属　性	描　述
height	高度，通常只设为图片的真实大小以免失真
align	图像和文字之间的对齐方式，值可以是 top、middle、bottom、left、right
border	边框
vlign	垂直间距

示例如下。

```
<img src="img/grjs.jpg" alt ="个人简介" width="260" height="180">
```

2-6　列表标签

2.2.5　列表相关标签

1．无序列表<ul>

无序列表指没有进行编号的列表，使用<ul>和</ul>标签对标记，每一个列表项前使用<li>标记。<li>的属性 type 有 3 个选项：disc 表示实心圆；circle 表示空心圆；square 表示小方块。

标签<ul>及<li>如果不使用 type 属性，默认情况下的<ul>会加“实心圆”。

基本格式：

```
<ul>
        <li type=disc>第一项
        <li type=circle>第二项
        <li type=square>第三项
</ul>
```

2．有序列表<ol>

有序列表和无序列表的使用格式基本相同，它使用标签对<ol>和</ol>标记，每一个列表项前使用<li>标记。有序列表带有标记前后顺序之分的编号，如果插入或删除一个列表项，编号会自动调整。

顺序编号的设置是由<ol>标记的 type 和 start 两个属性来完成的。start=编号开始的数字，如 start=2 表示编号从 2 开始，如果从 1 开始可以省略。在<li>标签中设定 value= "n"可以改变列表行项目的特定编号，例如<li value= "7">。type=用于设置编号的数字、字母的类型，如 type=a，则编号用英文字母。有序列表的 type 属性见表 2-5。

表 2-5　有序列表的 type 属性

type 类型	描　述
type=1	表示列表项用数字标号（1、2、3……）
type=A	表示列表项用大写字母标号（A、B、C……）
type=a	表示列表项用小写字母标号（a、b、c……）
type= Ⅰ	表示列表项用大写罗马数字标号（Ⅰ、Ⅱ、Ⅲ……）
type= i	表示列表项用小写罗马数字标号（ⅰ、ⅱ、ⅲ……）

基本语法：

```
<ol type=编号类型  start=value>
    <li>第一项
    <li>第二项
    <li>第三项
</ol>
```

3．嵌套列表

将一个列表嵌入另一个列表中，作为另一个列表的一部分，称为嵌套列表。无论是有序列表的嵌套还是无序列表的嵌套，浏览器都可以自动分层排列。

【例 2-2】 嵌套列表代码如下。

```
<h1>目录</h1><hr/>
<ul type="square">
    <li>贴吧导航</li>
    <li>大事记载</li>
    <li>等级制度</li>
    <li>实名制度</li>
    <li>特点分析</li>
    <li>品牌价值</li>
    <li>手机贴吧
        <ol>
            <li>贴吧客户端</li>
            <li>贴吧智能版</li>
        </ol>
    </li>
    <li>平台推广
        <ol>
            <li>官方平台</li>
            <li>贴吧推广</li>
        </ol>
    </li>
</ul>
```

页面效果如图 2-5 所示。

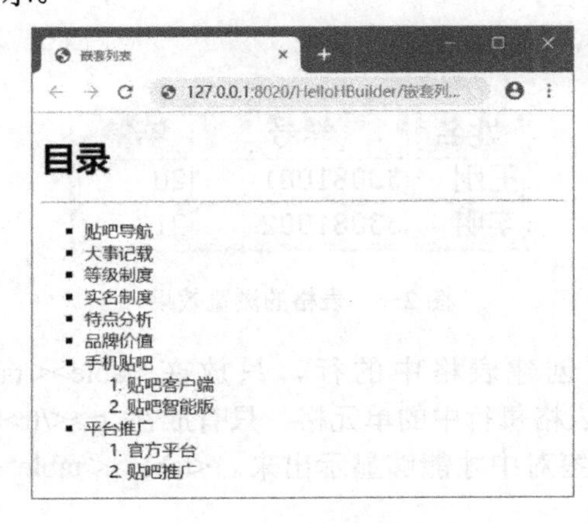

图 2-5 嵌套列表

2.2.6　表格相关标签

在网页中，表格是一种很常见的对象，通过表格可以使要表达的内容更加简洁明了，下面介绍如何使用 HTML 实现表格的制作。

2-7　表格的使用

1．表格的基本结构

用 HTML 制作表格的基本结构：

```
<table>…</table>                    //定义表格
<caption>…</caption>                //定义标题
<tr>…</tr>                          //定义表行
<th>…</th>                          //定义表头
<td>…</td>                          //定义单元格（存放表格的具体数据）
```

表格的<table>标签属性见表 2-6。

表 2-6　<table>标签属性

属　性	用　途
bgcolor	设置表格的背景色
border	设置边框的宽度，若不设置此属性，默认值为 0
bordercolor	设置边框的颜色
bordercolorlight	设置边框明亮部分的颜色（border 的值大于等于 1 时才有用）
bordercolordark	设置边框昏暗部分的颜色（border 的值大于等于 1 时才有用）
cellspacing	设置表格单元格之间的空间大小
celpadding	设置表格的单元格边框与其内部内容之间的空间大小
width	设置表格的宽度，单位用绝对像素值或总宽度的百分比

构建一个简单的表格示例代码如下，显示效果如图 2-6 所示。

```
<table width="180" border="2" cellpadding="1" cellspacing="1">
    <tr bgcolor="#CCCCCC"> <th >姓名</th> <th>学号</th> <th>年龄</th> </tr>
    <tr> <td>王刚</td> <td>33081001</td> <td>20</td></tr>
    <tr> <td>李明</td> <td>33081002</td> <td>21</td> </tr>
</table>
```

姓名	学号	年龄
王刚	33081001	20
李明	33081002	21

图 2-6　表格的浏览效果

<tr></tr>标签对用来创建表格中的行，只放在<table></table>标签对之间使用。<td></td>标签对用来创建表格每行中的单元格，只有放在<tr></tr>标签对之间才有效，输入的文本只有在<td></td>标签对中才能够显示出来。<table></table>、<tr></tr>、<td></td>标签对的关系见表 2-7。

表 2-7　<table></table>、<tr></tr>、<td></td>标签对的关系

标　签	用　途
<table>	最外层，创建一个表格
<tr>	创建一行
<td>要输入的文本只能放在此处</td> <td>要输入的文本只能放在此处</td>	创建一个单元格（这里总共创建了两个单元格）
</tr>	行末尾
</table>	最外层，表格结束

2．表格的尺寸设置

一般情况下，表格的长度和宽度是根据各行长度和各列宽度的总和自动调整的，如果要直接设置固定大小，HTML 代码为：

```
<table width="n1" height="n2">
```

width 和 height 属性分别指定表格的固定宽度和高度，n1 和 n2 可以用像素来表示，也可以用百分比来表示。

例如创建一个宽为 200 像素、高为 100 像素的表格，代码表示为<table width="200" height="100">。

例如创建一个宽为 20%、高为 10%的表格，代码表示为<table width="20%" height="10%">。

3．表格中文字的排列与合并

表格中文字的排列方式有两种，分别是左右排列和上下排列。左右排列用 align 属性来设置，而上下排列则由 valign 属性来设置。左右排列的位置可分为居左（left）、居中（center）、居右（right）3 种；上下排列基本上比较常用的有上齐（top）、居中（center）、下齐（bottom）和基线（baseline）4 种。

设置<td>标签的 colspan 属性用来设置表格的单元格跨占的列数（默认值为 1）。

设置<td>标签的 rowspan 属性用来设置表格的单元格跨占的行数（默认值为 1）。

单元格合并的示例代码如下，显示效果如图 2-7 所示。

```
<table width="327" border="1">
   <tr>
      <td width="76" rowspan="2">学生</td>
      <td width="69">姓名</td>
      <td width="79">学号</td>
      <td width="75" rowspan="2">共青团员</td>
   </tr>
   <tr>
      <td>王刚</td>
      <td>33081001</td>
   </tr>
</table>
```

学生	姓名	学号	共青团员
	王刚	33081001	

图 2-7　表格合并的显示效果

2.2.7 超链接相关标签

2-8 超级链接标签

超链接是网页互相联系的桥梁，可以看作是一个“热点”，通过它可以从当前网页定义的位置跳转到其他位置，包括当前页的某个位置及Internet、本地硬盘或局域网上其他文件，甚至可以跳转到声音、图像等多媒体文件。

根据目标文件的不同，超链接可分为页面超链接、锚点超链接、电子邮件超链接等；根据单击对象的不同，超链接可分为文字超链接、图像超链接、图像映射等。

根据目录文件与当前文件的目录关系，创建内部超链接有 4 种写法。注意，应该尽量采用相对路径。

（1）链接到同一目录中的网页文件

目标文件名是链接所指向的文件，链接到同一目录内的网页文件的语句格式：

```
<a href="目标文件名.html">热点对象</a>
```

（2）链接到下一级目录中的网页文件

链接到下一级目录中网页文件的语句格式：

```
<a herf="子目录名/目标文件名.html">热点对象</a>
```

（3）链接到上一级目录中的网页文件

链接到上一级目录中网页文件的语句格式：

```
<a herf="../目标文件名.html">热点对象 </a>
```

（4）链接到同级目录中的网页文件

链接到同级目录中网页文件，要先退到上一级目录中，然后再进入目标文件所在的目录，语句格式：

```
<a href="../子目录名/目标文件名.html">热点对象</a>
```

2.2.8 DIV 标签

在设计网页时，控制好各个模块在页面中的位置是非常关键的，在 CSS 排版的页面中，<div>标签起到至关重要的作用。

<div>（division）标签简单而言就是一个区块标签，即<div></div>标签对之间相当于一个容器，可以容纳段落、标题、图片、表格，甚至章节、摘要、标注等各类 HTML 标签。

2-9 表单简介

2.3 表单及表单元素

表单是 HTML 的一个重要组成部分，一般来说，网页通常会通过“表单”形式供浏览者输入数据，然后将表单数据返回服务器，以备登录或查询之用。

表单可以提供输入的界面，供浏览者输入数据，常见的应用有 Web 搜索、问卷调查、注册用户、在线订购等。

2.3.1 表单的定义

2-10 表单标签

表单是页面上的一块特定区域，这块区域由一对<form>标签定义，有两个作用，一方面，限定表单的范围，其他表单对象都要插入表单之中，单击“提交”按钮时，提交到服务器的也就是表单范围之内的内容；另一方面，携带表单的相关信息，如服务器端处理表单数据的程序位置、提交表单的方法，这些信息对于浏览者是看不到的，但是对于处理表单却有着重要的作用。

<form>标签的主要作用是设定表单的起始位置，并指定处理表单数据程序的 URL 地址，表单所包含的控件就在<form>与</form>之间定义。

表单定义基本语法：

```
<form action=url method=ge|post name=value>…</form>
```

语法解释：

用户填入表单的信息总是需要程序进行处理，action 属性就指明了处理表单信息的路径与文件名称。

method 表示发送表单信息的方式，有 get 和 post 两个值。get 方式是将表单控件的 name=value 信息经过编码之后通过 URL 发送（可以在地址栏中看到），而 post 方式则将表单的内容通过 http 发送，在地址栏中看不到表单的提交信息。那什么时候使用 get，什么时候使用 post 呢？一般这样来判断，如果只是取得和显示数据，用 get 方式；一旦涉及数据的保密和更新，建议使用 post 方式。

2-11 表单域

2.3.2 表单控件

1．表单常用控件及属性

（1）表单常用控件

通过 HTML 表单的各种控件，用户可以输入或者从选项中选择文字信息，做提交的操作。表单常用控件及相应的 HTML 标签见表 2-8。

表 2-8 表单中的常用控件及相应的 HTML 标签

控 件 名 称	type 属性值	示 例
单行文本框	text	<input type="text" name="txt1" id=" t1" value="john" onblur="checkString();">
多行文本框	textarea	<textarea name="txtNotes" id="txt1"></textarea>
按钮	button	<input type="button" name="btn1" id="btn1" value="查询" onclick="doValidate()">
单选钮	radio	<input type="radio" name="rdoAgree" id="rdoAgreeYes" checked value="yes"> <input type="radio" name="rdoAgree" id="rdoAgreeNo" value="no" >
复选框	checkbox	<input type="checkbox" name="chkA" id="chakA1" value="1" checked> <input type="checkbox" name="chkA" id="chakA1" value="2" > <input type="checkbox" name="chkA" id="chakA1" value="3" >
列表 （单选列表，默认）	select-one	<select name="listProvince" id=" listProvince"> <option value="北京">北京</option> <option value="上海">上海</option> </select>
（多选列表，带有 multiple 属性）	select-multiple	<select size=8 multiple name="listProvince" id=" listProvince"> <option value="北京">北京</option> <option value="上海">上海</option> </select>
密码框	password	<input type="password" name="txtPassword" id="txtPassword">

（续）

控件名称	type属性值	示例
重置按钮	reset	<input type="reset" name="btnReset" id="btnReset">
提交按钮	submit	<input type="submit" name="btnSubmit" id="btnSubmit" >

（2）表单控件属性

以上类型的输入区域有一个公共的属性 name，此属性给每一个输入区域定义一个名字。这个名字与输入区域是一一对应的，即一个输入区域对应一个名字。服务器就是通过调用某一输入区域名字的 value 值来获取该区域数据的。value 属性还可以用来指定输入区域的默认值。

表单控件属性设置基本语法：

```
<input 属性1  属性2…>
```

表单常用属性见表 2-9。

表 2-9　表单常用属性

属性	说明
name	控件名称
type	控件的类型，如 radio、text 等
align	指定对齐方式，可取 top、bottom、middle
size	指定控件的宽度
value	用于设定输入默认值
maxlength	在单行文本的时候允许输入的最大字符数
src	插入图像的地址

2. 基本语法

（1）单行文本输入框（input type="text"）

单行文本输入框允许用户输入简短的单行信息，如用户姓名，基本语法：

```
<input type="text" name="field_name" maxlength="value" size="value" value=" field_value">
```

（2）密码输入框（input type="password"）

密码输入框主要用于保密信息的输入，如密码。一般情况下，用户输入的时候显示的不是输入的内容，而是“*”号。

基本语法：

```
<input type="password" name="field_name" maxlength="value" size="value" />
```

（3）单选框（input type="radio"）

用户填写表单时，有一些内容可以通过选择的形式来实现输入，如常见的网上调查，首先提出若干问题，然后让浏览者在若干个选项中做出选择。使用单选框可以让用户在一组选项里只能选择一个，选项以一个圆框表示。

基本语法：

```
<input type="radio" name="radio-field" value="radio-value" checked>
```

(4) 复选框（input type="checkbox"）

复选框允许用户在一组选项中选择多个，用 checked 表示默认已选的项。

基本语法：

```
<input type="checkbox" name="check-field " value="check-value" checked>
```

(5) 标注

<label>标签为 input 元素定义标注（标签）。label 元素不会向用户呈现任何特殊效果，不过，它为鼠标用户改进了可用性。如果在 label 元素内单击文本，就会触发此控件。就是说，当用户选择该标签时，浏览器就会自动将焦点转到和标签相关的表单控件上。

提示：for 属性规定 label 与哪个表单元素绑定，可把 label 绑定到另外一个元素，所以需要把 for 属性的值设置为相关元素的 id 属性相同的值。

基本语法如下。

```
<form action="demo.php">
  <label for="male">Male</label>
  <input type="radio" name="gender" id="male" value="male"><br>
  <label for="female">Female</label>
  <input type="radio" name="gender" id="female" value="female"><br><br>
  <input type="submit" value="Submit">
</form>
```

使用<label>标签环绕也可以达到一样的效果，语句如下。

```
<label>Male<input type="radio" name="gender" value="male"></label>
<label><input type="checkbox" name="hobby" value="足球" > 足球</label>
```

(6) 列表框（select）

下拉列表框是一种最节省空间的控件，正常状态下只能看到一个选项，单击下拉按钮打开列表后才能看到全部选项。

列表框可以显示一定数量的选项，如果超出了这个数量，会自动出现滚动条，浏览者可以通过拖动滚动条来查看各选项。

通过<select>和<option>标签可以设计页面中的下拉列表框和列表框效果，基本语法：

```
<select name="name" size="value" multiple>
    <option value="value" selected>选项 1</option>
    <option value="value" >选项 2</option>
    …
</select>
```

相关各属性的含义见表 2-10。

表 2-10 列表框标签的属性

属 性	说 明
name	菜单和列表的名称
size	下拉列表中可见选项的数目。
multiple	列表中的项目多选，用户用“Ctrl”键来实现多选

（续）

属　性	说　明
value	选项值
selected	默认选项

（7）多行文本输入框（textarea）

多行文本输入框主要用于输入较长的文本信息。

基本语法：

```
<textarea name="textfield_name" cols="value" rows="value" value="textfield_value">
    …
</textarea>
```

相关各属性的含义见表 2-11。

表 2-11　多行文本输入框的属性

属　性	说　明
name	多行输入框的名称
cols	多行输入框的列数
rows	多行输入框的行数
value	多行输入框的默认值

（8）普通按钮

在表单中，按钮起着至关重要的作用，可以触发提交表单的动作，可以在用户需要的时候将表单恢复到初始状态，还可以根据程序的需要发挥其他作用。

表单中的按钮分为普通按钮、提交按钮、重置按钮，其中普通按钮本身没有指定特定的动作，需要配合 JavaScript 脚本来进行表单处理，基本语法：

```
<input type="button" name="button_name" id="button_id" value="普通按钮">
```

语法解释：

value 的值代表显示在按钮上面的文字。

（9）提交按钮

通过提交按钮可以将表单中的信息提交给表单中的 action 所指向的文件。

基本语法：

```
<input type="submit" name="button_value" id="button_id" value="提交">
```

语法解释：

单击提交按钮时，可以实现表单的提交。value 的值代表显示在按钮上面的文字。

（10）图片式提交按钮（input type="image"）

使用传统的按钮形式可能会让人感觉单调，而且如果网页使用丰富的色彩或稍微复杂的设计，再使用传统的按钮形式，可能会影响整体美感。这时，可以使用图片式提交按钮，即在提交按钮位置上放置图片，这幅图片具有提交按钮的功能。

基本语法：

```
<input type="image" src="图片路径" alt="Submit" width="28" height="48" >
```

语法解释：

type="image"相当于 type="submit"，不同的是 type="image"以一个图片作为表单的按钮；src 属性表示图片的路径；alt 属性表示图像无法显示时的替代文本。

（11）重置按钮（input type="reset"）

通过重置按钮可将表单内容全部清除，恢复成默认的表单内容设定，然后重新填写。

基本语法：

```
<input type="reset" value="重置">
```

语法解释：

value 用于按钮上的说明文字。

2-12 placeholder 属性

2.3.3 HTML5 表单常用新属性

1．placeholder

指文本框处于未输入状态并且未获得光标焦点时，降低显示输入提示文字的不透明度，如搜索框效果：<input type="text" placeholder="点击这里搜索">，placeholder 是 HTML 5 的新属性，仅有支持 HTML 5 的浏览器才支持 placeholder。

2．type

HTML5 加入了新的 input 类型 number，这是方便数值输入的。如果是在移动端，属性 type="number"会唤起系统的数字键盘，这对于交互还是挺友好的。type 字段只是为输入提供选择格式，更多情况下应该说新增的 type 是为了适配移动端 WebApp 而存在的。

3．pattern

该属性规定用于验证输入字段的模式，当触发表单提交的时候，浏览器会将输入与 pattern 属性匹配来最终判断是否有效输入，示例如下。

```
<form action="test.php">
    Country code: <input type="text" name="country_code" pattern="[A-Za-z]{3}" title="Three letter country code">
    <input type="submit" value="提交">
</form>
```

4．autofocus

规定在页面加载时，输入域自动获得焦点。例如让 name 属性为"stuId"的 input 输入域在页面载入时自动聚焦的语法示例：

2-13 autofocus 属性

```
学号:<input type="text" name="stuId" autofocus>
```

5．required

规定必须在表单提交之前填写输入域（不能为空），示例如下。

2-14 required 属性

```
<form action="test.php">
    用户名称：<input type="text" name="username" required><!--不能为空的input 字段-->
    <input type= "submit" value="提交">
```

```
</form>
```

注意：Internet Explorer 9 及更早 IE 版本不支持 input 标签的这些新属性。

任务实施

1．任务分析

本任务采用 HTML 的布局方式实现在线测试系统主功能页面的静态布局，用户注册页面如图 2-1 所示，测试页面如图 2-2 所示，学生信息展示页面如图 2-3 所示。

2．实现测试页面静态布局

实现可以单选的静态测试展示，每组单选框的 name 属性值应该是一样的，这样才能保证这一组中只有一个被选中。由于单选框比较小，选择起来比较麻烦，可以使用 label 标签进行环绕，使单选框和选项文字被 label 标签包围，实现扩大选取的目的。

创建 test.html 文件，添加元素及内容，完整代码如下。

```
<!DOCTYPE html>
<html>
    <head>
        <meta charset="UTF-8">
        <title>在线测试</title>
    </head>
    <body>
        <h1> <img src="img/logo.png" /> 在 线 测 试 系 统</h1>
        <hr /><h3>单元测试 1</h3>
        <p>1.下列选项中（ ）可以用来检索下列表框中被选项目的索引号。</p>
        <label><input type="radio" name="tm1" value="A" /> A.selectedIndex</label>
        <label><input type="radio" name="tm1" value="B"/>  B.options</label>
        <label><input type="radio" name="tm1" value="C"/>  C.length</label>
        <label><input type="radio" name="tm1" value="D"/>  D.size</label>
        <p>2.在 Javascript 中（ ）方法可以对数组元素进行排序。</p>
        <label><input type="radio" name="tm2" value="A"/>  A.add()</label>
        <label><input type="radio" name="tm2" value="B"/>  B.join()</label>
        <label><input type="radio" name="tm2" value="C"/>  C.sort()</label>
        <label><input type="radio" name="tm2" value="D"/>  D.size</label>
    </body>
</html>
```

3．实现注册页面静态布局

综合应用表单及其子元素标签，实现注册页面效果。创建 reg.html 文件，添加元素及内容，完整代码如下。

```
<!DOCTYPE html>
<html>
    <head>
        <meta charset="UTF-8">
```

```
            <title>注册</title>
        </head>
        <body>
            <form name="regForm" >
                <fieldset>
                    <legend>用户注册</legend>
                    <p>用户姓名：  <input type="text" name="user" id="textfield" /></p>
                    <p>联系电话：  <input type="text" name="phone" /> </p>
                    <p>用户密码：  <input type="password" name="pass" /></p>
                    <p>角      色：
                        <select name="select" id="select">
                            <option value="1">学生</option>
                            <option value="2">教师</option>
                            <option value="3">管理员</option>
                        </select>
                    </p>
                    <p>留言信息：  <textarea name="textarea" cols="28" rows="5"></textarea></p>
                    <p> <input type="submit" name="button" id="button" value="提交" />
                        <input type="reset" name="re" id="re" value="重填" />
                    </p>
                </fieldset>
            </form>
        </body>
    </html>
```

4．实现学生信息展示页面静态布局

创建 stuInfo.html 文件，实现学生信息展示页面，body 标签内需添加以下内容。

```
<table cellspacing="0" cellpadding="6" width="100%" align="center" border="1">
    <caption>学生基本信息统计表</caption>
      <tr>
        <th><label><input id="all" type="checkbox" />全选</label></th>
        <th>学号</th>
        <th>姓名</th>
        <th>专业</th>
        <th>性别</th>
        <th>年级</th>
        <th>年龄</th>
        <th>删除</th>
      </tr>
      <tr align="center">
        <td> <input name="single" type="checkbox" /></td>
        <td>35191106</td>
        <td>韩梅梅</td>
        <td>软件技术</td>
        <td>女</td>
        <td>2019</td>
```

```
        <td>18</td>
        <td>删除</td>
    </tr>
    <tr align="center">
        <td> <input name="single" type="checkbox" /></td>
        <td>35191107</td>
        <td>李雷</td>
        <td>软件技术</td>
        <td>男</td>
        <td>2019</td>
        <td>18</td>
        <td>删除</td>
    </tr>
    </table>
    <input type="button" value="删除选中" />
```

任务训练

【理论测试】

1．以下说法中，错误的是（　　）。

A．获取 WWW 服务时，需要使用浏览器作为客户端程序

B．WWW 服务和电子邮件服务是 Internet 提供的最常用的两种服务

C．网站就是一系列逻辑上可以视为一个整体的页面的集合

D．所有网页的扩展名都是.htm

2．以下说法中，错误的是（　　）。

A．网页的本质就是 HTML 源代码

B．网页就是主页

C．使用“记事本”编辑网页时，应将其保存为.htm 或.html 扩展名

D．本地网站通常就是一个完整的文件夹

3．以下说法中，正确的是（　　）。

A．p 标签与 br 标签的作用一样

B．多个 p 标签可以产生多个空行

C．多个 br 标签可以产生多个空行

D．p 标签的结束标签通常不可以省略

4．以下有关列表的说法中，错误的是（　　）。

A．有序列表和无序列表可以互相嵌套

B．指定嵌套列表时，也可以具体指定项目符号或编号样式

C．无序列表应使用 ul 和 li 标签进行创建

D．在创建列表时，li 标签的结束标签不可省略

5．以下有关表单的说明中，错误的是（　　）。

A．表单通常用于搜集用户信息

B．在 form 标签中使用 action 属性指定表单处理程序的位置

C．表单中只能包含表单控件，而不能包含其他诸如图片之类的内容

D．在 form 标签中使用 method 属性指定提交表单数据的方法

6．以下说法中，错误的是（　　）。

A．表格在页面中的对齐应在 table 标签中使用 align 属性设置

B．cellspacing 属性设置表格的单元格边框与其内部内容之间的空间大小

C．celpadding 属性设置表格的单元格边框与其内部内容之间的空间大小

D．表格内容的默认水平对齐方式为左对齐

7．如果要在网页中显示特殊字符，例如输入<，应使用（　　）。

A．lt;　　B．≪　　C．<　　D．>

【实训内容】

1．制作登录页面。

2．制作密码修改页面。

3．制作可以多选的试卷题目展示。

4．制作商品信息表格（信息包括序号、品类、品牌、商品名称、吊牌价）。

任务3　实现在线测试系统主页面的布局和美化

学习目标

【知识目标】

掌握 CSS 的引用、分类方式。

掌握各类元素 CSS 设置与盒模型的应用。

掌握 DIV+CSS 页面布局的方法。

【技能目标】

能够使用字体、颜色、背景与文字属性。

能够使用边距、填充与边框属性。

能够使用列表属性。

能够使用 DIV+CSS 布局。

能够使用常用布局结构实现在线测试系统主页面布局。

任务描述

本任务实现在线测试系统主页面的布局并美化，效果如图 3-1 所示。

图 3-1　在线测试系统主页面效果

知 识 准 备

3.1 CSS 介绍

3.1.1 CSS 简介

3-1 初识 CSS3

CSS 是 Cascading Style Sheet 的缩写，可以翻译为“层叠样式表”或“级联样式表”，即样式表。它可以定义在 HTML 文档的标签里，也可以在外部附加文档中作为附加文件。此时，一个样式表可以作用多个页面，乃至整个站点，因此具有更好的易用性和拓展性。

利用 CSS 不仅可以控制一篇文档中的文本格式，而且可以控制多篇文档的文本格式。因此使用 CSS 样式表定义页面文字，将会使工作量大大减小。建立一些好的 CSS 样式表可以更进一步地对页面进行美化，对文本格式进行精确定制。

CSS 样式表的功能一般可以归纳为以下几点。

1）灵活控制页面中文字的字体、颜色、大小、间距、风格及位置。

2）随意设置一个文本块的行高、缩进，并为其加入三维效果的边框。

3）更方便定位网页中的任何元素，设置不同的背景颜色和背景图片。

4）精确控制网页中各元素的位置。

5）与 DIV 元素结合进行网页页面布局。

3.1.2 CSS+DIV 布局方式的优势

网站建设中掌握基于 CSS 的网页布局方式是实现 Web 标准的基础。网站建设在网页制作时采用 CSS 技术，可以有效地对页面的布局、字体、颜色、背景和其他效果实现更加精确的控制，只要对相应的代码做一些简单的修改，就可以改变网页的外观和格式。<div></div>标签对可以视为一个独立的对象，用于 CSS 的控制，声明时只需要对<div>进行相应的控制，其中的各标签样式都会因此而改变。CSS+DIV 的布局方式在 Web 页面中很常用，有以下优势。

1．网页代码减少，简单明了

代码精简带来的好处有两点：一是提高爬虫爬行效率，能在最短的时间内爬行完整个页面，这样对收录质量有一定的好处；二是能高效爬行的页面，就会受到爬虫的喜欢，这样对收录数量有一定的好处。

2．避免表格的嵌套弊端

使用表格页面，为了达到一定的视觉效果，不得不套用多个表格。根据目前掌握的情况来看，遇到多层表格嵌套时，爬虫爬行表格布局的页面会跳过嵌套的内容或直接放弃整个页面。如果嵌套的表格中是核心内容，爬虫爬行时如果跳过了这一段，也就没有抓取到页面的核心，这个页面就成了相似页面。网站中相似页面过多会影响排名及域名信任度。CSS+DIV 布局基本上不会存在这样的问题，从技术角度来说，在控制样式时也不需要过多的嵌套。少一些多层表格嵌套对网站 SEO 还是有好处的。

3．响应速度更快

CSS+DIV 布局与表格布局相比减少了页面代码，加载速度得到了很大的提高，由于将大部分页面代码写在了 CSS 当中，这就使得网页中正文部分更为突出明显，便于被搜索引擎采集收录，也使得页面体积容量变得更小。相对于表格嵌套的方式，CSS+DIV 将页面独立成更多的区域，在打开页面的时候逐层加载。而不像表格嵌套那样将整个页面圈在一个大表格里，使得加载速度很慢。这对爬虫爬行是非常有利的，过多的页面代码可能造成爬行超时，爬虫就会认为这个页面无法访问，影响收录及权重。另一方面，真正的网站优化不只是为了追求收录、排名，因为快速的响应速度是用户体验的基础。

4．修改方便，时效性更优

CSS+DIV 是 Web 设计标准，是一种网页的布局方法。与传统通过表格（table）布局定位的方式不同，它可以实现网页页面内容与表现相分离。

由于使用了 CSS+DIV 制作方法，在修改页面的时候可以更加方便省时。根据区域内容标记，到 CSS 里找到相应的 ID 进行修改，不会破坏页面其他部分的布局样式。

5．保持视觉的一致性

CSS+DIV 布局最重要的优势之一是保持视觉的一致性。以往表格嵌套的制作方法使得页面与页面或者区域与区域之间的显示效果会有偏差，而使用 CSS+DIV 布局，将所有页面或所有区域统一用 CSS 文件控制，避免了不同区域或不同页面呈现的效果有偏差，可以方便后期的维护管理工作。

6．对网站优化更好

搜索引擎是从上到下、从左到右访问网站信息的，而且搜索引擎访问的是代码，和网页做得如何漂亮无关，所以，在网站建设的时候，关键内容在网页中的位置非常重要。标准的 CSS+DIV 布局，一般在设计完成后会尽可能完善到能通过 W3C 验证，与普通表格组成页面的网站相比，网站排名状况一般都要好些。研究那些比较大的网站就会发现，整个网页代码被很多注释所包围，这些注释有两个好处：一是便于技术开发者对代码进行调整；二是便于 SEO 人员了解关键内容的位置并进行调整。

3.1.3 CSS 样式注释方法

CSS 样式的注释方法以“/*”开始，到“*/”结束，如<style type="text/css"> /* css 注释 */ </style>。单独的 CSS 样式表文件中也采用此方法注释，示例代码如下。

```
/* 创建人：李雷
* 创建时间：2019.5.8
* 作用：设置文字样式
*/
/* ----------文字样式开始---------- */
. white12px {
    color:white;    /* 白色 12 像素文字 */
    font-size:12px;
}
/* ----------文字样式结束---------- */
```

3.2 CSS 的使用

3-2　CSS 样式设置规则

3.2.1 样式设置规则

CSS 样式设置规则由选择符和声明部分组成，语法：

```
选择符{属性 1:属性值 1; 属性 2:属性值 2}
```

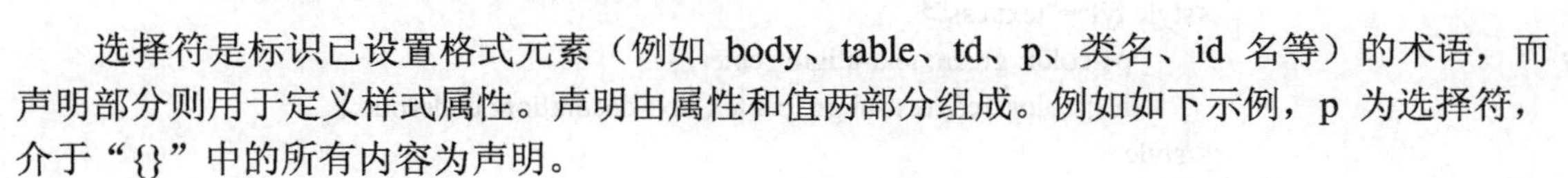

选择符是标识已设置格式元素（例如 body、table、td、p、类名、id 名等）的术语，而声明部分则用于定义样式属性。声明由属性和值两部分组成。例如如下示例，p 为选择符，介于“{}”中的所有内容为声明。

```
p {
   font-family: "宋体";
   font-size: 18px;
}
```

3-3　CSS 样式的调用

以上代码表示<p></p>标签内所有文本的字体为宋体，字体大小为 18px。

3.2.2 常用添加 CSS 的方法

当浏览器读取样式表时，要依照文本格式来读，这里介绍常用的在页面中插入样式表的方法，包括行内样式表、内部样式表、链接样式表。

1．行内样式表

（1）基本语法

```
<标签名称 style="样式属性:属性值; 样式属性…">
```

（2）语法解释

直接在 HTML 代码行中加入样式规则，适用于指定网页内某一小段文字的显示规则，效果仅可控制该标签。

【例 3-1】 行内样式表应用，页面效果如图 3-2 所示，核心代码如下。

```
<p style="background:#FF0000; color:#FFFFFF; font-size:30px; font-family:黑体">
      行内样式直接引用实例!
</p>
```

图 3-2　行内 CSS 的应用示例

2．内部样式表

将样式表嵌入 HTML 文件的文件头<head>…<head>区域内，在 HTML 文件中用<style>

标签说明所要定义的样式，具体用<style>标签的 type 属性来进行 CSS 语法定义。

【例 3-2】 内部样式表应用，页面效果如图 3-3 所示，完整代码如下。

```
<!DOCTYPE html>
<html>
    <head>
        <meta charset="UTF-8">
        <title>内部样式表</title>
            <style tyle="text/css">
                p{ color: green; text-align: center; }
                h3{ color: red; text-align: center; text-decoration: underline;}
            </style>
        </head>
        <body>
            <p>一个 CSS 应用页面!</p>
            <h3>一个 CSS 应用页面!</h3>
        </body>
    </html>
```

图 3-3 内部样式表应用示例

提示：行内样式表和内部样式表引用 CSS 样式的方法都属于引用内部样式表，即样式表规则的有效范围只限于该 HTML 文件，在该文件以外将无法使用。

3．链接样式表

链接样式表即将一个外部样式表链接到 HTML 文档中。

（1）基本语法

```
<link rel="stylesheet" href= "*.css " type= "text/css " >
```

（2）语法解释

样式定义在独立的 CSS 文件中，并将该文件链接到要运用该样式的 HTML 文件中。href 用于设置链接的 CSS 文件的位置，可以是绝对地址或相对地址 rel="stylesheet"表示是链接样式表，是链接样式表的必有属性。*.CSS 为已编辑好的 CSS 文件。

多个 HTML 文件可以链接同一个样式表，如果改变样式表文件中的一个设置，所有网页都会随之改变。

例如编写 CSS 文件 my.css，代码如下。

```
p {
  background:#FF0000;
```

```
        color:#FFFFFF;
        font-size:30px;
        font-family 黑体;
    }
```

【例 3-3】 链接样式表应用，CSS 文件为 my.css，页面效果如图 3-4 所示，可以看到效果和图 3-2 一样。代码如下。

```
<!DOCTYPE html>
<html>
        <head>
            <meta charset="UTF-8">
            <title>链接样式表</title>
            <link href="my.css" rel="stylesheet" type="text/css">
        </head>
        <body>
            <P>链接样式表的应用实例! </P>
        </body>
</html>
```

图 3-4 链接样式表使用

3.2.3 选择符

3-4 CSS 基础选择符

1．标签选择符

标签选择符也称为类型选择符，HTML 中的所有标签都可以作为标签选择符。例如对 body 定义网页中的文字大小、颜色和行高，代码如下。

```
body {font-size: 12px;color: #000000;line-height:18px;}
```

2．类选择符

类选择符能够把相同的元素分类定义成不同的样式。定义类选择符时，在自定义类的前面需要加一个点号。

例如定义“欲穷千里目 更上一层楼”文本为红色并且向右对齐，代码如下，调用的方法是<p class="right">欲穷千里目 更上一层楼</p>。

```
.right {color: #FF0000;text-align:right;}
```

3．ID 选择符

在 HTML 页面中，ID 属性标识了某个单一元素，ID 选择符用来对某个单一元素定义单独的样式，示例如下。

```
<p id="title1">欲穷千里目 更上一层楼</p>
```

可见<p>标签被标识了 id 属性值为 title1。因此，ID 选择符的使用和类选择符类似，只要将 class 换成 id 即可，title1 选择符的样式定义如下。

```
#title1{color: #FF0000;text-align:center}
```

4．伪类选择符

伪类选择符可以看作一种特殊的类选择符，是能被支持 CSS 的浏览器自动识别的特殊选择符。之所以能成“伪”，是因为它们所指定的对象在文档中并不存在，它们指定的是元素的某种状态，例如：

```
a:link {color: #000000; text-decoration: none;}
a:visited {color: #333333; text-decoration: none;}
a:hover {color : #f83800; text-decoration: underline;}
a:active {color: #666666; text-decoration: none;}
```

为了确保每次鼠标经过文本时的效果都相同，建议在定义样式时一定要按照 a:link、a:visited、a:hover、a:active 的顺序依次书写。

5．包含选择符

包含选择符可以对具有包含关系的某种元素定义样式表。例如元素 1 里包含元素 2，这种方式只对在元素 1 里的元素 2 定义，对单独的元素 1 或元素 2 无定义，例如：

```
table a{font-size:12px;font-color:#ff0000;}
```

表示 table 标签内的 a 对象的样式。这里只定义表格内的超链接样式，文字大小为 12px，颜色为红色，而表格外的超链接文字仍然为默认大小。

这样做可以避免使用过多的 id 或 class 属性，直接对所需设置的元素进行样式定义。包含选择符可以在两者之间包含，也可以支持多级包含。

6．选择符组

相同属性和值的选择符可以组合起来书写，用逗号将选择符分开，这样可以减少样式的重复定义。

例如：

```
h1,h2,h3,h4,h5,h6,td{color:#666666;}
```

这里的样式表示 h1、h2、h3、h4、h5、h6、td 中的文本颜色都为灰色（#666666）。

3.3 字体、颜色、背景与文本属性

3-5 设置 CSS 的字体属性

3.3.1 设置 CSS 的字体属性

CSS 的字体属性主要包括字体族科、字体大小、加粗字体以及英文字体的大小转换等。

1．设置字体（font-family）

字体族科实际上就是 CSS 中设置的字体，用于改变 HTML 元素内的字体。

（1）语法

font-family: "字体 1","字体 2","字体 3";

（2）说明

浏览器不支持第一个字体时，会采用第二个字体；前两个字体都不支持，则采用第三个字体，以此类推。如果浏览器不支持定义的所有字体，则会采用系统的默认字体。任何包含空格的字体名必须用双引号引住。

2．设置字号（font-size）

字号属性用作修改字体显示的大小。

（1）语法

font-size:大小取值

（2）字体大小属性取值

绝对大小：xx-small|x-small|small|medium|large|x-large|xx-large，绝对大小根据对象字体进行调节。

相对大小：larger|smaller，相对大小相对于父对象中字体尺寸进行调节。

长度值或百分比：数字和单位标识符组成长度值。百分比取值基于父对象中字体的尺寸。

3．字体风格（font-style）

字体风格就是字体样式，主要是设置字体是否为斜体。

（1）语法

font-style:样式的取值

（2）取值范围

normal|italic|oblique。

（3）说明

normal（默认值）表示以正常的方式显示；italic 表示以斜体显示文字；oblique 属于前两者中间状态，以偏斜体显示。

4．加粗字体（font-weight）

font-weight 属性用于设置字体的粗细，实现对一些字体的加粗显示。

（1）语法

font-weight:字体粗度值

（2）取值范围

normal|bold|bolder|lighter|number。

（3）说明

normal（默认值）表示正常粗细；bold 表示粗体；bolder 表示特粗体；lighter 表示特细体；number 表示 font-weight 还可以取数值，其范围是 100～900，而且一般情况下都是整百的数，如 100、200 等。正常字体相当于取数值 400 的粗细，粗体则相当于 700 的粗细。

5．小型的大写字母（font-variant）

font-variant 属性用来设置英文字体是否显示为小型的大写字母。

（1）语法

font-variant:取值

（2）取值范围

normal|small-caps。

（3）说明

normal（默认值）表示正常的字体，small-caps 表示英文显示为小型的大写字母字体。

6．复合属性：（font）

font 属性是复合属性，用作对不同字体属性的略写，特别是行高。

（1）语法

font:字体取值

（2）说明

字体取值可以包含字体族科、字体大小、字体风格、小型的大写字母，之间使用空格隔开。

3.3.2 颜色和背景属性

3-6 基本的背景设置

颜色和背景属性主要包括颜色属性、背景颜色、背景图案、背景重复、背景附件和背景位置。

1．颜色属性（color）

颜色属性允许设计者指定一个元素的颜色，是一个关键字或一个 RGB 格式的数字。为了避免与用户的样式表之间发生冲突，建议颜色和背景属性始终一起制定。

（1）语法

color:颜色代码

（2）颜色取值说明

在这里，颜色取值可以是颜色关键字，如 yellow，也可以是 RGB 颜色代码等多种写法。

1）#rrggbb 描述如，#FF0000。

2）#rgb 描述如#F00。

3）rgb（x,x,x），其中，x 是 0～255 之间的整数，例如 rgb（255,0,0）

4）rgb（y%,y%,y%），其中，y 是一个 0～100（包含 0 和 100）的整数，例如 rgb（100%,0,0）。

2．背景颜色（background-color）

在 CSS 中，使用 background-color 属性设置背景颜色。

语法：

background-color:颜色取值

3．背景图像（background-image）

在 CSS 中，背景图像属性为 background-image，用来设定一个元素的背景图像。

（1）语法

background-image: url（图像地址）

（2）说明

图像地址可以设置成绝对地址，也可以设置成相对地址。

4．背景重复（background-repeat）

背景重复属性也称为背景图像平铺属性，用来设定对象的背景图像是否重复以及如何铺排。

（1）语法

background-repeat:取值

（2）取值范围

repeat|no-repeat|repeat-x|repeat-y。

（3）说明

repeat 表示背景图片横向和竖向都重复；no-repeat 表示背景图片横向和竖向都不重复；repeat-x 表示背景图片横向重复；repeat-y 表示背景图片竖向重复。这个属性一般和 background-image 属性连在一起使用。

如果只设置 background-image 属性，没设置 background-repeat 属性，在默认状态下，图片既横向重复，又竖向重复。

5．背景附件（background-attachment）

背景附件属性用来设置背景图像是随对象内容滚动还是固定。

（1）语法

background-attachment:取值

（2）取值范围

scroll|fixed。

（3）说明

scroll 表示背景图像随对象内容滚动，是默认选项；fixed 表示背景图像固定在页面上静止不动，只有其他内容随滚动条滚动。这个属性和 background-image 属性连在一起使用。

6．背景位置（background-position）

背景位置属性用于指定背景图像的最初位置，只能应用于块级元素和替换元素。替换元素仅指一些已知原有尺寸的元素，在 HTML 中，替换元素包括 img、input、textarea、select 和 object。

（1）语法

background-position:位置取值

（2）取值范围

[<百分比>|<长度>]{1,2}|[top|center|bottom]||[left|center|right]。

（3）说明

该语法中的取值范围包括两种，一种是采用数字，即[<百分比>|<长度>]{1,2}；另一种是关键字描述，即[top|center|bottom]||[left|center|right]，具体含义如下所述。

1）[<百分比>|<长度>]{1,2}：使用确切的数字表示图像位置，使用时首先指定横向位置，接着是纵向位置。百分比和长度可以混合使用，设定为负值也是允许的。默认取值是 0% 0%。

2）[top|center|bottom]||[left|center|right]：left、center、right 是横向的关键字，横向表示在横向上取 0%、50%、100%的位置；top、center、bottom 是纵向的关键字，纵向表示在纵向上取 0%、50%、100%的位置。

这个属性和 background-image 属性连在一起使用。

7．复合属性：背景（background）

背景 background 也是复合属性，它是一个背景相关属性的简写。

（1）语法

background:取值

（2）说明

这个属性是设置背景相关属性的一种快捷的综合写法，包括背景颜色 background-color、背景图片 background-image、重复设置 background-repeat、背景附加 background-attachment、背景位置 background-position 等，之间用空格隔开。

3.3.3 文本属性

在 CSS 样式中，文本属性主要包括单词间隔、字符间隔、文字修饰等。

3-7 基本文本属性设置

1．单词间隔（word-spacing）

单词间隔用来定义附加在单词之间的间隔数量，但其取值必须符合长度格式。单词间隔的设置多用于英文文本。

（1）语法

word-spacing:取值

（2）取值范围

normal|<长度>。

（3）说明

normal 指正常的间隔，是默认选项；长度设定单词间隔的数值及单位。

2．字符间隔（letter-spacing）

字符间隔和单词间隔类似，不同的是字符间隔属性用于设置字符的间隔数值。

（1）语法

letter-spacing:取值

（2）取值范围

normal|<长度>。

（3）说明

normal 指正常的间隔，是默认选项；长度设定单词间隔的数值及单位。

字符间隔的设置多用于英文文本中。

3．文字修饰（text-decoration）

文字修饰属性主要是用于对文本进行修饰，如设置下画线、删除线等。

（1）语法

text-decoration:修饰值

（2）取值范围

none|［underline||overline||line-through||blink］。

（3）说明

none 表示不对文本进行修饰，这是默认属性值；underline 表示对文字添加下画线；overline 表示对文本添加上画线；line-through 表示对文本添加删除线；blink 则表示文字闪烁效果，这一属性只有在 Netscape 浏览器中才能正常显示。

4. 纵向排列（vertical-align）

纵向排列属性也称为垂直对齐方式，它可以设置一个内部元素的纵向位置，相对于它的上级元素或相对于元素行，主要用于对图像的纵向排列。内部元素是没有行在其前和后断开的元素，例如HTML中的a和img。

（1）语法

vertical-align:排列取值

（2）取值范围

baseline|sub|super|top|text-top|middle|bottom|text-bottom|<百分比>。

（3）说明

baseline使元素和上级元素的基线对齐；sub为下标；super为上标；top使元素和行中最多的元素向上对齐；text-top 使元素和上级元素的字体向上对齐；middle 是纵向对齐元素基线加上上级元素的x高度的一半的中点，x高度是字母“x”的高度；text-bottom使元素和上级元素的字体向下对齐。

影响相对于元素行对齐方式的关键字有 top 和 bottom，其中，top 使元素和行中最高的元素向上对齐；bottom使元素与行中最低的元素向下对齐。

百分比是一个相对于元素行高属性的百分比，它会在上级基线上增高元素基线指定数量。这里允许使用负值，负值表示减少相应的数量。

5. 文本转换（text-transform）

文本转换属性仅被用于转换英文文字的大小写。

（1）语法

text-transform:转换值

（2）取值范围

none|capitalize|uppercase|lowercase。

（3）说明

none 表示使用原始值；capitalize 使每个字的第一个字母大写；uppercase 使每个单词的所有字母大写；lowercase则使每个字的所有字母小写。

6. 文本排列（text-align）

文本排列属性能够使元素文本得到排列。这个属性的功能类似于 HTML 的段、标题和部分的align。

（1）语法

text-align:排列值

（2）取值范围

left|right|center|justify。

（3）说明

left为左对齐；right为右对齐；center为居中对齐；justify为两端对齐。

7. 文本缩进（text-indent）

文本缩进属性用于定义HTML中级元素（如p、hl等）的第一行可以接受的缩进数量，常用于设置段落的首行缩进。

（1）语法

text-indent:缩进值

（2）说明

文本的缩进值必须是一个长度或一个百分比。若设定为百分比，则以上级元素的宽度而定。

8．文本行高（line-height）

文本行高属性用于控制文本基线之间的间隔值。

（1）语法

line-height:行高值

（2）取值范围

normal|<数字>|<长度>|<百分比>。

（3）说明

normal 表示默认的行高，一般基于字体大小属性自动产生；值为数字时，行高由元素字体大小的量与该数字相乘所得；长度属性则是直接使用数字和单位设置行高；值为百分比时，表示相对于元素字体大小的比例，不允许使用负值。

9．处理空白（white-space）

white-space 属性用于设置页面对象内空白（包括空格和换行等）的处理方式。默认情况下，HTML 中的连续多个空格会被合并成一个，使用这一属性可以设置成其他处理方式。

（1）语法

white-space:值

（2）取值范围

normal|pre|nowrap。

（3）说明

normal 是默认属性，即将连续的多个空格合并；pre 会导致源中的空格和换行符被保留，但这一选项只有在 IE 6 中才能正确显示；nowrap 则表示强制在同一行内显示所有文本，直到文本结束或者遇到
对象。

3-8 CSS 的层叠性

3.3.4 CSS 的继承与冲突

CSS 的继承性也称为样式表的层叠性，样式表的继承规则是外部的元素样式会保留下来继承给这个元素所包含的其他元素。

3-9 CSS 的继承性

1）如果在同一个选择符上使用了多个不同的样式表，这些样式相互冲突可能会产生不可预料的效果，浏览器会根据以下规则显示样式属性。

① 如果在同一文本中应用两种样式，浏览器会显示出两种样式中除冲突属性外的所有属性。

② 如果在同一文本中应用的两种样式是相互冲突的，浏览器会显示最里面的样式属性。

2）如果存在直接冲突，自定义样式表的属性（应用 class 属性的样式）将覆盖 HTML 标签样式的属性。

3）如果 body 与 p 同时定义了<p>标签内文本的颜色，也就是样式表的内容。例如：

```
body{color:red;font-size:9pt;}
p{color:blue;}
```

那么在页面显示时，段落文字的字号会继承 body 的 9 磅文字，颜色则按照最后定义的蓝色显示。不同的选择符定义相同的元素时，要考虑到不同选择符之间的优先级，ID 选择符优先级最高，其次是类选择符、HTML 标签选择符。

依照后定义优先这一原则，外链样式表和内部样式表之间根据定义的先后顺序来评定，也就是最后定义的优先级高。

3.3.5 CSS 的注意事项

一般情况下，在书写 CSS 样式表时，需要注意以下原则。

1）如果属性的值是多个单词组成，则必须使用引号（" "）将属性值括起来。例如，对于文字字体的定义语句为“font-family: "黑体", "宋体", "隶书";”。

2）如果需要对一个选择符指定多个属性，则在属性之间要用分号加以分隔。为了提高代码的可读性，最好分行写。

3）将具有相同属性和属性值的选择符组合起来，用逗号（,）将其分开，这样可以减少样式的重复定义。例如，要定义段落和表格内的文字尺寸都是 9 像素，则可以使用如下这段代码。

```
p,table {font-size:9px;}
```

其效果完全等效于对如下两个选择符分别定义的效果。

```
table {font-size:9px;}
p {font-size:9px;}
```

3.4 边距、填充与边框属性

3-10 边距属性

3.4.1 边距与填充属性

边距属性用于设置元素周围的边距宽度，主要包括上、下、左、右 4 个边距的距离设置。填充属性也称为补白属性，用于设置边框和元素内容之间的间隔数，同样包括上、下、左、右 4 个方向的填充值。

1. 顶端边距（margin-top）

顶端边距属性也称上边距，以指定的长度或百分比值来设置元素的上边距。

（1）语法

margin-top:边距值

（2）取值范围

长度值|百分比|auto。

（3）说明

长度值相当于设置顶端的绝对边距值，包括数字和单位；百分比值则是设置相对于上级元素的宽度的百分比，允许使用负值；auto 是自动取边距值，即取元素的默认值。

2. 其他边距（margin-bottom、margin-left，margin-right）

底端边距用于设置元素下方的边距值；左侧边距和右侧边距则分别用于设置元素左、右两侧的边距值。其语法和使用方法同顶端边距类似。

3. 复合属性：边距（margin）

与其他属性类似，边距属性用于对 4 个边距进行设置。

（1）语法

margin:边距值

（2）取值范围

长度值|百分比|auto。

（3）说明

margin 的值可以取 1～4 个，如果只设置了 1 个值，则应用于 4 个边距；如果设置了两个或 3 个值，则省略的值与对边相等；如果设置了 4 个值，则按照上、右、下、左的顺序分别对应其边距。

4．顶端填充（padding-top）

顶端填充属性也称为上补白，即上边框和选择符内容之间的间隔数值。

（1）语法

padding-top:间隔值

（2）说明

间隔值可以设置为长度值或百分比。其中，百分比不能使用负值。

5．其他填充（padding-bottom、padding-right、paadding-left）

其他填充属性是指底端、左右两侧的补白值，其语法和使用方法同顶端填充类似。

6．复合属性：填充（padding）

（1）语法

padding:间隔值

（2）说明

间隔值可以设置为长度值或百分比。其中，百分比不能使用负值。

7．边距与填充属性综合实例

【例 3-4】 边距与填充属性应用实例，CSS 样式定义代码如下。

```
body{padding-top:20pt;padding-right:30pt;padding-bottom:20pt;padding-left:30pt;}
p{color:#CC3300;font-size:9pt;line-height:160%;text-indent:2em;}
img{margin:10px 20px;}
```

CSS 样式调用，HTML 代码如下，页面效果如图 3-5 所示。

图 3-5　边距与填充属性页面效果示例

```
<h2>西岳华山</h2>
<hr>
<p ><img src="images/huashan.jpg" width="200" align="left">华山，古称“西岳”，是我国著名的五岳之一，位于陕西省华阴市境内，距西安 120 公里，秦、晋、豫黄河金三角交汇处，南接秦岭，北瞰黄渭，扼大西北进出中原之门户，素有“奇险天下第一山”之称。……其高五千仞，其广十里。</p>
```

说明：代码 body{padding-top:20pt;padding-right:30pt;padding-bottom:20pt;padding-left:30pt;}可以简写为 body{padding:20pt 30pt;}。

3.4.2 边框属性

3-11 边框属性

边框属性控制元素所占用空间的边缘。例如，可将文本格式和定位属性应用到<div>元素，然后应用边框属性创建元素周围的框。在边框属性中，可以设置边框样式、边框宽度、边框颜色等。而每一类都包含 5 个属性，例如边框宽度其实具体包含上边框宽度（border-top-width）。右边框宽度（border-right-width）、下边框宽度（border-bottom-width）、左边框宽度（border-left-width）以及宽度属性（border-width）等 5 个具体的属性。边框属性中包含的具体属性见表 3-1。

表 3-1 具体的边框属性

属　性	列　表
border-top-width	设置上边框的宽度
border-right-width	设置右边框的宽度
border-bottom-width	设置下边框的宽度
border-left-width	设置左边框的宽度
border-width	复合属性，是设置边框宽度的 4 个属性的略写
border-top-color	设置上边框的颜色
border-right-color	设置右边框的颜色
border-bottom-color	设置下边框的颜色
border-left-color	设置左边框的颜色
border-color	复合属性，是设置边框颜色的 4 个属性的略写
border-top-style	设置上边框的样式
border-right-style	设置右边框的样式
border-bottom-style	设置下边框的样式
border-left-style	设置左边框的样式
border-style	复合属性，是设置边框样式的 4 个属性的略写
border-top	复合属性，设置上边框的宽度、颜色和样式
border-right	复合属性，设置右边框的宽度、颜色和样式
border-bottom	复合属性，设置下边框的宽度、颜色和样式
border-left	复合属性，设置左边框的宽度、颜色和样式
border	复合属性，上述所有属性的集合

由于边框属性的设置与边距、填充属性类似，为了便于理解和对比，每一种属性的上、下、左、右 4 个属性将会一并讲解。

1．边框样式

边框样式属性用于定义边框的呈现样式，这个属性只能用于指定的边框。它可以对元素分别设置上边框样式（border-top-style）、下边框样式（border-bottom-style）、左边框样式（border-left-style）和右边框样式（border-right-style）4 个属性，也可以使用复合属性边框样式（border-style）对边框样式的设置进行略写。

基本语法：

```
border-style:样式值
border-top-style:样式值
border-right-style:样式值
border-bottom-style:样式值
border-left-style:样式值
```

border-style 的值可以取 1～4 个，如果设置 1 个值，应用于 4 个边距；设置两个或 3 个值，则省略的值与对边相等；如果设置 4 个值，会按照上、右、下、左的顺序应用。

边框样式值可以取的值共有 9 种，如表 3-2 所示。

表 3-2　边框样式取值含义

属　性	列　表
none	不显示边框，为默认属性值
dotted	点线
dashed	虚线
solid	实线
double	双实线
groove	边框带有立体感的沟槽
ridge	边框呈脊形
inset	使整个方框凹陷，即在外框内嵌入一个立体边框
outset	使整个方框凸起，即在外框外嵌入一个立体边框

注意：虽然这几个属性的取值范围相同，但是上、下、左、右 4 个具体的边框样式属性都是设置一个值，只有复合属性 border-style 可以设置 1～4 个值来设置元素的边框样式，其不同个数的取值的含义与复合属性边框（margin）、填充（padding）类似。

2．边框宽度

边框宽度用于设置元素边框的宽度值，其语法和用法都与边框样式的设置类似。

（1）基本语法

```
border-width: 边框宽度值
border-top-width: 上边框宽度值
border-right-width: 右边框宽度值
border-bottom-width: 下边框宽度值
border-left-width: 左边框宽度值
```

（2）取值范围

thin|medium|thick<长度>。

（3）说明

这几个属性的取值范围是相同的，其中，medium 是默认宽度；thin 为小于默认值宽度，称为细边距；thick 大于默认值，称为粗边距；长度则是由数字和单位组成的长度值，不可为负值。

border-width 的值可以取 1～4 个，设置 1 个值，应用于 4 个边距；设置两个或 3 个值，省略的值与对边相等；设置 4 个值，按照上、右、下、左的顺序应用。

3．边框颜色

边框颜色属性用于定义边框的颜色，可以用颜色的关键字或 RGB 值来设置，可以对 4 个边框分别设置颜色，也可以使用复合属性 border-color 进行统一设置。使用边框颜色 border-color 属性，如果指定 1 种颜色，则表示 4 个边框是一种颜色；指定两种颜色，则定义顺序为上下、左右；指定 3 种颜色，顺序为上、左右、下；指定 4 种颜色，顺序则为上、右、下、左。

（1）基本语法

```
border-color: 边框颜色值
border-top-color: 上边框颜色值
border-right-color:右边框颜色值
border-bottom-color: 下边框颜色值
border-left-color: 左边框颜色值
```

（2）说明

border-color 的值可以取 1～4 个，设置 1 个值，应用于 4 个边框；设置两个或 3 个值，省略的值与对边相等；设置 4 个值，按照上、右、下、左的顺序应用。

4．复合边框属性

复合边框属性用来设置一个元素的边框宽度、样式和颜色，所包含的 5 种属性（即上、右、下、左 4 个边框属性和一个总的边框属性）都是复合属性。

（1）基本语法

```
border:<边框宽度>||<边框样式>||<颜色>
border-top:<上边框宽度>||<上边框样式>||<颜色>
border-right:<右边框宽度>||<右边框样式>||<颜色>
border-bottom:<下边框宽度>||<下边框样式>||<颜色>
border-left:<左边框宽度>||<左边框样式>||<颜色>
```

（2）说明

在这些复合属性中，border 属性能同时设置 4 种边框，也只能给出一组边框的宽度与样式；而其他属性（如左边框属性 border-left）只能给出某一个边框的属性，包括宽度、样式和颜色。

3.5 列表属性

3-12 定义列表的基本样式

列表属性主要用于设置列表项的样式，包括符号、缩进等。

1．列表符号（list-style-type）

列表符号属性用于设定列表项的符号。

（1）语法

```
list-style-type:<值>
```

（2）说明

可以设置多种符号作为列表项的符号，其具体取值范围见表 3-3。

表 3-3　列表符号的取值

符号的取值	含　义
none	不显示任何项目符号或编码
disc	以实心圆形●作为项目符号
circle	以空心圆形○作为项目符号
square	以实心方块■作为项目符号
decimal	以普通阿拉伯数字 1、2、3……作为项目符号
lower-roman	以小写罗马数字 ⅰ、ⅱ、ⅲ……作为项目符号
upper-roman	以大写罗马数字Ⅰ、Ⅱ、Ⅲ……作为项目符号
lower-alpha	以小写英文字母 a、b、c……作为项目符号
upper-alpha	以大写英文字母 A、B、C……作为项目符号

2．图像符号（list-style-image）

图像符号属性使用图像作为列表项目符号，以美化页面。

（1）语法

```
list-style-image: none|url(图像地址)
```

（2）说明

none 表示不指定图像；url 则使用绝对或相对地址指定作为符号的图像。

3．列表缩进（list-style-position）

列表缩进属性用于设定列表缩进。

（1）语法

```
list-style-position: outside|inside
```

（2）说明

Outside 是列表的默认属性，表示列表项目标签放置在文本以外，且环绕文本不根据标签对齐；inside 表示列表项目标签放置在文本以内，且环绕文本根据标签对齐。

4．复合属性：列表（list-style）

列表样式 list-style 是以上 3 种列表属性的组合，是设定列表样式的快捷的综合写法。用这个属性可以同时设值列表样式类型属性（list-style-type）、列表样式位置属性（list-style-position）和列表样式图片属性（list-style-image）。

5．列表属性综合实例

【例 3-5】 列表属性的应用，页面效果如图 3-6 所示。

CSS 样式定义代码如下。

```
ol{
    list-style-image:url("img/arrow.gif");
```

```
        list-style-position:outside;
    }
```

HTML 代码如下。

```
<h2>五岳——中国五大名山</h2>
<ol>
    <li>东岳泰山（海拔 1545 米），  位于山东省泰安市</li>
    <li>西岳华山（海拔 2154.9 米），位于陕西省华阴市</li>
    <li>北岳恒山（海拔 2016.1 米），位于山西省浑源县</li>
    <li>中岳嵩山（海拔 1491.7 米），位于河南省登封市</li>
    <li>南岳衡山（海拔 1290 米），位于湖南省衡阳市</li>
</ol>
```

说明：页面中的列表属性也可使用一行复合属性来描述，代码如下。

```
list-style:square outside url(img/arrow.gif);
```

图 3-6　列表属性页面效果示例

实例拓展：该实例效果也可以通过设置列表项的背景来实现，HTML 布局不变，样式修改如下。

```
li{
    list-style-type:none;
    background: url(img/arrow.gif)no-repeat 0 center;
    text-indent: 20px;
}
```

3-13　初识盒子模型

3.6　CSS 布局基础

3.6.1　盒模型

盒模型（Box Model）是从 CSS 诞生之时便产生的一个概念，是关系到设计中排版定位的关键问题，任何一个块级元素都遵循盒模型。现在通过实例来理解盒模型理论。

【例 3-6】　向页面添加一个 div 对象，在该对象内插入图像 writing.jpg，样式代码如下。

```
#div1 {
    width: 260px;                    /*设置 div 的宽度*/
    height: 260px;                   /*设置 div 的高度*/
```

```
        margin:30px 50px;                              /*设置边距复合属性*/
        padding: 30px;                                 /*设置填充复合属性*/
        border: 10px solid #990000;                    /*设置边框复合属性*/
        background: #66FFFF url(img/bg.jpg) repeat     /*设置背景复合属性*/
    }
```

CSS 样式编辑完成后，网页效果如图 3-7 所示。

图 3-7　网页预览效果

所谓盒模型，就是把每个 HTML 元素看作装了东西的盒子，盒子里面的内容到盒子边框之间的距离即为填充（padding），盒子本身有边框（border），而盒子边框外和其他盒子之间还有边距（margin），如图 3-8 所示。

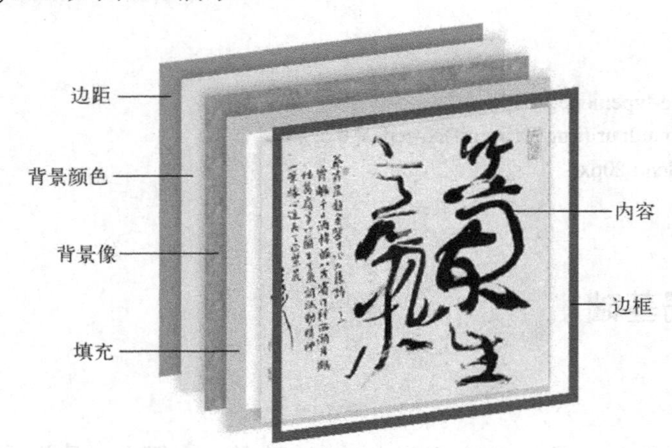

图 3-8　盒模型结构图

CSS 代码中的宽和高，指的是填充以内的内容范围。因此，可以得到结论：一个元素的实际宽度=左边距+左边框+左填充+内容宽度+右填充+右边框+右边距，如图 3-9 所示。

图 3-9　元素总宽度的计算

注意： 盒模型有一个缺陷，就是浏览器的兼容问题。IE 5.5 以前的版本中，盒对象的宽度（width）为元素的内容、填充和边框三者之和，这个问题导致许多使用盒模型布局的网站出现浏览器的不兼容。

3.6.2　CSS 布局元素类型

3-14　元素的类型

1．块级元素

块级元素一般是其他元素的容器元素，块级元素都从新行开始，可以容纳内联元素和其他元素。例如段落、标题、列表、表格、DIV 等元素都是块级元素。

2．内联元素

如 a、em、span 元素等，它们不必在新行显示，也不要求其他元素的新行显示，可作为其他任何元素的子元素，这就是内联元素。给内联元素设置宽度和高度是没有效果的。

3．行内块元素

inline-block，可以像 span 元素等显示在同一行，不同的是行内块元素可以设置宽度和高度。

4．隐藏元素

在 display 属性的常用值中，除了 block、inline 之外，还有一个值 none。当设置为“display:none”时，浏览器会完全隐藏这个元素，该元素不会被显示，即为隐藏元素。

3.6.3　定位及尺寸属性

3-15　元素的定位

定位属性控制网页所显示的整个元素的位置，主要包括定位方式、层叠顺序等。定位方式主要有相对定位和绝对定位两种。相对定位是指允许元素相对于文档布局的原始位置进行偏移，而绝对定位允许元素与原始的文档布局分离且任意定位。

1．定位方式

定位方式属性用于设定浏览器应如何来定位 HTML 元素。

（1）语法

```
position:static | absolute | fixed | relative
```

（2）说明

static 表示无特殊定位，是默认取值，它会按照普通顺序生成，就和它们在 HTML 中的出现顺序一样；absolute 表示采用绝对定位，要同时使用 left、top、right、bottom 等属性进行设置，而其层叠通过 z-index 属性定义，此时对象不具有边距，但仍有填充和边框；fixed 表示当页面滚动时，元素保持固定不动；relative 表示采用相对定位，对象不可层叠，但将依据 left、top、right、bottom 等属性设置在页面中偏移。

注意：当使用 absolute（绝对）属性定位元素时，该元素就被当作一个矩形覆盖物来格式化，格式化后的矩形区域就变成了一个可以放置其他 HTML 元素的容器，这个容器也就是层元素，它可以凌驾于 HTML 文档的布局之上，区域下面的文字和图形永远也无法环绕和透过该容器显示出来。

2．元素位置

元素位置属性与定位方式属性共同设置元素的具体位置。

（1）语法

```
top:auto|长度值|百分比
right:auto|长度值|百分比
bottom:auto|长度值|百分比
left:auto|长度值|百分比
```

（2）说明

这 4 个属性分别表示对象与其最近一个定位的父对象顶部、右部、底部和左部的相对位置，其中，auto 表示采用默认值；长度值需要包含数字和单位，也可以使用百分比进行设置。

3．层叠顺序

层叠顺序属性用于设定层的先后顺序和覆盖关系，z-index 值高的层覆盖 z-index 低的层。

（1）语法

```
z-index: auto|数字
```

（2）说明

z-index 值高的层覆盖 z-index 值低的层，一般情况下，z-index 值为 1，表示该层位于最下层。

4．浮动属性

浮动属性也称漂浮属性，用于某元素的浮动设置。它的功能相当于 img 元素的 align="left"和 align="right"，但是 float 能应用于所有块级元素，而不仅是图像和表格。

（1）语法

```
float:left|right|none|inherit
```

（2）说明

在该语法中，left 表示元素向左漂浮；right 表示元素向右漂浮；none 属于默认值，表示元素不漂浮；inherit 规定从父元素继承 float 属性的值。

5．清除属性

清除属性指定一个元素是否允许有其他元素漂浮在它的周围。

（1）语法

```
clear: none|left|right|both
```

（2）说明

none 表示允许两边都可以有浮动对象；left 表示不允许左边有浮动对象；right 表示不允许右边有浮动对象；both 则表示完全不允许有浮动对象。

6. 可见属性

可见属性用于设定嵌套层的显示属性，此属性可以将嵌套层隐藏，但仍然为隐藏对象保留其占据的物理空间。如果希望对象为可见，其父对象也必须是可见。

（1）语法

```
visibility:inherit|visible|hidden
```

（2）说明

在该语法中，inherit 表示继承上一个父对象的可见性，即如果父对象可见，则该对象也可见，反之则不可见；visible 表示对象是可见的；hidden 表示对象隐藏。

3.7 常用的布局结构

3.7.1 单行单列结构

单行单列结构是所有网页布局的基础，也是最简单的布局形式。

1. 宽度固定

宽度固定主要是设置 DIV 对象的 width 属性， DIV 在默认状态下，宽度将占据整行的空间。例如设置布局对象的宽度属性为“width：260px”，高度属性为“height：260px”，这是一种固定宽度的布局。

2. 宽度自适应

自适应布局能够根据浏览器窗口的大小自动改变对象的宽度或高度，是一种非常灵活的布局形式。自适应布局网站对于不同分辨率的显示器都能提供最好的显示效果。

单列宽度自适应布局只需要将宽度由固定值改为百分比值的形式即可，例如 width:260px 修改为 width:75%，读者可以自行浏览测试。

3. 单列居中

上述例子的特点是 DIV 位于左上方，宽度固定或自适应。在网页设计中经常见到的形式是网页整体居中，在传统的表格布局方式中，使用 align="center"可以实现表格的居中，使用 CSS 的方法也能够实现内容的居中，但只是方法不同。

【例 3-7】 实现单列居中，divtest1 的 CSS 代码如下。

```
#divtest1 {
        height: 80px;                    /*设置 div 的宽度*/
        width:200px;                     /*设置 div 的高度*/
        background-color:#FFCC00;        /*设置 div 的背景颜色*/
        margin-top: 0px;                 /*设置 div 的上部边距为 0px*/
        margin-right: auto;              /*设置 div 的右部边距为自动*/
        margin-bottom: 0px;              /*设置 div 的下部边距为 0px*/
```

```
        margin-left: auto;                    /*设置 div 的左部边距为自动*/
    }
```

在 body 中插入 DIV 标签，代码如下。

```
<div id="divtest1">div 单列居中</div>
```

预览效果如图 3-10 所示。

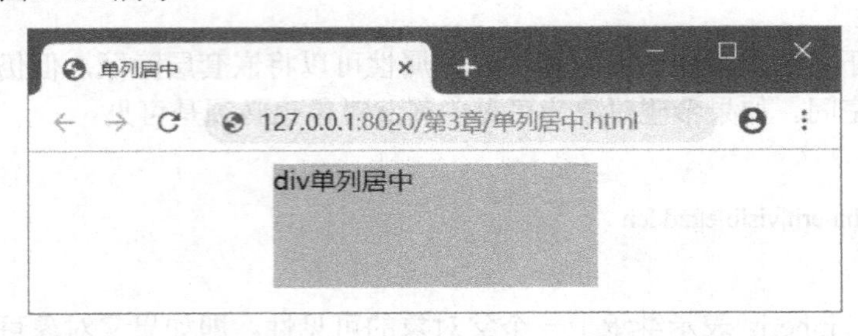

图 3-10　单列居中的预览效果

说明：代码中 margin-top: 0px; margin-right: auto; margin-bottom: 0px; margin-left: auto;可以简写为 margin:0 auto。

3.7.2　二列布局结构

1．二列固定宽度

二列布局与单列布局类似，只是需要两个 DIV 标签和两个 CSS 样式。利用 float 属性可以实现二列布局。

【例 3-8】 实现二列固定宽度，DIV 元素的 CSS 代码如下。

```
#divleft {
        float:left;                           /*设置左浮动*/
        height:150px;                         /*设置 div 的高度*/
        width:150px;                          /*设置 div 的宽度*/
        border:10px solid #CCFF00;            /*设置 div 的边框复合属性*/
        background-color: #F2FAD1;            /*设置 div 的背景颜色*/
    }
#divright {
        float:left;                           /*设置左浮动*/
        height: 150px;                        /*设置 div 的高度*/
        width: 150px;                         /*设置 div 的宽度*/
        border: 10px solid #00FFCC;           /*设置 div 的边框复合属性度*/
        background-color: #FFFF00;            /*设置 div 的背景颜色*/
    }
```

在 body 中插入两个 DIV 标签，代码如下。

```
<div id="divleft">此处显示 id "divleft"的内容</div>
<div id="divright">此处显示 id "divright"的内容</div>
```

将上述两个样式表分别应用于两个 DIV 对象，如图 3-11 所示，可见 divleft 和 divright 两个样式都使用了浮动属性，值指定了对象是否浮动以及如何浮动。float 为 none 时表示不浮动，而使用 left 时，对象向左浮动，因此对于第 2 个 DIV 来说，将向左浮动，即漂浮到第 1 个 DIV 对象的右侧。使用 right 时，对象将向右浮动。如果将#divright 的 float 值设置为 right，可使得#divright 对象浮动到网页的右侧，而#divleft 对象由于设置了“float:left”属性而浮动到了网页的左侧，此时效果如图 3-12 所示。

图 3-11 分别将两个样式应用于两个 DIV 对象

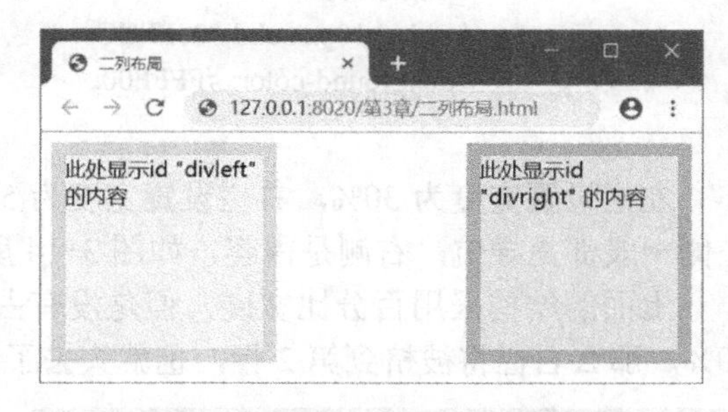

图 3-12 两个元素的不同漂浮效果

如果结合 margin 属性，调整两个布局块之间的距离，在样式#divleft 和#divright 中添加“margin:10px”，则第 2 个 DIV 和第 1 个 DIV 之间会保留 20px 的距离，如图 3-13 所示。

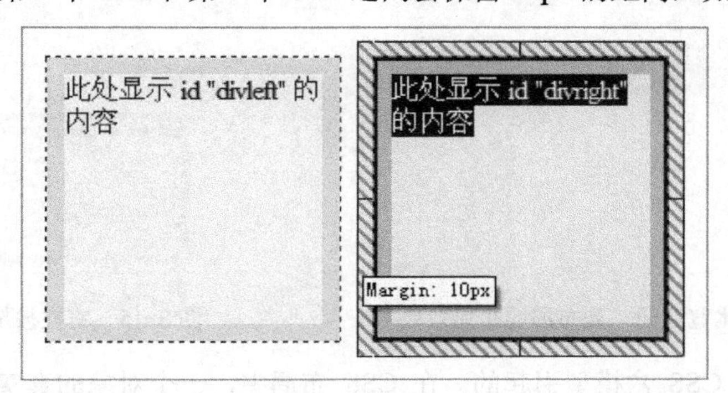

图 3-13 对 divleft 和 divright 设置 margin 属性后的效果

如果没有设置 margin 属性，则由于设置了“float:left”，所以第 2 个 DIV 会紧紧贴着第 1 个 DIV 对象。此外，如果上下两个层之间放在一起，两个层的边距（margin）将会出现合并，最终将以较大的边距呈现。

2．二列自适应宽度

对于二列布局方式，除了固定宽度，还可以像表格一样做到自适应宽度。从单列自适应布局中可以看出，将宽度值设定成百分比即可实现自适应。

【例 3-9】 二列自适应宽度，DIV 元素的 CSS 代码如下。

```
#divleft {
        float:left;                         /*设置左浮动*/
        width: 30%;                         /*设置 div 的宽度，百分比描述*/
        height: 150px;                      /*设置 div 的高度*/
        margin:10px;                        /*设置 div 的边距*/
        border: 10px solid #CCFF00;         /*设置 div 的边框复合属性*/
```

```
        background-color: #F2FAD1;                /*设置 div 的背景颜色*/
}
#divright {
        float:right;                              /*设置右浮动*/
        width: 50%;                               /*设置 div 的宽度，百分比描述*/
        height: 150px;                            /*设置 div 的高度*/
        margin:10px;                              /*设置 div 的边距*/
        border: 10px solid #00FFCC;               /*设置 div 的边框复合属性*/
        background-color: #FFFF00;                /*设置 div 的背景颜色*/
}
```

左栏设置宽度为 30%，右栏设置宽度为 50%。这种二分法是常见的一种网页布局结构，左侧一般都是导航，右侧是内容，如图 3-14 所示。

上面的结构采用百分比宽度，但是没有占满整个浏览器窗口。如果将右栏的宽度设置为 70%，那么右栏将被挤到第 2 行，也就失去了左右分栏的效果了，如图 3-15 所示。

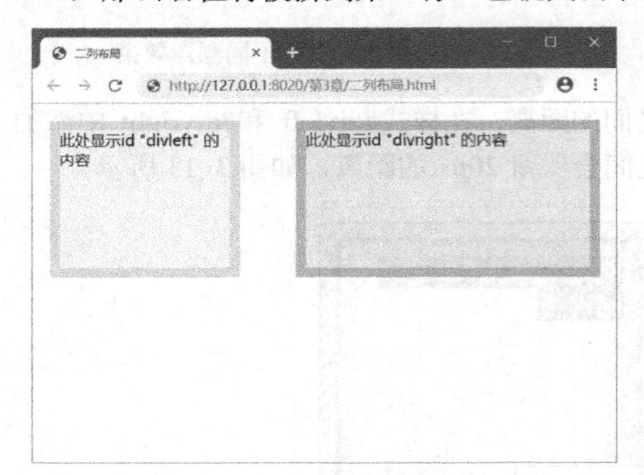

图 3-14 采用百分比宽度的二列布局的布局效果

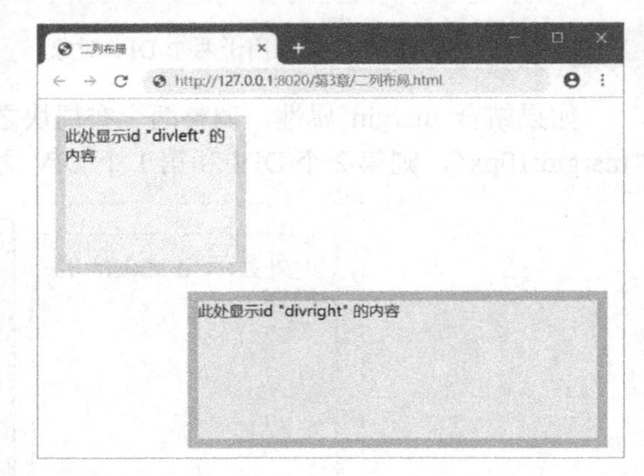

图 3-15 右栏被挤到第 2 行

这个问题是由 CSS 盒模型引起的。在 CSS 布局中，一个对象的真实宽度是由对象的宽度、左右填充、左右边框、左右边距相加组成的。因此，左栏的宽度不仅仅是浏览器窗口宽度的 30%，还应当加上左右填充、左右边框、左右边距；右栏的宽度也应当是浏览器窗口的 70%，加上左右填充、左右边框、左右边距。因此最终的宽度超过了浏览器窗口的宽度，从而把右栏挤到了第 2 行显示。

在实际使用中，如果要达到满屏效果，简单的办法就是避免使用边框和边距属性，二列布局自适应效果的 CSS 代码如下。

```
#divleft {                                        /*删除边距属性，保留其他样式*/
        float:left;
        width: 30%;
        height: 150px;
        background-color: #F2FAD1;
}
#divright {                                       /*删除边距属性，保留其他样式*/
        float:right;
```

```
        width: 70%;
        height: 150px;
        background-color: #FFFF00;
    }
```

使用上述代码后，即可实现二列自适应且左右填满浏览器的效果，如图 3-16 所示。

图 3-16　二列自适应且左右填满浏览器效果

利用 CSS 布局的定位属性也可以实现二列自适应布局，CSS 代码如下。

```
#divleft {
    float:left;
    width: 20%;
height: 150px;
    background-color: #F2FAD1;
    position:relative;
}
#divright {
    margin-left:22%;                    /*删除其浮动属性，设置了左边距为 22%*/
height: 150px;
    background-color: #FFFF00;
}
```

#divleft 对象的宽度为 20%，只需要把#divright 对象的左边距宽度设置为大于或等于 20%就可以了。上述代码中“margin-left:22%”正是设置#divright 的左边距为 22%，实现二列自适应宽度布局预览效果如图 3-17 所示。

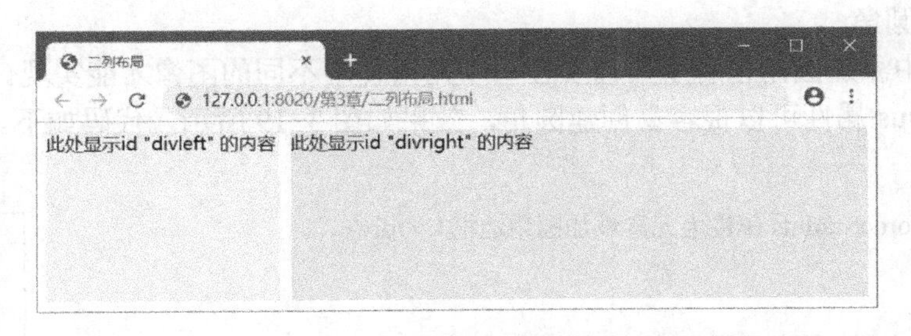

图 3-17　二列自适应宽度预览效果

3．左列固定、右列宽度自适应

二列宽度均为百分比，可以实现二列宽度自适应。在实际使用时，有时需要左栏固定，右栏根据浏览窗口的大小自动适应。实现这种布局的方法很简单，只需要将左栏宽度设置为固定值，右栏不设置任何宽度值，并且右栏不浮动即可。

【例 3-10】 左列固定、右列宽度自适应，DIV 元素的 CSS 代码如下。

```
#divleft {
        float: left;
        width: 200px;
        height: 150px;
        background-color: #F2FAD1;
        position: relative;
}
#divright {
        margin-left: 210px;
        height: 150px;
        background-color: #FFFF00;
}
```

使用上述代码后，左栏宽度固定为 200px，右栏将根据浏览器窗口的大小自动适应，只需要把#divright 对象的左边距宽度设置为大于或等于 200px 就可以了。上述代码中“margin-left:210px”正是设置#divright 的左边距为 210px，进而实现了左列固定、右列宽度自适应效果，如图 3-18 所示。

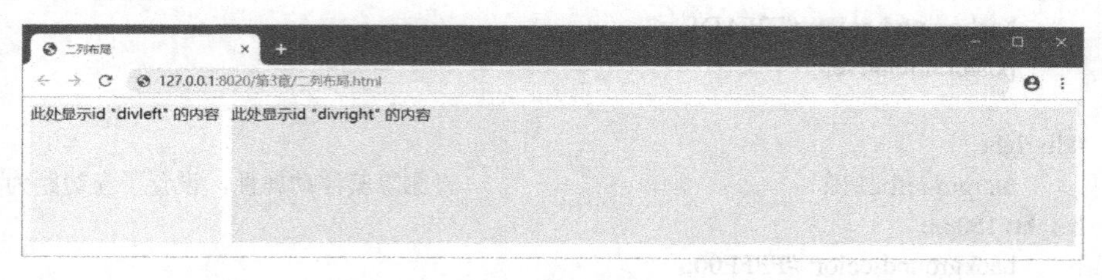

图 3-18　左列固定、右列宽度自适应预览效果

3.8　CSS3 常用样式

1．CSS3 圆角

在 CSS2 中添加圆角很棘手，需要在每个角落使用不同的图像才能实现。在 CSS3 中，使用 border-radius 属性可以很容易创建圆角，效果如图 3-19 所示，代码如下。

（1）布局

```
<div>border-radius 属性为元素添加圆角边框！</div>
```

3-16　CSS 新增圆角边框

（2）样式

```
div{     /*添加圆角元素样式*/
          border:2px solid #a1a1a1;
          padding:10px 40px;
          width:300px;
```

```
        border-radius:25px;    /*圆角样式*/
    }
```

2. CSS3 盒阴影

CSS3 中的 box-shadow 属性可以用来添加阴影，效果示例如图 3-20 所示，代码如下。

（1）布局

<div> box-shadow 属性为元素添加阴影！</div>

（2）样式：

3-17　CSS3 新增阴影效果

```
div{     /*添加阴影样式*/
        width:300px;
        height:26px;
        background-color:yellow;
        box-shadow: 10px 10px 5px #888888;    /*阴影样式*/
    }
```

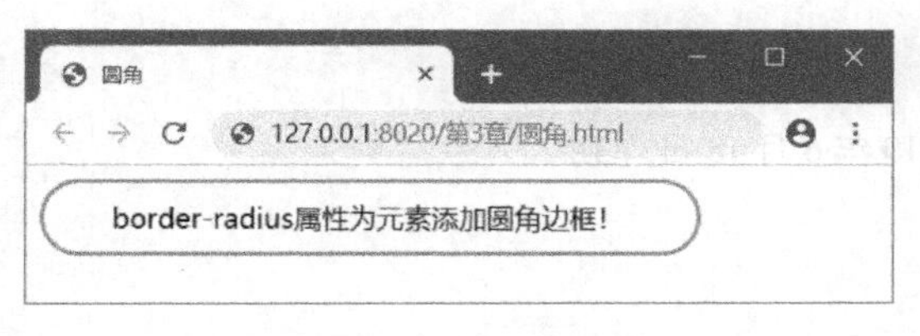

图 3-19　圆角效果图

图 3-20　阴影效果图

注意： Internet Explorer 8 及更早 IE 版本不支持 input 标签的这些新属性。

任 务 实 施

1. 任务分析

实现在线测试系统主页面的 CSS+DIV 布局并美化，页面的结构设计示意图如图 3-21 所示。

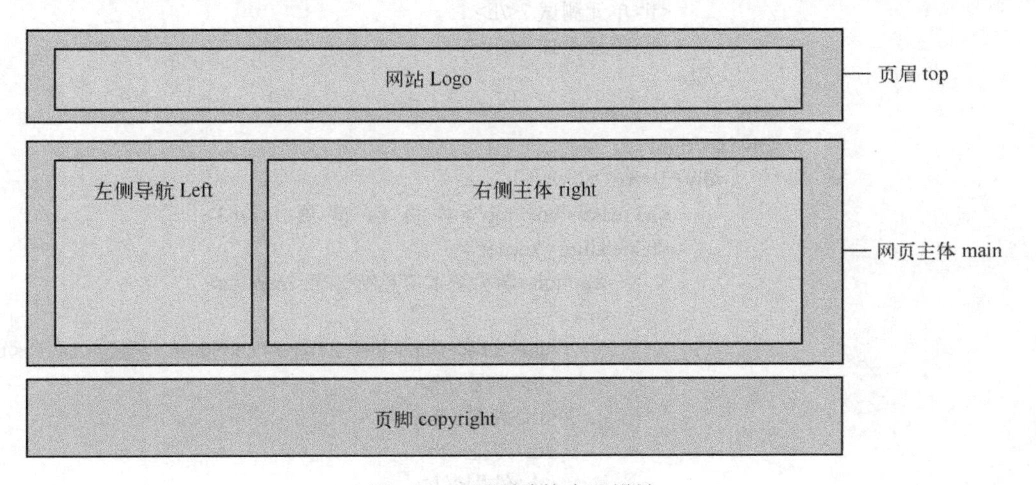

图 3-21　页面结构布局设计

2．在线测试系统主页面的制作

主页面内容主要包括页面头部信息、导航、主体表格等，新建空样式表文件（comment.css）、HTML 文件（default.html），在 img 文件中放入所需的图片文件，其中 HTML 文件程序代码如下。

```
<!DOCTYPE html>
<html>
    <head>
        <meta charset="UTF-8">
        <title>在线测试</title>
        <link href="css/comment.css" rel="stylesheet" />
    </head>
    <body>
        <div id="top">
            <div id="logo">
                在线测试系统
            </div>
            <img src="img/zsj.png" /> 2019 年 6 月 18 日,星期二
        </div>
        <div id="main">
            <div id="left">
                <ul>
                    <li>首页</li>
                    <li>成绩查询</li>
                    <li>单元测试 1</li>
                    <li>单元测试 2</li>
                    <li>单元测试 3</li>
                    <li>单元测试 4</li>
                    <li>单元测试 5</li>
                    <li>单元测试 6</li>
                    <li>单元测试 7</li>
                    <li>单元测试 8</li>
                </ul>
            </div>
            <div id="right">
                <div id="xy" >
                    <h3 class="box_top">学 员 信 息 展 示</h3>
                    <table align="center">
                        <caption>学员基本信息统计表</caption>
                        <tr>
                            <th><label><input id="all" type="checkbox" />全选</label></th>
                            <th>学号</th>
                            <th>姓名</th>
                            <th>专业</th>
                            <th>性别</th>
                            <th>年级</th>
```

```
                    <th>年龄</th>
                    <th>删除</th>
                </tr>
                <tr >
                    <td> <input name="single" type="checkbox" /></td>
                    <td>35191106</td>
                    <td>韩梅梅</td>
                    <td>软件技术</td>
                    <td>女</td>
                    <td>2019</td>
                    <td>18</td>
                    <td>删除</td>
                </tr>
                <tr >
                    <td> <input name="single" type="checkbox" /></td>
                    <td>35191107</td>
                    <td>李雷</td>
                    <td>软件技术</td>
                    <td>男</td>
                    <td>2019</td>
                    <td>18</td>
                    <td>删除</td>
                </tr>
            </table>
            <input type="button" value="删 除 选 中" class="bt" />
        </div>
    </div>
</div>
<div id="footer">
    Copyright & copy; cojar 工作室 [2019 版]
</div>
</body>
</html>
```

3．样式表文件

引入的样式表文件 comment.css 内容如下。

```
body {
    background-color: #E7F1FA;
    margin: 0;
}
#top {
    background-color: darkcyan;
    color: white;
    height: 76px;
    line-height: 76px;
    letter-spacing:6px;
```

```
}
#logo {                  /*设置 logo 样式*/
        background: url(img/logo.png) 0 center no-repeat;
        height: 76px;
        text-indent: 76px;
        font-size: 38px;
        font-weight: 900;
        margin-left: 30px;
        margin-right: 90px;
        float: left;
}
#main {
        margin: -15px auto;
}
#left {
        float: left;
        width: 130px;
}
#left ul {          /*设置菜单样式*/
        background-color: bisque;
        width: 160px;
        border: solid 2px #ccc;
        border-radius: 8px;
        margin: 0px;
        padding: 20px 30px;
}
#left ul li {                  /*设置菜单中列表项样式*/
        list-style-type: none;
        background: url(img/b.png) no-repeat 0 center;
        border-bottom: dashed 1px #CCCCCC;
        height: 50px;
        line-height: 50px;
        text-indent: 43px;
}
#left ul li:first-child {     /*设置第 1 个列表项背景样式*/
        background: url(img/a.png) no-repeat 0 center;
}
#left ul li:nth-child(2) {    /*设置第 2 个列表项背景样式*/
        background: url(img/search.png) no-repeat 0 center;
}
#right {
        margin-left: 230px;
}
.box_top {            /*设置模块标题栏样式*/
```

```
    height: 39px;
    line-height: 39px;
    color: #fff;
    background: coral;
    padding-left: 20px;
    border-radius: 8px;
}
table {          /*设置表格样式*/
    width: 100%;
    border: dashed 1px #377A8E;
    border-collapse: collapse;
}
th {             /*设置表格中表头单元格样式*/
    background-color: #377A8E;
    color: white;
    padding: 6px 18px;
}
td {             /*设置表格中单元格样式*/
    text-align: center;
    padding: 6px 18px;
}
caption {        /*设置表格标题样式*/
    color: blue;
    font-size: 26px;
    margin-bottom: 10px;
}
.bt {            /*设置按钮样式*/
    background-color: #D40112;
    border-radius: 10px;
    height: 40px;
    width: 100px;
    font-size: 15px;
    color: #FFFFFF;
}
#footer {        /*设置版权信息样式*/
    clear: both;
    margin: 2px auto;
    height: 30px;
    background-color: darkcyan;
    color: #fff;
    text-align: center;
    font-size: 12px;
    line-height: 30px;
}
```

任 务 训 练

【理论测试】

1．下列哪个 CSS 属性可以更改字体大小？（　　）

A．text-size　　B．font-size　　C．text-style　　D．font-style

2．在 CSS 语言中，下列哪一项是“左边框”的语法？（　　）

A．border-left-width: <值>　　B．border-top-width: <值>

C．border-left: <值>　　D．border-top: <值>

3．在 CSS 语言中，下列哪一项的适用对象是“所有对象”？（　　）

A．背景附件　　B．文本排列　　C．纵向排列　　D．文本缩进

4．下列选项中，不属于 CSS 文本属性的是（　　）。

A．font-size　　B．text-transform　　C．text-align　　D．line-height

5．下列哪段代码能够定义所有 P 标签内文字加粗？（　　）

A．<p style="text-size:bold">　　B．<p style="font-size:bold">

C．p {text-size:bold}　　D．p {font-weight:bold}

6．在 CSS 语言中，下列哪一项是“列表样式图像”的语法？（　　）

A．width: <值>　　B．height: <值>

C．white-space: <值>　　D．list-style-image: <值>

7．下列哪一项是 CSS 正确的语法构成？（　　）

A．body:color=black　　B．{body;color:black}

C．body {color: black;}　　D．{body:color=black(body}

8．下面哪个 CSS 属性是用来更改背景颜色的？（　　）

A．background-color:　　B．bgcolor:　　C．color:　　D．text

9．怎样给所有的<h1>标签添加背景颜色？（　　）

A．.h1 {background-color:#FFFFFF}　　B．h1 {background-color:#FFFFFF;}

C．h1.all {background-color:#FFFFFF}　　D．#h1 {background-color:#FFFFFF}

10．下列哪个 CSS 属性可以更改样式表的字体颜色？（　　）

A．text-color=　　B．fgcolor:　　C．text-color:　　D．color:

【实训内容】

1．改版在线测试系统主页面效果。

2．尝试布局 QQ 邮箱注册页面效果。

任务4　实现猜数字游戏

学 习 目 标

【知识目标】

掌握 JavaScript 的数据类型。

理解 JavaScript 数据类型的自动转换。

掌握变量的声明和赋值。

掌握函数的定义和调用。

理解变量的作用域。

掌握 JavaScript 运算符与表达式。

掌握 JavaScript 流程控制语句和异常处理语句。

巩固学习 HTML 和 CSS 的使用。

【技能目标】

能使用 typeof 来判断数据类型。

能使用 parseInt()、parseFloat()实现 JavaScript 数据类型的强制转换。

能声明和使用变量。

能够定义和调用函数，能够实现函数的参数传送，能够使用函数返回值。

能够给程序添加注释。

能够运用流程控制语句。

能够实现信息的输入与展示。

任 务 描 述

本任务编写一个 JavaScript 程序实现猜数字游戏，游戏开始前界面如图 4-1 所示，输入数字，单击“Start”按钮后出现输入提示界面，能够根据输入的值提示偏小或者偏大，如图 4-2 和图 4-3 所示；猜测成功后出现恭喜用户页面，效果如图 4-4 所示。

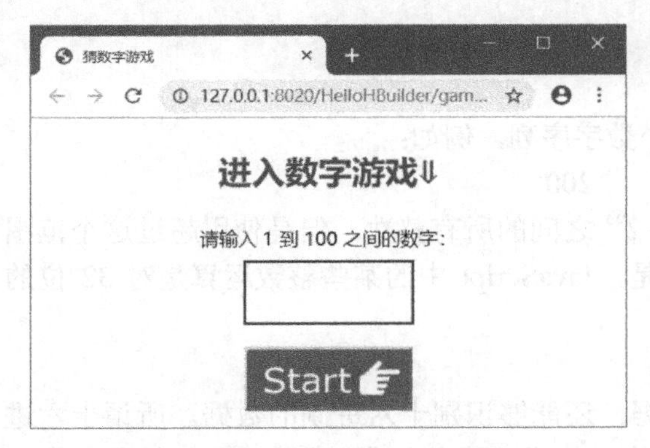

图 4-1　游戏开始前界面

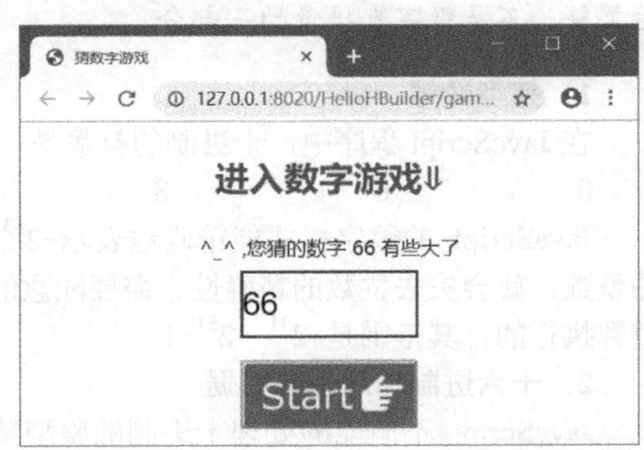

图 4-2　提示输入数值偏大

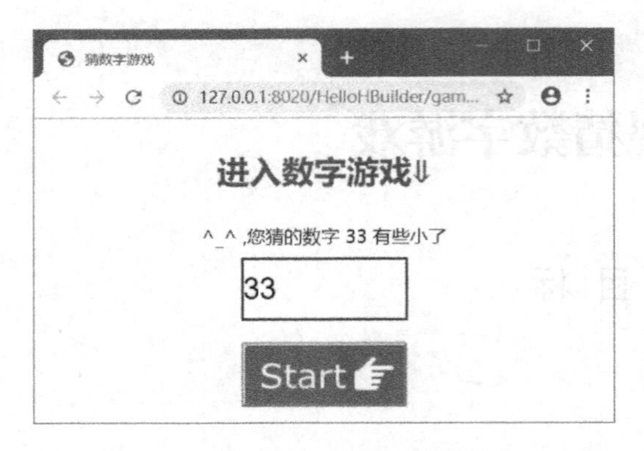

图 4-3　提示输入数值偏小界面

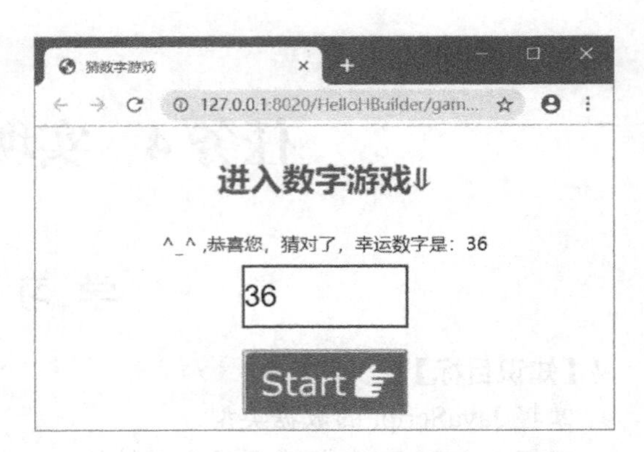

图 4-4　恭喜用户猜成功

知识准备

4.1　数据类型

JavaScript 脚本语言中数据采用弱类型的方式，拥有动态类型，这意味着相同的变量可用不同的类型，本节将详细介绍 JavaScript 的数据类型。

4.1.1　数字型

4-1　数字型

数字型（number）是最基本的数据类型。JavaScript 和其他程序设计语言（例如 C 语言或者 Java 语言）的不同之处在于它并不区分整型数字和浮点数字。在 JavaScript 中，所有数字都是数字型。JavaScript 采用 64 位浮点格式表示数字型数据。

当一个数字直接出现在 JavaScript 程序中时，被称为数字直接量。JavaScript 支持的数字直接量有整型数据、十六进制和八进制数据、浮点型数据，下面将对这几种形式进行详细介绍。

注意：在任何数字直接量前加上负号（-）都可以构成它的负数。但是负号是一元求反运算符，不是数字直接量的一部分。

1．整型数据

在 JavaScript 程序中，十进制的整数是一个数字序列，例如：

0　　　　　6　　　　　-8　　　　　　200

JavaScript 的数字格式能精确地表示 -2^{63}～2^{63} 之间的所有整数，但是使用超过这个范围的整数，就会失去位数的精确性。需要注意的是，JavaScript 中的某些整数运算是对 32 位的整数执行的，其范围是 -2^{31}～$2^{31}-1$。

2．十六进制和八进制数据

JavaScript 不但能够处理十进制的整型数据，还能够识别十六进制的数据。所谓十六进制数据（基数为 16），是以“0X”和“0x”开头，其后跟随十六进制数字串的直接量。十六进制的数字可以是 0～9 之间的某个数字，也可以是 a（A）～f（F）之间的某个字母，它们用来表示 0～15 之间（包含 0 和 15）的某个值。例如：

```
0x8f                    //8*16+15=143（基数为 10）
```

尽管 ECMAScript 标准不支持八进制数据，但是 JavaScript 的某些实现却允许采用八进制格式的整型数据（基数为 8）。八进制数据以数字 0 开头，其后跟随一个数字序列，这个序列中的每个数字都在 0～7 之间（包括 0 和 7），例如：

```
0566                    //5*64+6*8+6=374（基数为 10）
var x = 070;            //八进制，56
var x = 079;            //无效的八进制，自动解析为 79
var x = 08;             //无效的八进制，自动解析为 8
```

十六进制字面量前面两位必须是 0x，后面是 0～9 及 A～F，例如：

```
var x = 0xA;            //十六进制，10
var x = 0x1f;           //十六进制，31
```

3．浮点型数据

浮点型数据可以具有小数点，采用传统科学计数法。一个实数可以表示为“整数部分.小数部分”。

此外，还可以使用指数法来表示浮点型数据，即实数后跟随字母 e 或者 E，后面加上正负号，其后再加上一个整型指数。这种记数法表示的数字等于前面的实数乘以 10 的指数次幂。例如：

```
6.8
.5556                   //有效，但不推荐此写法
6.12e+15                //6.12*10^15
6.12e-15                //6.12*10^-15
```

注意：使用 toFixed()方法可把 number 四舍五入为指定小数位数的数字，返回值为 string 类型，示例如下。

```
var num = 3.456789;
var n=num.toFixed();  //将一个数字，不留任何小数：n 的值为 3
var num = 3.456789;
var n=num.toFixed(2); //将一个数字，留 2 位小数：n 的值为 3.46
alert(typeof n);      // string
```

4-2 字符串型

在涉及计算的情况，可以使用此方法来指定计算精度，比如矩形的面积计算、体脂率计算等。

4.1.2 字符串型

字符串（string）是由 Unicode 字符、数字、标点符号等组成的序列，是 JavaScript 用来表示文本的数据类型。程序中的字符串型数据包含在单引号和双引号中，由单引号定界的字符串中可以包含双引号，由双引号定界的字符串中也可以包含单引号。

字符串型数据可以是单引号括起来的一个或多个字符，例如：

```
'A'
'Hello JavaScript！'
```

字符串型数据也可以是双引号括起来的一个或多个字符，例如：

```
"B"
"Hello JavaScript！"
```

单引号定界的字符串中可以包含双引号，例如：

```
'pass="mypass"'
```

双引号定界的字符串中可以包含单引号，例如：

```
"You can call her 'Rose'"
```

说明：JavaScript 与 C、Java 不同的是，它没有 char 这样的单字符数据类型，要表示单个字符，只能使用长度为 1 的字符串。

4.1.3 布尔型

4-3 布尔型

数字类型和字符串类型的数据值都是无穷多个，但布尔型数据只有两个合法值，这两个合法的值分别由直接量 true 和 false 表示，说明某个事物是真或假。

在 JavaScript 程序中，布尔值通常用来表示比较所得的结果，例如：

```
m==1
```

这行代码测试变量 *m* 的值是否和数字 1 相等，如果相等，比较的结果就是布尔值 true，否则结果就是 false。

布尔值通常用于 JavaScript 程序的控制结构。例如，JavaScript 程序的 if…else…语句就是在布尔值为 true 时执行一个动作，而在布尔值为 false 时执行另一个操作。这些转换规则对理解流控制语句（如 if 语句）自动执行相应的布尔型转换非常重要，例如：

```
if (m==1)
    n="Yes";
else
    n="No";
```

上述代码检测 *m* 是否等于 1，如果相等，则 *n*="Yes"，否则 *n*="No"。

4-4 特殊类型

4.1.4 特殊类型

除了以上介绍的数据类型，JavaScript 还包括一些特殊类型的数据，如转义字符、未定义值等。

1．转义字符

以反杠（\）开头，不可显示的特殊字符通常称为控制字符，也称为转义字符。通过转义字符可以在字符串中添加不可以显示的特殊字符，或者避免引号匹配混乱。JavaScript 常用的转义字符见表 4-1。

表 4-1 JavaScript 常用的转义字符

转义字符	描 述	转义字符	描 述
\b	退格	\v	跳格（Tab、水平）
\n	换行	\r	换行
\t	Tab 符号	\\	反斜杠
\f	换页	\OO	八进制整数，范围为 00～77
\'	单引号	\xHH	十六进制整数，范围为 00～FF
\"	双引号	\uhhhh	十六进制编码的 Unicode 字符

在 document.write( )语句中使用转义字符\n 时，只有将其放在格式化文本标签对<pre></pre>中才会起作用，如 document.write("<pre>努力学习\nJavaScript 语言！</pre>");。

2．未定义值

未定义值即未定义类型的变量（undefined），表示变量还没有赋值（如 var m;），或者赋予了一个不存在的属性值（如 var m=String.noproperty;）。

此外，JavaScript 中还有一种特殊类型的数字常量 NaN，即“非数字”。当程序由于某种原因计算错误后，将产生一个没有意义的数字，此时 JavaScript 返回的数字就是 NaN。

3．空值

JavaSript 中的关键字 null 是一个特殊的值，它表示值为空，用于定义空的或者不存在的引用。如果试图引用一个没有定义的变量，便会返回一个 null 值。这里必须要注意的是，null 不等同于空字符串（""）和 0。

由此可见，null 和 undefined 的区别是，null 表示一个变量被赋予了一个空值，而 undefined 则表示该变量尚未被赋值。

4.1.5 数据类型的自动转换

4-5 数据类型的自动转换

当 JavaScript 尝试操作一个“错误”的数据类型时，会自动将其转换为“正确”的数据类型。例如以下输出结果可能不是开发者所期望的。

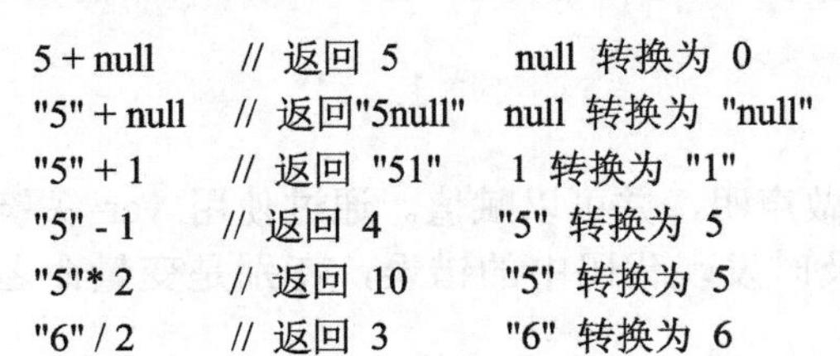

```
5 + null      // 返回 5         null 转换为 0
"5" + null    // 返回"5null"   null 转换为 "null"
"5" + 1       // 返回 "51"     1 转换为 "1"
"5" - 1       // 返回 4        "5" 转换为 5
"5"* 2        // 返回 10       "5" 转换为 5
"6" / 2       // 返回 3        "6" 转换为 6
```

4.2 变量

4.2.1 关键字

JavaScript 关键字是指在 JavaScript 语言中有特殊含义，成为 JavaScript 语法中一部分的那些字。JavaScript 关键字不能作为变量名或者函数名使用，使用 JavaScript 关键字作为变量名或函数名，会使 JavaScript 程序在载入的过程中出现编译错误。JavaScript 的关键字见表 4-2。

表 4-2　JavaScript 的关键字

abstract	continue	finally	instanceof	private	this
boolean	default	float	int	public	throw
break	do	for	interface	return	typeof
byte	double	function	long	short	true
case	else	goto	native	static	var
catch	extends	implements	new	super	void
char	false	import	null	switch	while
class	final	in	package	synchronized	with

4.2.2　变量的定义与命名

4-6　JavaScript 变量

变量是指程序中一个已经命名的存储单元，它的主要作用就是为数据操作提供存放信息的空间。在使用变量前，首先必须了解变量的命名规则，这些规则同样适用于函数的命名。

JavaScript 中的变量命名规则同其他编程语言非常相似，但需要注意以下几点。

1）必须是一个有效变量，即变量名称以字母开头，中间及尾部可以出现数字，如 test1、test2 等。除下画线作为连字符外，变量名称不能有空格、+、-或其他符号。变量也能以符号$和_开头（不推荐这么做，通常用在特定领域）。

2）不能使用 JavaScript 中的关键字作为变量。关键字是 JavaScript 内部使用的，不能作为变量的名称，如 var、int、double、true 等。

3）JavaScript 的变量名是严格区分大小写的。例如 Userpass 与 userpass 就分别代表的不同变量。

注意： 对变量命名时，最好把变量的意义与其代表的意思对应起来，以便于记忆，取具有一定意义的变量名称，可以增加程序的可读性。

4.2.3　变量的声明与赋值

JavaScript 程序变量可以在使用前先做声明，并可以赋值。通过使用 var 关键字声明变量，对变量做声明的最大好处就是能及时发现代码中的错误，特别是变量命名方面的错误。

在 JavaScript 中，变量可以通过使用 var 关键字声明，其语法格式如下。

```
var variable;
```

在声明变量的同时也可以对变量进行赋值，例如：

```
var m=88;
```

声明变量时需要遵循的规则如下。

1）可以使用一个关键字 var 同时声明多个变量，例如：

```
var x,y,z;          //同时声明 x、y、z 三个变量
```

2）可以在声明变量的同时对其赋值，即为初始化，例如：

```
var x=1,y=2,z=3;  //同时声明 x、y、z 三个变量，并分别对其赋值
```

3）如果只是声明了变量，并未对其赋值，则其值默认为 undefined。

4）var 关键字可以用作 for 循环和 for…in 循环的一部分，这样使循环变量的声明成为循环语句自身的一部分，使用起来比较方便。

5）使用 var 关键字也可以多次声明同一个变量，如果重复声明的变量已有一个初始值，之后的声明就相当于对变量重新赋值。

当给一个尚未声明的变量赋值时，JavaScript 会自动用该变量名创建一个全局变量。在函数内部，通常创建的只是一个仅在函数内部起作用的局部变量，而不是一个全局变量。创建一个局部变量必须使用 var 关键字进行变量声明。

另外，由于 JavaScript 采用了弱类型的数据形式，因此用户可以不必理会变量的数据类型，可以把任意类型的数据赋值给变量。

在 JavaScript 程序中，变量可以先不声明，使用时再根据变量的实际作用来确定其所属的数据类型。作为优秀的程序员，建议在使用变量前就对其声明，因为声明变量的最大好处就是能及时发现代码中的错误。

4.3 表达式与运算符

4.3.1 表达式

表达式是一个语句的集合，像一个组一样，计算结果是一个单一的值，该值可以是布尔型、数字型、字符串或者对象类型。

一个表达式本身可以很简单，如一个数字或者变量，它还可以包含许多连接在一起的变量、数字以及运算符。

例如表达式 m=8 就是将值 8 赋给变量 *m*，整个表达式的计算结果是 8，在一行代码中使用此类的表达式是合法的。一旦将 8 赋值给 *m* 的工作完成，则 *m* 也将是一个合法的表达式。除了赋值运算符，还有许多可以用来形成一个表达式的其他运算符，例如算术运算符、逻辑运算符、比较运算符等。

4.3.2 运算符

用于操作数据的特定符号的集合叫运算符，运算符操作的数据叫操作数，运算符与操作数连接后形成的式子叫表达式，运算符也可以连接表达式构成更长的表达式。运算符可以连接不同数目的操作数，一元运算符可以应用于一个操作数，二元运算符可以用于两个操作数，三元运算符可以用于三个操作数。运算符可以连接不同数据类型的操作数，包括算术运算符、逻辑运算符、关系运算符。另外，用于赋值的运算符叫赋值运算符，用于条件判断的

运算符叫条件运算符（唯一的三元运算符）。下面详细介绍这些运算符。

1. 算术运算符

算术运算符可以进行加、减、乘、除和其他数学运算，见表 4-3。

表 4-3　算术运算符

算术运算符	描　述	算术运算符	描　述
+	加	/	除
-	减	++	递加 1
*	乘	--	递减 1
%	取模		

【例 4-1】 算术运算符与算术表达式示例，核心代码如下。

```
var x = 56, y = 5
document.write("x=", x,"    y=",y,"<br>");
document.write("x + y=", x + y, "<br>");
document.write("x / y=", x / y, "<br>");
document.write("x % y=", x % y, "<br>");
document.write("x / 0=", x / 0, "<br>");
document.write("x % 0=", x % 0, "<br>");
document.write("x++ =", x++, "<br>");
document.write("++x =", ++x, "<br>");
document.write("x-- =", x--, "<br>");
document.write("--x =", --x, "<br>");
document.write('"20" + 2 =', "20" + 2, "<br>");
document.write('"20" - 2 = ',"20" - 2, "<br>");
```

运行代码，浏览页面，结果如图 4-5 所示。

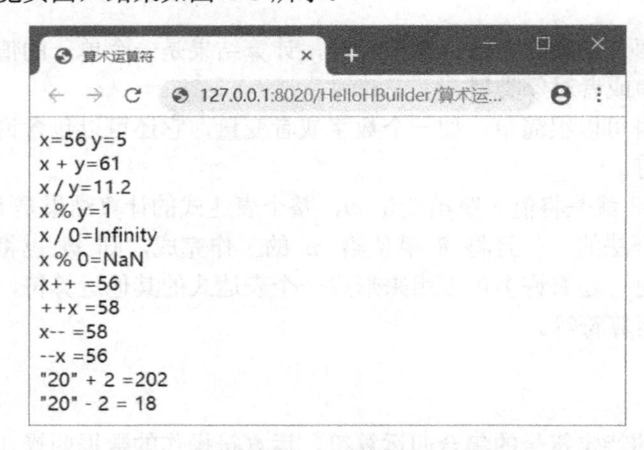

图 4-5　算术运算符与算术表达式示例

说明： 除法运算符（/）、取余运算符（%）中第二个操作数不能为 0。否则会出现不期望的结果。

自增运算符（++）有两种不同取值顺序的运算，x++是先取值，后自增；++x 是先自增，后取值。自减运算符“--”与此相似。

加法运算符（+）在字符串运算中可以作为连接运算符，如"x-- ="+x--可以得到字符串类型值。

减法运算符（-）、乘法运算符（*）、除法运算符（/）、取余运算符（%）只能用于数字型数据表达式计算，如果不是，会自动转成数字型数据后再参与运算。

2．比较运算符

比较运算符可以比较表达式的值。比较运算符的基本操作过程是首先对操作数进行比较，然后返回一个布尔值 true 或者 false。JavaScript 中常用的比较运算符见表 4-4。

表 4-4　JavaScript 中的比较运算符

比较运算符	描　述	比较运算符	描　述
<	小于	>=	大于等于
>	大于	==	等于
<=	小于等于	!=	不等于
===	恒等于	!==	不恒等于

恒等于运算符（===）与不恒等于（!==）对数据类型的一致性要求严格。

【例 4-2】 比较运算符示例，核心代码如下。

```
document.write("'34' == 34：", '34' == 34, "<br>");      //输出：'34' ==34：true
document.write("'34' === 34：", '34' === 34, "<br>");    //输出：'34' ===34：false
document.write("'34' != 34：", '34' != 34, "<br>");      //输出：34' != 34：false
document.write("'34' !== 34：", '34' !== 34, "<br>");    //输出：34' !==34：true
```

3．逻辑运算符

逻辑运算符用于比较两个值，然后返回一个布尔值（true 或 false）。JavaScript 中常用的逻辑运算符见表 4-5。

表 4-5　逻辑运算符

<table>
<tr><th>逻辑运算符</th><th>描　述</th></tr>
<tr><td>&&</td><td>逻辑与，在形式 A&&B 中，只有当两个条件 A 和 B 都为 true 时，整个表达式才为 true</td></tr>
<tr><td>||</td><td>逻辑或，在形式 A||B 中，只要两个条件 A 和 B 有一个为 true，整个表达式就为 true</td></tr>
<tr><td>!</td><td>逻辑非，在!A 中，当 A 为 true 时，表达式的值为 false；当 A 为 false 时，表达式的值为 true</td></tr>
</table>

三个逻辑运算符优先级有细微差别，从高到低次序为!、&&、||。

【例 4-3】 逻辑运算符示例，核心代码如下。

```
document.write("24 < 25 || 24>4 && 24>56：", 24 < 25 || 24 > 4 && 24 > 56, "<br>");
document.write(" !24 < 25：", !24 < 25, "<br>");
document.write(" !(24 < 25)：", !(24 < 25), "<br>");
document.write(" !(24 < 25) || 24 > 4 && 24 > 56：", !(24 < 25) || 24 > 4 && 24 > 56, "<br>");
```

运行代码，浏览页面，结果如图 4-6 所示。

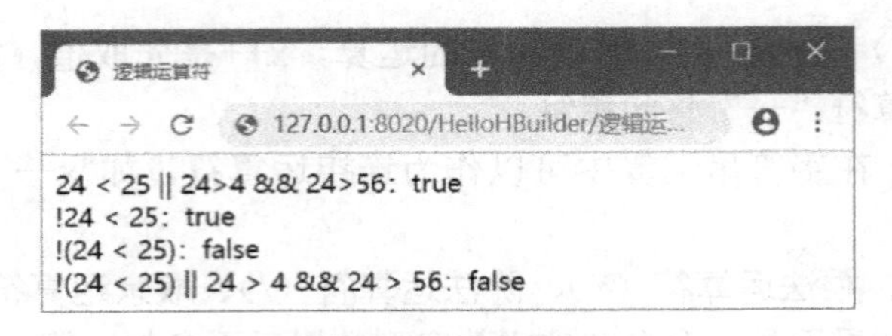

图 4-6　逻辑运算符示例

说明：

24<25 为 true，||后面的表达式就不需计算了，这叫“短路计算”，同样，24>25 为 false，&&后面的表达式就不需计算了。

!24<25 表达式中，!24 最高，它甚至高过了算术运算符、关系运算符。!24 表达式值为 false，在与 25 比较时又转换成数字型 0，变成 0<25，结果为 true。

!(24<25)表达式中用括号提高了 24<25 的运算优先级，表达式计算转换成!true，最终!(24<25)结果为 false。

4．逗号运算符

逗号运算符可以连接几个表达式，表达式的值为最右边表达式的值。如表达式 23,2+3,3*9，结果为 27。逗号运算符的运算优先级最低。

5．赋值运算符

赋值运算符不仅实现赋值功能，由它构成的表达式也有一个值，值就是赋值运算符右边的表达式的值。赋值运算符的优先级很低，仅次于逗号运算符。

复合赋值运算符是运算与赋值两种运算的复合，先运算、后赋值，以简化程序的书写，提高运算效率。

JavaScript 中常用的赋值运算符见表 4-6。

表 4-6　赋值运算符

赋值运算符	描　述
=	将右边表达式的值赋给左边的变量。例如 userpass="123456"
+=	将运算符左侧的变量加上右侧表达式的值赋给左侧的变量。例如 m+=n，相当于 m=m+n
-=	将运算符左侧的变量减去右侧表达式的值赋给左侧的变量。例如 m-=n，相当于 m=m-n
*=	将运算符左侧的变量乘以右侧表达式的值赋给左侧的变量。例如 m*=n，相当于 m=m*n
/=	将运算符左侧的变量除以右侧表达式的值赋给左侧的变量。例如 m/=n，相当于 m=m/n
%=	将运算符左侧的变量用右侧表达式的值求模。并将结果赋给左侧的变量。m%=n，相当于 m=m%n

【例 4-4】 赋值运算示例，核心代码如下。

```
var x, y;
x = 34;
y = 38;
document.write("x=", x, "   y=", y, "<br>");   //输出：x=34 y=38
x = y = 23;
document.write("x=", x, "   y=", y, "<br>");   //输出：x=23 y=23
```

```
x += 4 + 7;
document.write("x=", x, "<br>");                //输出：x=34
x = 23;
document.write("x=", x, "<br>");                //输出：x=23
(x += 4) + 7;
document.write("x=", x, "<br>");                //输出：x=27
```

6．条件运算符

条件运算符是三元运算符，使用该运算符可以方便地由条件逻辑表达式的真假值得到各自对应的取值。或由一个值转换成另外两个值，使用条件运算符嵌套多个值，格式：

```
操作数？结果 1：结果 2
```

如果操作数的值为 true，则整个表达式的结果为结果 1，否则为结果 2。

4-7　三元运算符实现图片切换

【例 4-5】 条件运算符应用示例，核心代码如下。

```
var gender = true;
document.write("gender = ", gender, "<br>", " gender ? '男' : '女'=", gender ? '男' : '女', "<br>");
gender = false;
document.write("gender = ", gender, "<br>", " gender ? '男' : '女'=", gender ? '男' : '女', "<br>");
var level = 2;
document.write("level = ", level, "<br>");
document.write(
level == 1 ? "优" :
level == 2 ? "良" :
level == 3 ? "中" :
level == 4 ? "及" :
"差", "<br>");
```

运行代码，浏览页面，结果如图 4-7 所示。

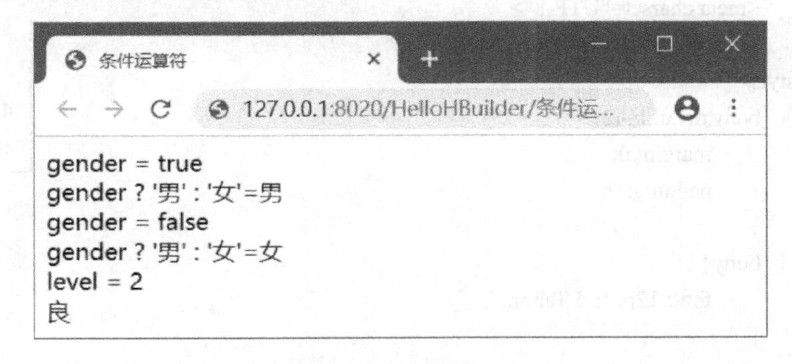

图 4-7　条件运算符示例

说明：条件运算符中条件部分若不是逻辑类型，按“非零即真”的原则进行判断；条件运算符嵌套时按“左结合性”原则计算；在编写语句时用多行表示一条复杂语句，会使语句结构更清晰，增强程序的可读性。

【例 4-6】 实现单击按钮后列表的显示或隐藏（使用三元运算符动态改变元素的可见性，style.display 的应用）。效果如图 4-8 所示。

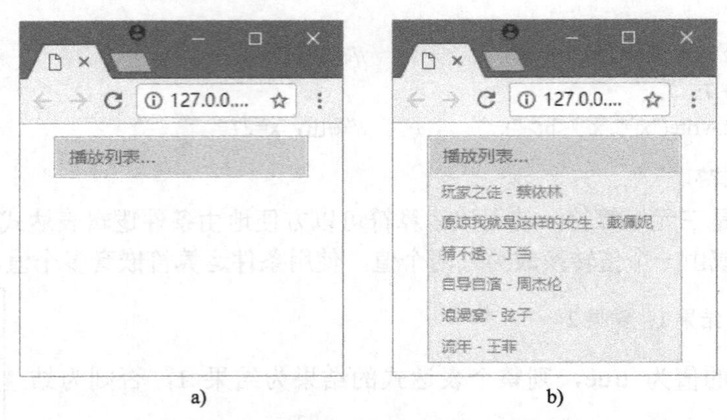

图 4-8 实现单击按钮后列表的显示或隐藏
a) 单击标题隐藏列表效果 b) 单击标题显示列表效果

style 对象代表一个单独的样式声明，可从应用样式的文档或元素访问 style 对象。使用 style 对象属性的语法如下：

```
document.getElementByld("id").style.property="值"
```

设置一个已有元素的 style 属性如下

```
document.getElementByld("myH1").style.display="none";          //改变元素为隐藏状态
document.getElementByld("myH1").style.display="block";         //改变元素为可见状态
```

实现列表显示或隐藏的代码如下：

```
<!DOCTYPE html>
<html>
    <head>
        <meta charset="UTF-8">
        <title>显示/隐藏</title>
    <style>
        body,div,ul,li,h2{
            margin: 0;
            padding: 0;
        }
        body{
            font: 12px/1.5 Tahoma;
        }
        ul{
            list-style-type: none;
        }
        #outer{
            width: 200px;
            border: 1px solid #aaa;
```

```
            margin: 10px auto;
        }
        #outer h2{
            cursor: pointer;
            color: #57646E;
            font-size: 14px;
            font-weight: 400;
            border: 1px solid;
            height: 30px;
            line-height: 30px;
            padding-left: 10px;
            background: #ced3d7 url(img/ico.gif) 180px 15px no-repeat;
            border-color: #fff #e9edf2;
        }
        #outer ul{
            border-top: 1px solid #DEE3E6;
        }
        #outer li{
            height: 25px;
            line-height: 25px;
            vertical-align: top;
        }
        #outer a{
            display: block;
            color: #6b7980;
            background: #e9edf2;
            text-decoration: none;
            padding: 0 10px;
        }
        #outer a:hover{
            background: #fff;
            text-decoration: underline;
        }
    </style>
</head>
<body>
    <div id="outer">
        <h2 id="bt">播放列表…</h2>
        <ul id="list">
        <li><a>玩家之徒 - 蔡依林</a></li>
        <li><a>原谅我就是这样的女生 - 戴佩妮</a></li>
        <li><a>猜不透 - 丁当</a></li>
        <li><a>自导自演 - 周杰伦</a></li>
        <li><a>浪漫窝 - 弦子</a></li>
        <li><a>流年 - 王菲</a></li>
```

```
            </ul>
        </div>
    <script>
        window.onload = function( ) {
            var oH2 = document.getElementById("bt");
            var oUl = document.getElementById("list");
            oH2.onclick = function( ) {
                var style = oUl.style;
                style.display = style.display == "none" ? "block" : "none";
            }
        }
    </script>
    </body>
</html>
```

7．位操作运算符

位操作运算符分为两种，一种是普通运算符，另一种是位移运算符。在进行运算前，先将操作数转换为 32 位的二进制整数，然后再进行相关运算，最后输出结果以十进制表示。位操作运算符对数字的位进行操作，如向左或向右移位等。JavaScript 中常用的位操作运算符见表 4-7。

表 4-7　位操作运算符

位操作运算符	描　述	位操作运算符	描　述
&	与运算	~	非运算
|	或运算	<<	左移
^	异或运算	>>	右移

8．typeof 运算符

typeof 运算符用于返回其操作数当前的数据类型。这对于判断一个变量是否已被定义特别有用。应用 typeof 运算符返回当前操作数的数据类型示例如下。

```
typeof "John"                    // 返回 string
typeof 3.14                      // 返回 number
typeof false                     // 返回 boolean
typeof [1,2,3,4]                 // 返回 object
typeof {name:'John', age:34}     // 返回 object
typeof undefined                 // 返回 undefined
typeof null                      // 返回 object
```

4-9　typeof 的用法

说明：typeof 运算符把类型信息用字符串返回。typeof 运算符的返回值有 number、string、boolean、object、function 和 undefined 6 种。

9．new 运算符

使用 new 运算符可以创建一个新对象，语法格式：

```
new constructor[(arguments)]
```

其中，constructor 为必选项，表示对象的构造函数。如果构造函数没有参数，则可以省略圆括号；arguments 为可选项，表示任意传递给新对象构造函数的参数。

例如：var Array1=new Array();

var Object2=new Object;

var Date3=new Date("Augest 8 2019");

10．运算符的优先级

JavaScript 运算符具有明确的优先级与结合性。优先级较高的运算符将先于优先级较低的运算符进行运算。结合性则是指具有同等优先级的运算符将按照怎样的顺序进行运算。结合性有向左结合和向右结合两种。例如，表达式 x+y+z，向左结合就是先运算 x+y，即（x+y）+z；向右结合则表示先运算 y+z，即 x+（y+z）。JavaScript 运算符的优先级及其结合性见表 4-8。

表 4-8　JavaScript 运算符的优先级和结合性

<table>
<tr><th>优 先 级</th><th>结 合 性</th><th>运 算 符</th></tr>
<tr><td>最高</td><td>向左</td><td>[ ]、( )</td></tr>
<tr><td rowspan="15">优先级由高到低</td><td>向右</td><td>++、--、- 、!、delete、new、typeof、void</td></tr>
<tr><td>向左</td><td>*、/、%</td></tr>
<tr><td>向左</td><td>+、-</td></tr>
<tr><td>向左</td><td><<、>>、>>></td></tr>
<tr><td>向左</td><td><、<=、>、>=、in、instanceof</td></tr>
<tr><td>向左</td><td>==、!=、===、!==</td></tr>
<tr><td>向左</td><td>&</td></tr>
<tr><td>向左</td><td>^</td></tr>
<tr><td>向左</td><td>|</td></tr>
<tr><td>向左</td><td>&&</td></tr>
<tr><td>向左</td><td>||</td></tr>
<tr><td>向右</td><td>?:</td></tr>
<tr><td>向右</td><td>=</td></tr>
<tr><td>向右</td><td>*=、/=、%=、+=、-=、<<=、>>=、>>>= 、&=、^=、|=</td></tr>
<tr><td>向左</td><td>,</td></tr>
<tr><td>最低</td><td>向左</td><td>,</td></tr>
</table>

4.4 函数

4-10 JavaScript 函数

4.4.1 函数的定义

函数为开发者提供了方便，在进行复杂的程序设计时，通常是根据所要完成的功能，将程序划分为一些相对独立的部分，每部分编写一个函数，使各部分充分独立，任务单一，程序清晰、易懂、易读、易维护。

函数是拥有名字的一系列 JavaScript 语句的有效组合。只要这个函数被调用，就意味着这一系列 JavaScript 语句按顺序被解释执行。一个函数可以有自己的可以在函数内使用的参数。

函数还可以用来将 JavaScript 语句同一个 Web 页面相连接。用户的任何一个交互动作都会引发一个事件，通过适当的 HTML 标记间接引起一个函数的调用。这样的调用也称为事件处理。

定义一个函数和调用一个函数是两个截然不同的概念。定义一个函数只是让浏览器知道有这样一个函数。而只有在函数被调用时，其代码才真正被执行。函数必须位于<script></script>标记之间，基本语法：

```
<script>
    function 函数名称（参数表）{
        函数执行部分;
        return 表达式;
}
</script>
```

其中，return 语句指明由函数返回的值。return 语句是函数内部和外部相互交流和通信的唯一途径。

【例 4-7】 函数的定义示例，代码如下。

```
<script>
    function displayTaggedText(tag,text){
      document.write("<"+tag+">");
      document.write(text);
      document.write("</"+tag+">");
}
</script>
```

4.4.2 函数的调用

函数定义后并不会自动执行，要执行一个函数，需要在特定的位置调用该函数，调用函数需要创建调用语句，调用语句包含函数名称和参数具体值。

函数调用语法格式：

```
<script>
    function 函数名称（参数表）;
</script>
```

4-11 使用函数实现点亮灯泡

定义函数时，在函数名后面的圆括号内可以指定一个或多个参数（参数之间用逗号“,”分隔）。指定参数的作用在于当调用函数时可以为被调用的函数传递一个或多个参数。

定义函数时指定的参数称为形式参数，简称形参；函数调用时实际传递的值称为实际参数，简称实参。

说明： 函数的参数分为形式参数和实际参数两种，系统并不为形式参数分配相应的存储空间。调用函数时传递给函数的参数为实际参数，实际参数通常在调用函数之前就已经分配了内存，并赋予了实际的数据，在函数的执行过程中，实际参数参与了函数的运行。

通常，在定义函数时使用了多少个形参，在调用函数时也必须给出多少个实参，同样实参也需要使用逗号“,”分隔。

【例 4-8】 函数的简单调用示例，程序运行结果如图 4-9 所示，代码如下。

```
<!DOCTYPE html>
<html>
    <head>
        <meta charset="UTF-8">
        <title>函数的简单调用</title>
    </head>
    <body>
        <script>
            function displayTaggedText(tag,text) {
                document.write("<"+tag+">");
                document.write(text);
                document.write("</"+tag+">");
            }
            displayTaggedText("h1","这是一级标题");
            displayTaggedText("p","这是段落标签");
        </script>
    </body>
</html>
```

图 4-9 函数的简单调用

在上述代码中，调用函数的语句将字符串“h1”和“这是一级标题”分别赋给了变量 tag 和 text；也将字符串“p”和“这是段落标签”分别赋给了变量 tag 和 text。

当用户单击某个按钮或某个复选框时都将触发事件，通过编写程序对事件做出反应的行为称为响应事件。在 JavaScript 程序中，将函数与事件相关联就完成了响应事件的过程。例如，当用户单击某个按钮时，与此事件相关联的函数将被执行。

函数的事件调用一般和表单元素的事件一起使用，调用格式为事件名="函数名"。

【例 4-9】 在响应事件中调用函数，程序运行结果如图 4-10 所示，代码如下。

```
<!DOCTYPE html>
<html>
    <head>
        <meta charset="UTF-8">
        <title>计算器 </title>
      <style type="text/css">
          .bt {
                      height: 28px;
                      width: 50px;
                      font-size: 15px;
                      margin: 5px;
          }
       </style>
       </head>
       <body>
           <form action="" method="post" name="myform" id="myform">
             < p >第一个数 <input name="num1" type="text" id="num1" size="25"> <br>
                 第二个数 <input name="num2" type="text" id="num2" size="25"> </p>
             < p >
               <input name="addButton" type="button" value="+" class="bt" onclick="compute('+')">
               <input name="subButton" type="button" value="-" class="bt" onclick="compute('-')">
               <input name="mulButton" type="button" value="×" class="bt" onclick="compute('*')">
               <input name="divButton" type="button" value=" ÷" class="bt" onclick="compute('/')">
             </ p >
               < p >计算结果 <input name="result" type="text" id="result" size="25"> </p>
             </form>
             <script>
               function compute(op) {
                   var num1,num2;
                    num1= document.myform.num1.value-0;
                    num2=document.myform.num2.value-0;
                    if (op=="+")
                        document.myform.result.value=num1+num2;
                    if (op=="-")
                        document.myform.result.value=num1-num2;
                    if (op=="*")
                        document.myform.result.value=num1*num2;
                    if (op=="/"&&num2!=0)
                        document.myform.result.value=num1/num2;
               }
             </script>
         </body>
</html>
```

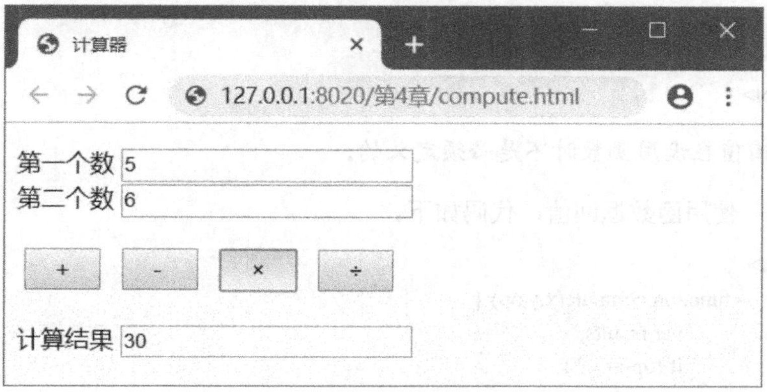

图 4-10　在响应事件中调用函数

上述代码首先定义了一个 compute(op)函数，该函数通过参数 op 判断进行什么运算。然后定义了加、减、乘、除 4 个按钮，每个按钮都调用了 compute(op)函数，调用的方法如下。

```
<input name="addButton" type="button" value="+" onclick="compute('+')">
```

在程序中，获取表单数据的方法如下。

```
document.表单名.表单元素名.value
```

例如，获取“第一个数”文本框中填写的数据，然后赋给变量 x：

```
x=document.calc.num1.value-0;
```

文本框值的类型是字符串，减去 0 是实现数据类型的自动转换，变量 x 值为数字型，便于后面的加法计算。

函数除了可以在响应事件中调用之外，还可以在链接中调用。在<a>标记中的 href 标记使用 Javascript 关键字调用函数，当用户单击链接时，相关函数将被执行。

【例 4-10】 通过链接调用函数，代码如下。

```
<a href="javascript:compute('+');">相加</a>
<a href="javascript:compute('-');">相减</a>
<a href="javascript:compute('*');">相乘</a>
<a href="javascript:compute('/');">相除</a>
```

单击后浏览效果与图 4-10 相似。

4.4.3　带有返回值的函数

有时需要在函数中返回一个数字在其他函数中使用，为了能给变量返回一个值，可以在函数中添加一个 return 语句，将需要返回的值赋予变量，然后将此变量返回。

使用函数返回值的语法格式：

```
<script>
    function 函数名称（参数表）{
        函数执行部分;
```

```
        return 表达式;
    }
</script>
```

注意：返回值在调用函数时不是必须定义的。

【例 4-11】 使用函数返回值，代码如下。

```
<script>
        function compute(x,y,op) {
            var results;
            if (op=="+")
              results=x+y;
          if (op=="-")
              results=x-y;
            if (op=="*")
              results=x*y;
            if (op=="/"&&y!=0)
              results=x/y;
           return results;
          }
       var results;
       results=compute(20,30,'+');
       document.write(results);
    </script>
```

4-12　变量的作用域

4.4.4　变量的作用域

变量还有一个重要特性，那就是变量的作用域。在 JavaScript 中同样有全局变量和局部变量之分。

全局变量：在所有函数体之外声明（使用 var），页面上的所有脚本和函数都能访问它。如果变量在函数内没有声明（没有使用 var 关键字），该变量即为全局变量。例如语句“x=1;”将声明一个全局变量 x，即使它在函数内执行。

局部变量：在 JavaScript 函数内部声明的变量（使用 var）是局部变量，只能在函数内部访问它（该变量的作用域是局部的），其他函数不能访问它。

JavaScript 变量的生命期：JavaScript 变量的生命期从它们被声明的时间开始。局部变量会在函数运行以后被删除；全局变量会在页面关闭后被删除。

如果全局变量与局部变量有相同的名字，则同名局部变量所在函数内会屏蔽全局变量，优先使用局部变量。

【例 4-12】 变量作用域，在 script 标记内编写如下代码。

```
<script language="javascript">
        document.write("全局变量与局部变量的演示:<br/>");
        var myname = "李雷";
        document.write("函数外：myname=" + myname+"<br/>");
        function myfun() {
```

```
            var myname;
            myname = "韩梅梅";
            document.write("函数内：myname=" + myname + "<br/>");
        }
        myfun();
        document.write("函数外：myname=" + myname + "<br/>");
</script>
```

运行代码，浏览页面，结果如图 4-11 所示。

图 4-11 变量作用域示例

说明：这个运行结果说明，函数内改变的只是该函数内定义的局部变量，不影响函数外的同名全局变量的值；函数调用结束后，局部变量占据的内存存储空间被收回，而全局变量内存存储空间则继续保留。

4.5 内置函数

在使用 JavaScript 时，除了可以自定义函数之外，还可以使用 JavaScript 的内置函数，这些函数都是 JavaScript 自身提供的，是 JavaScript 全局方法。下面对这些常用的内置函数进行详细介绍。

1. parseInt()函数

该函数用于将首位为数字的字符串转换为整型数字，解析到一个非数字字符，开头和结尾允许有空格。如果字符串不是以数字开头，则返回 NaN。其语法格式如下。

```
parseInt(StringNum,[n]);
```

StringNum 为需要转换为整型的字符串。n 为在 2～36 之间的数字，表示所保存数字的进制数。这个参数在函数中不是必需的。示例如下。

```
parseInt("10");              //返回值是 10
parseInt("10.33");           //返回值是 10
parseInt("34 45 66");        //返回值是 34
parseInt(" 60 ");            //返回值是 60
parseInt("40 years");        //返回值是 40
parseInt("He was 40") ;      //返回值是 NaN
parseInt("10",8);            //返回值是 8，第二个参数是进制数 8，八进制的 10 相当于十进制的 8
```

2．parseFloat()函数

该函数用于将首位为数字的字符串转换为浮点型数字，如果在解析过程中遇到了第一个字符是正负号（+或-）、小数点，或者科学记数法中的指数（e 或 E）以外的非数字字符，则忽略该字符以及之后的所有字符，返回当前已经解析到的浮点数。参数字符串首位的空白符会被忽略。如果字符串不是以数字开头，则返回 NaN。其语法格式为：

```
parseFloat(StringNum);
```

StringNum 为需要转化为浮点型数字的字符串。例如：

```
parseFloat("10");            //返回值是 10
parseFloat("10.3.3");        //返回值是 10.3
parseFloat("34 45 66");      //返回值是 34
parseFloat(" 60 ");          //返回值是 60
parseFloat("40 years");      //返回值是 40
parseFloat("He was 40") ;    //返回值是 NaN
```

3．isNaN()函数

该函数主要用于检验某个值是否为 NaN（Not a Number，非数字值）。其语法格式为“isNaN（Num）;”，Num 为函数的参数，该参数可以是任何类型，某些不是数字的值会直接转换为数字，而任何不能被转换为数字的值都会导致这个函数返回 true。例如：

```
isNaN(123) ;                 //返回值是 false
isNaN("Hello");              //返回值是 true
isNaN("2005/12/12");         //返回值是 true
```

4.6 基本语句

4.6.1 编写 JavaScript 语句注意事项

1．JavaScript 单行注释语句

使用注释对代码进行解释，有助于在以后对代码进行编辑修改，尤其在编写了大量代码时更为重要。注释部分虽然浏览器在执行时会忽略，但在浏览器中查看源代码时仍然可以看到。

使用注释标签来隐藏浏览器不支持的脚本也是一个好习惯，HBuilder 编辑器开启关闭注释的快捷键是“Ctrl + /”，选中注释内容后按快捷键即可。

单行注释语句以双斜杠（//）开始一直到这行结束。例如：

```
var tel1="0517";                    //区号
var tel2="88888888";                //电话号码
alert("电话号码是：" +tel1+tel2); //显示电话号码
```

2．JavaScript 多行注释语句

多行注释语句也称为块级注释，用/**/把多行字符包裹起来，把一大“块”视为一个注释，多行注释语句以“/*”开始，一直到“*/”结束。例如：

```
/*本程序用来计算学生 JavaScript 课程的考试成绩
其中 score1 为理论成绩，score2 为实践成绩 */
var score1=88;
var score2=82;
alert("小王同学 JavaScript 课程的总成绩是："+ (score1+ score2)); //显示学生课程的总成绩
```

注释块中不能有/*或*/（JavaScript 正则表达式中可能产生这种代码），这样会产生语法错误，因此推荐使用//添加注释代码。

3．JavaScript 语句规则

1）JavaScript 语句以分号（;）结束。

2）大小写敏感。JavaScript 区分大小写，编写 JavaScript 脚本时应正确处理大小写字母。

3）使用成对的符号。在 JavaScript 脚本中，开始符号和结束符号是成对出现的，遗漏或放错成对符号是一个较为常见的错误。

4）使用空格。与 HTML 一样，JavaScript 会忽略多余的空白区域。在 JavaScript 脚本中，可以添加额外的空格或制表符以使脚本文本文件易于阅读和编辑。

5）使用注释。用户可以在注释行记录脚本的功能、创建时间和创建者，JavaScript 中的注释行用双斜线（//）开始。

4.6.2 程序控制语句

4-13 if…else…语句

结构化程序有三种基本结构，它们是顺序结构、分支结构和循环结构。编程语言都有程序控制语句，使用这些语句及其嵌套可以使用表示各种复杂算法。顺序结构比较简单，前文各例都是顺序结构的程序。下面主要讲解分支结构和循环结构。

1．分支结构

（1）单分支结构

if 语句是最基本、最平常的分支结构语句，if 语句的单分支结构语法格式如下。

语法格式 1：

```
if(条件表达式)  语句
```

语法格式 2：

```
if(条件表达式){
    语句块
}
```

（2）双分支结构

语法格式 1：

```
if(条件表达式)  语句 1
else 语句 2
```

语法格式 2：

```
if(条件表达式){
```

```
        语句块 1
}else{
        语句块 2
}
```

（3）多分支结构

使用 if…else…语句嵌套可以实现多分支结构，用 switch 语句也可以实现。switch 语句的结构如下。

4-14　switch 语句

```
switch(表达式){
        case 值 1：
        语句块 1
        break;
        …
        case 值 n：
        语句块 n
        break;
        default:
        语句块 n+1
        break;
}
```

【例 4-13】 分支结构的使用示例，核心代码如下。

```
var time = new Date().getHours(); // new Date()得到当前时间点的时间对象，通过getHours()获取小时数
if(time < 10){
    document.write ("Good morning ! ");
}else if(time>=10 && time<20){
            document.write ("Good day ! ");
    }else{
            document.write ("Good evening ! ");
    }
var day=new Date().getDay();     // 通过 getDay()获取当前星期几，0 为周日，1~6 表示周一到周六
switch (day) {
    case 0:
      document.write ("今天是周日");
      break;
    case 6:
      document.write ("今天是周六");
      break ;
    default:
      document.write ("今天是工作日！ ");
}
```

运行代码，以 2019 年 5 月 6 号为例，输出结果为“Good day！今天是工作日！”。

说明：多分支的 switch 语句中，如果几个分支使用共同的语句，可以将它们合并在一起，使用一段语句块。switch 语句中的“break;”语句作用是分支从此退出，以免执行后续

语句。读者可自行查看删除语句“break;”后程序的运行结果。

2．循环结构

4-15　循环结构

（1）循环结构的三个要素

1）循环初始化：设置循环变量初值。

2）循环控制：设置继续循环执行的条件。

3）循环体：重复执行的语句块。

（2）当循环结构

当循环结构即 while 语句，格式如下。

```
while（条件表达式）{
      语句块
}
```

（3）直到循环结构

直到循环结构即 do…while 语句，格式如下。

```
do{
      语句块
} while（条件表达式）
```

（4）计数循环结构

计数循环结构即 for 语句，格式如下。

```
for(var i=0;i<length;i++){
      语句块
}
```

（5）枚举循环结构

枚举循环结构即 for…in 语句，格式如下。

```
for(var i=0 in array){
      语句块
}
```

或者

```
for(i in array){
      语句块
}
```

【例 4-14】 循环结构的使用示例，核心代码如下。

```
<script type="text/javascript">
  document.write("======while 循环======", "<br>"); // 这里的“,”相当于“+”
  var i=0;
  while(i < 10){
        document.write (i);
        i++;
  }
```

```
        document.write("<br>","======do-while 循环====", "<br>");
        var i = 0;
        do{
                document.write (i);
                i++;
        }while(i<= 10)
        document.write("<br>","======for 循环=======", "<br>");
        for (var i = 0; i < 3; i++) {
                document.write(i, "<br>");
        }
        document.write("<br>","======for in 循环遍数组=======", "<br>");
    //Array 也是对象，它的每个元素的索引被视为对象的属性，因此 for…in 循环可以直接循环出
Array 的索引：
        var a = ['A','B','C'];
        for(var i in a){
            document.write (i,'.',a[i],"<br>");// document.write (i, "<br>"); // '0' '1' '2'
        }
    </script>
```

运行代码，浏览页面，结果如图 4-12 所示。

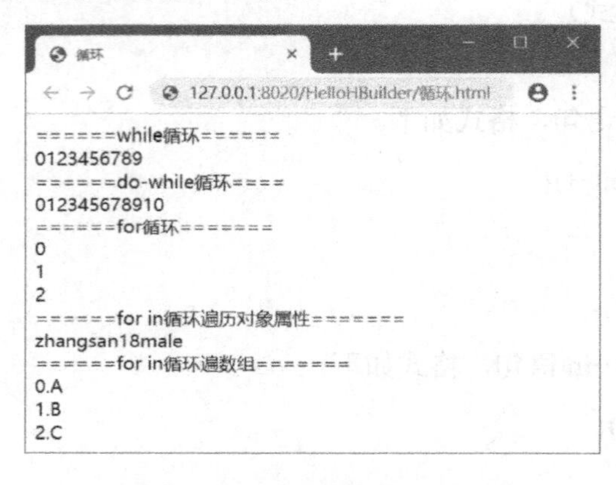

图 4-12　循环结构使用示例

说明：使用 while 语句或 do…while 语句以及 for…in 语句时，一定要注意不要遗漏循环初始化部分。使用 for 语句，特别是 for…in 语句，要比使用 while 语句或 do…while 语句简单一些。

（6）continue 语句

continue 语句只用在循环语句中控制循环体满足一定条件时提前退出本次循环，继续下次循环。

（7）break 语句

break 语句在循环语句中控制循环体满足一定条件时提前退出循环，不再继续该循环。

说明：continue 语句和 break 语句一般都用在循环体内的分支语句中，若不在分支语句里使用，单独使用这些语句是没有意义的。

【例 4-15】 双重 for 循环结构的使用，实现九九乘法表的展示，内容显示在单元格中，通过样式实现有内容的单元格显示边框，效果如图 4-13 所示，代码如下。

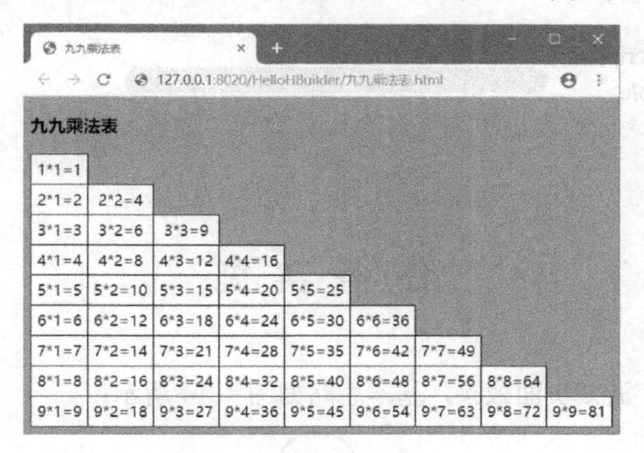

图 4-13 九九乘法表的展示

4-16 九九乘法表

```
<!DOCTYPE html >
<html>
    <head>
        <meta charset="UTF-8">
        <title>九九乘法表</title>
        <style type="text/css">
                body{
                    background-color: coral;
                }
                table{
                    width: 80%;
                    height: 300px;
                    border-collapse: collapse;
                }
                td{
                    border: 1px solid black;
                    padding: 6px;
                    text-align: center;
                    background-color:white ;
                }
        </style>
    </head>
     <body >
        <h3>九九乘法表</h3>
          <table >
            <script>
                for(var i=1;i<=9;i++){
                    document.write("<tr>");
                    for(var j=1;j<=i;j++){
                        document.write("<td>"+i+"*"+j+"="+(i*j)+"</td>")
```

```
            }
            document.write("</tr>");
        }
    </script>
  </table>
 </body>
</html>
```

任 务 实 施

1. 任务分析

本任务实现猜数字游戏页面效果，基本思路如图 4-14 所示：

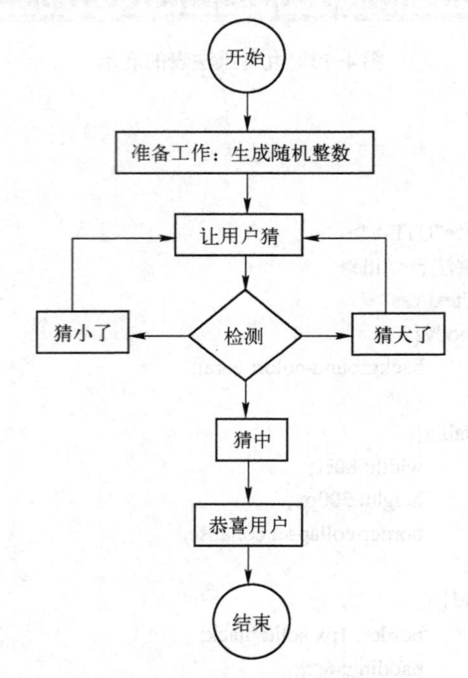

图 4-14　猜数字游戏页面功能实现流程图

4-17　猜数字游戏

2. 创建 HTML 文件

创建 game.html 文件，添加元素及内容，代码如下。

```
<p>进入数字游戏&dArr;</p>
<div id="info">请输入 1 到 100 之间的数字：</div> <!--用来显示提示信息-->
<input id="myguess"/><br />
<button id="start" onclick="checknum()"></button>
```

3. 添加样式

给页面中的按钮和输入框分别添加样式，如设置按钮背景等，代码如下。

```
#start {
```

```
        margin-top: 19px;
        width: 142px;
        height: 56px;
        cursor: pointer;                                  /* 设置鼠标样式为手状 */
        background: url('img/start.gif')   no-repeat;    /* 设置背景图片，不重复 */
}
p{
        color: green;
        font-size:28px;
        font-weight: 900;
}
#info{
        color: blue;
}
```

4．动态效果的实现

首先通过 Math.random()获取介于 0（包含）和 1（不包含）之间的一个随机数，例如Math.random()*100 取得介于 0 到 100（不包含）之间的一个随机数，Math 对象的 floor(x)方法返回小于等于 x 的最大整数，通过 floor() 方法去除小数，加 1 后得到 1（包含）到 100（包含）之间的随机整数，和文本框获取的数字进行比较（使用 value 属性获取文本框的值），实现效果如图 4-1～图 4-4 所示。在<script></script>标签对中编写相应代码如下。

```
var num = Math.floor(Math.random() * 100 + 1);       //产生 1～100 的随机整数
var info = document.getElementById("info");
var myguess = document.getElementById("myguess");//通过 id 属性获取文本框元素
function checknum() {
    var guess = myguess.value;   //通过 value 属性获取文本框元素的值（就是框里的内容）
    if(guess == num) {
        info.innerHTML = "^_^,恭喜您，猜对了，幸运数字是：" + num;
    }
    else if(guess < num)     {
        info.innerHTML = "^_^,您猜的数字  " + guess + "  有些小了";
    }
    else    {
        info.innerHTML = "^_^,您猜的数字  " + guess + "  有些大了";
    }
}
```

任 务 训 练

【理论测试】

1．以下变量名，哪个符合 JavaScript 命名规则？（　　）

A．with　　B．_abc　　C．a&bc　　D．1abc

2．以下哪个单词不属于 JavaScript 保留字？（　　）

A．with　　B．parent　　C．class　　D．void

3．JavaScript 语句：

```
var a1=10;
var a2=20;
alert("a1+a2="+a1+a2)
```

显示结果为（　　）。

A．a1+a2=30　　　　B．a1+a2=1020

C．a1+a2=a1+a2　　　　D．"a1+a2="+a1+a2

4．下列 JavaScript 的判断语句中，（　　）是正确的。

A．if(i==0)　　B．if(i=0)　　C．if i==0 then　　D．if i=0 then

5．下列 JavaScript 的循环语句中，（　　）是正确的。

A．f(i<10;i++)　　　　B．for(i=0;i<10)

C．for i=1 to 10　　　　D．for(i=0;i<=10;i++)

6．下列的哪一个表达式将返回假？（　　）。

A．!(3<=1)　　　　B．(4>=4)&&(5<=2)

C．("a"=="a")&&("c"!="d")　　　　D．(2<3)||(3<2)

7．有语句“var x=0;while__________x+=2;”，要使 while 循环体执行 10 次，空白处的循环判定式应写为（　　）。

A．x<10　　B．x<=10　　C．x<20　　D．x<=20

8．下列关于类型转换函数的说法，正确的是（　　）。

A．parseInt("5.89s")的返回值为 6

B．parseInt("5.89s")的返回值为 NaN

C．parseFloat("36s25.8id")的返回值是 36

D．parseFloat("36s25.8id")的返回值是 3625.8

9．在 JavaScript 函数的定义格式中，下面各组成部分中（　　）是可以省略的。

A．函数名

B．指明函数的一对圆括写()

C．函数体

D．函数参效

10．如果有函数定义 function f(x,y){…}，那么以下正确的函数调用是（　　）。

A．f1,2　　B．(1)　　C．f(1,2)　　D．f(,2)

11．关于函数，以下说法错误的是（　　）。

A．函数类似于方法，是执行特定任务的语句块。

B．可以直接使用函数名称来调用函数

C．函数可以提高代码的重用率

D．函数不能有返回值

【实训内容】

4-18　矩形周长和面积的计算

1．动态输入矩形的长和宽，计算并输出矩形的周长和面积。要指定数字精度。可以尝试多种方案，如使用 parseFloat()函数或利用数据类型的自动转换。

2．体脂率是指人体内脂肪重量占人体总体重的比例，又称体脂百分数，它反映了人体内脂肪含量的多少。正常成年人的体脂率分别是：男性 15%～18%，女性 25%～28%。

体脂率可通过 BMI 算法计算得出：

① BMI=体重（千克）÷（身高×身高）（米）。

② 体脂率：1.2×BMI+0.23×年龄-5.4-10.8×性别（男为 1，女为 0）。

编写程序，分别询问用户的性别、年龄、体重、身高，并根据公式计算出体脂率。

3．猜数字游戏拓展实现：提示用户当前是第几次猜测，成功后提示总共猜测了几次。

任务 5　实现彩票 11 选 5 数字跳动效果

学 习 目 标

【知识目标】

了解提供数组模型、存储大量有序的数据的 Array 对象。

掌握 Array 对象常用方法和属性的访问，理解 JavaScript 数组的动态性。

了解处理日期和时间的存储、转化和表达的 Date 对象。

掌握 Date 对象常用方法和属性访问。

了解处理数学运算的 Math 对象。

掌握 Math 对象常用方法和属性访问。

巩固学习 HTML 和 CSS 的使用方法。

【技能目标】

能够实现数组的新建及数组元素的插入、删除、替换等。

能够实现数组的输出及二维数组的遍历。

能够实现带参数的函数的定义及调用。

能够运用定时器函数实现网页特效。

能够动态改变元素的样式。

能够使用 Date 对象实现展示日期的各种形式。

能够使用 Math 对象实现数学运算。

任 务 描 述

本任务实现中国体育彩票 11 选 5，随机生成 1～11 范围内不重复的 5 个数作为中奖号码，使用定时器实现号码定时显示和切换跳动。

图 5-1　数字跳动效果截图

图 5-2　开奖号码输出效果图

知 识 准 备

5.1 数组对象

数组（Array）是对象类型，数组对象使用单独的变量名来存储一系列的值，有多种预定义的方法，便于开发者使用。

5.1.1 新建数组

创建数组的方法有很多，使用数组之前，传统的方法是使用内建的构造器声明，首先要用关键字 new 新建一个数组对象，语法规则如下。

5-1 新建 JavaScript 数组

1．新建一个长度为零的数组

语法：

```
var 变量名=new Array( );
```

例如：

```
var myArray=new Array( );
```

2．新建一个指定长度为 *n* 的数组

语法：

```
var 变量名=new Array(n);
```

分别为数组元素赋值，例如：

```
myColor=new Array(3);
myColor[0]= "红色";
myColor[1]= "绿色";
myColor[2]="蓝色";
```

3．新建一个指定长度的数组并赋值

语法：

```
var 变量名=new Array(元素 1,元素 2,元素 3,…);
```

例如：

```
var myColor=new Array("红色","绿色", "蓝色");
```

上述方式在技术上是没问题的，但是使用字面量声明会更快而且代码更少，例如：

```
var arr = ["one", "two", "three"];
```

5.1.2 引用数组元素

JavaScript 中数组元素的序列通过下标来识别，这个下标序列从 0 开始计算，例如长度为 6 的数组，其元素序列下标为 0～5。

通过下标可以引用数组元素，为数组元素赋值，语法规则：

```
数组变量[i]=值;
```

取值的语法规则：

```
变量名=数组变量[i];
```

例如：

```
myColor[0]= "红色";
myColor[1]= "绿色";
var carcolor=myColor[0];
```

在创建数组时，可以直接为数组元素赋值，例如：

```
var myColor;
myColor =new Array（"红色","绿色","蓝色","黄色");
```

也可以分别为数组元素赋值，例如：

```
myColor=new Array(4);
myColor[0]= "红色";
myColor[1]= "绿色";
myColor[2]="蓝色";
myColor[3]= "黄色";
```

两种赋值方式的结果是一样的，如图 5-3 所示。

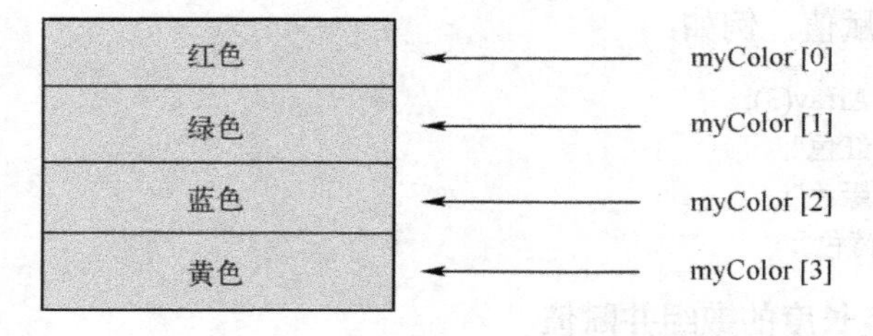

图 5-3　数组赋值示意图

5.1.3　动态数组

数组只有一个属性，就是 length，length 表示的是数组所占内存空间的数目，而不仅仅是数组中元素的个数，改变数组的长度可以扩展或者截取所占内存空间的数目。

JavaScript 数组的长度不是固定不变的，增加数组长度的语法：

```
数组变量[数组变量.长度]=值;
```

例如，有一个长度为 4 的数组 myColor，将该数组的长度变为 5，代码如下。

```
myColor[4]= "黄色";
```

或：

```
myColor[myColor.length]= "黄色";
```

示例：

```
var aFruit = ["apple","pear","peach"];
aFruit [20] = " orange ";
alert(aFruit.length + " " + aFruit [10] + " " + aFruit [20]); //输出：21 undefined orange
```

利用 length 属性可以清空数组，同样还可用它来截断数组，代码如下。

```
aFruit.length=0; //清空数组
aFruit.length=2; //截断数组
```

5-2 数组对象的常用属性与方法

5.1.4 数组对象的常用方法

数组对象的常用方法见表 5-1。

假设定义以下数组：

```
var a1=new Array("a","b","c");
var a2=new Array("y "," x ","z");
```

表 5-1 数组的常用方法

方法名称	意义	示例
toString()	把数组转换成一个字符串	var s=a1.toString() 结果 s 为 a,b,c
join(分隔符)	把数组转换成一个用符号连接的字符串	var s=a1.join("+") 结果 s 为 a+b+c
shift()	将数组头部的第一个元素移出	var s=a1.shift() 结果 s 为 a
unshift()	在数组的头部插入一个元素	a1.unshift("m","n") 结果 a1 中为 m,n,a,b,c
pop()	从数组尾部删除一个元素，返回移除的项	var s=a1.pop() 结果 s 为 c
push()	把一个元素添加到数组的尾部，返回修改后数组的长度	var s=a1.push("m","n")结果 a1 为 a,b,c,m,n 同时 s 为 5
concat()	合并数组	var s=a1.concat(a2) 结果 s 数组内容为：a,b,c,y,x,z
slice()	返回数组的部分	var s=a1.slice (1,3) 结果 s 为 b,c
splice()	插入、删除或者替换一个数组元素	a1.splice(1,2)结果 a1 为 a
sort()	对数组进行排序操作（默认按字母升序）	a2.sort()结果为 x,y,z
reverse()	将数组反向排序	a2. reverse()结果为 z,y, x

splice()语法：

```
array.splice(index,howmany,item1,…,itemX)
```

splice()是修改 Array 的万能方法，主要用途是向数组的中部插入项。其中 index 为必需参数，是开始插入和（或）删除的数组元素的下标，必须是数字；howmany 为必需参数，规定应该删除多少元素，必须是数字，但可以是 "0"，如果未规定此参数，则删除从 index 开始到原数组结尾的所有元素；item1,…, itemX 为可选参数，是要添加到数组的新元素。

删除：splice()可以删除任意数量的项，只需指定两个参数。

例如 splice(0,2)会删除数组中的前两项。但只删除，不添加，返回被删除的元素。

插入：splice()可以向指定位置插入任意数量的项，只需提供起始位置、0（要删除的项数为 0 个）和要插入的项 3 个参数，如果插入多个项，可以再传入第 4、第 5 或更多个参数。例如 splice(2,0,"red","green")，只添加，不删除，返回[]，因为没有删除任何元素。

替换：splice()可以向指定位置插入任意数量的项，同时删除任意数量的项，只需指定起始位置、要删除的项数和要插入的项（插入的项不必要和删除的项相等）。例如 splice(2,1,"red","green")，会删除数组位置 2 的项，然后从 2 的位置插入字符串"red"和"green"。

【例 5-1】 数组元素的引用与属性、方法的使用示例，效果如图 5-4 所示，核心代码如下。

```
var menus = new Array("1 网站首页", "3 专业建设", "2 师资队伍", "4 教学改革");
document.write("======while 循环语句显示数组数据======", "<br>");
var i=0;
var len= menus.length;
while (i < len) {
    document.write("menus[", i, "]=", menus[i], "<br>");
    i++;
}
menus.sort();
document.write(menus+"<br>");
menus.reverse();
document.write(menus+"<br>");
menus.push("5 教学管理","6 改革创新");
document.write(menus.join("--"));
```

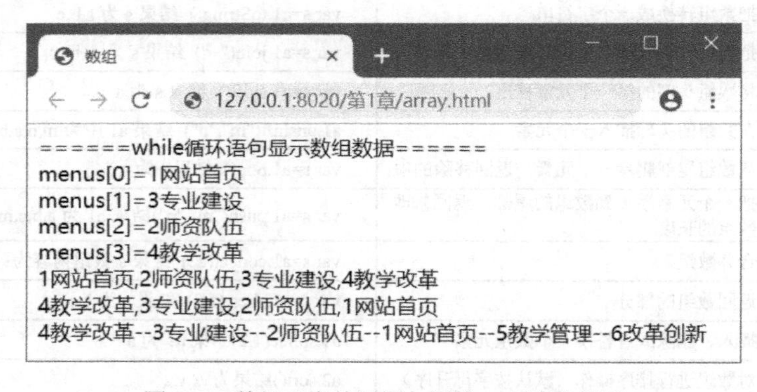

图 5-4 数组元素的引用与属性、方法的使用

读者课后可以尝试分别使用 for、do-while 语句和 for…in 语句实现数据显示。

【例 5-2】 实现中国体育彩票 11 选 5 基础版，随机生成 1～11 范围内不重复的 5 个数作为开奖号码，效果如图 5-5 所示。编写函数 add()添加数组元素为随机数，函数中使用 for…in 语句遍历数组，新随机数若和数组中已有的重复，则使用“return;”语句返回，不存储重复的数据。循环调用函数直到数组长度为 5，并使不足 10 的数字补 0，最后使用 toString()或 join(" ")方法输出数组。实现代码如下。

```
<!DOCTYPE html>
<html>
```

```
    <head>
        <meta charset="UTF-8">
        <title>体彩</title>
    </head>
    <body><img src="img/tc.png" />
        <script>
            var arr = [];
            function add() {
                number = Math.floor(Math.random() * 11 + 1);
                for(x in arr) {
                    if(arr[x] == number) {
                        return;
                    }
                }
                arr.push(number)
            }
            do { add(); } while (arr.length < 5)
            // for(var i=0;arr.length<5;i++){  //for 语句可实现同样效果
            //      add();
            // }
            /*for…in 遍历数组，将不足 10 的数字前补 0*/
            for(x in arr) {
                if(arr[x] < 10) {
                    arr[x] = '0' + arr[x];
                }
            }
            /*join(" ")方法输出数组*/
            document.write("<h1 style='color: firebrick;'>本期幸运号码：", arr.join("    "), "</h1>");
        </script>
    </body>
</html>
```

图 5-5　开奖号码基础版输出效果图

5-3　彩票 11 选 5 的实现方案 1

5.1.5 二维数组

5-4 二维数组的数据访问

二维数组是在一维数组基础上定义的，即当一维数组的元素又都是一维数组时，就形成了二维数组，例如：

```
var submenus =new Array();
submenus[0]= [];
submenus[1]= ["建设目标","建设思路","培养队伍"];
submenus[2]= ["负责人","队伍结构","任课教师","教学管理","合作办学"];
```

以上代码也可以表示成下列等价代码。

```
var submenus =new Array(
new Array(),
new Array("建设目标","建设思路","培养队伍"),
new Array("负责人","队伍结构","任课教师","教学管理","合作办学"));
```

以上代码还可以如下这样写。

```
var submenus =[[] ,["建设目标","建设思路","培养队伍"], ["负责人","队伍结构","任课教师","教学管理","合作办学"]];
```

二维数组的元素必须使用数组名和两个下标来访问，第一个为行下标，第二个为列下标，格式：

```
二维数组名[行下标][列下标]
```

说明：数组元素的下标不能出界，否则会显示“undefined”。

【例 5-3】 二维数组的数据访问实现习题展示，页面效果如图 5-6 所示，代码如下。

```
<script >
var questions = new Array();   //定义问题数组，用以存储题目
var questionXz = new Array(); //定义选项数组，用以存储题目选项
var answers = new Array();     //定义答案数组，用以存储题目答案
questions[0] = "下列选项中(    )可以用来检索下拉列表框中被选项目的索引号。";
questionXz[0]=["A. selectedIndex","B. options","C. length","D. size"];
answers[0]='A';                       //问题的答案
questions[1] = "在 JavaScript 中(    )方法可以对数组元素进行排序。";
questionXz[1]=["A. add()","B. join()","C. sort()","D. length()"];
answers[1] = "C"
for (var i = 0; i < questions.length; i++) {
    document.write(i+1+". "+questions[i]+"<br />");
    document.write(questionXz[i][0] + "<br />");
    document.write(questionXz[i][1] + "<br />");
    document.write(questionXz[i][2] + "<br />");
    document.write(questionXz[i][3] + "<br />");
    document.write('答案是'+answers[i]+ "<br />");

}
</script>
```

【例 5-3】拓展 1：增加布局如<h2>习题展示</h2><div id="show"></div>放在<script></script>标签对的前面，这样的好处是避免 document.write()重写页面，更好地控制显示，比如显示的字体、颜色、边距等只需加入对应的样式，页面效果如图 5-7 所示，样式代码如下。

```
#show {
    color: blue;
    margin: 20px;
    line-height: 26px;
    font-size: 20px;
}
```

JavaScript 代码循环部分修改如下。

```
tmshow =document.getElementById("show");
for (var i = 0; i < questions.length; i++){
    tmshow.innerHTML+= i+1+"."+questions[i]+"<br />";
    tmshow.innerHTML+=questionXz[i][0] + "<br />";
    tmshow.innerHTML+=questionXz[i][1] + "<br />";
    tmshow.innerHTML+=questionXz[i][2] + "<br />";
    tmshow.innerHTML+=questionXz[i][3] + "<br />";
    tmshow.innerHTML+="答案是"+answers[i]+ "<br />";
}
```

JavaScript 代码循环部分也可以采用双层 for 循环实现，代码如下。

```
for(var i=0;i<questions.length;i++){
    tmshow.innerHTML+=i+1+"."+questions[i]+"<br/>";
    for(var j=0;j<questionXz[i].length;j++)
        tmshow.innerHTML+=questionXz[i][j]+"<br/>";
    tmshow.innerHTML+="答案是"+answers[i]+ "<br/>"
}
```

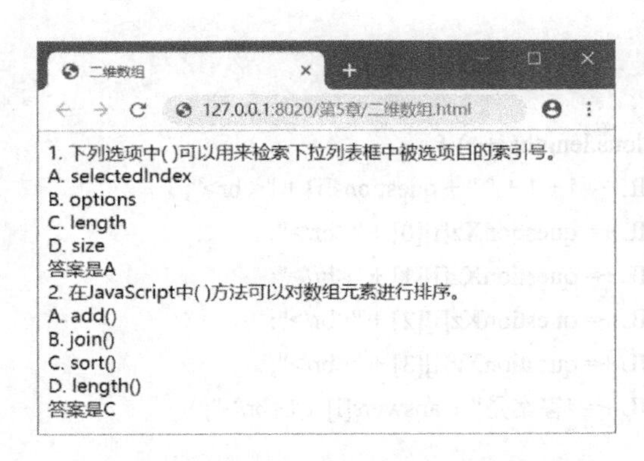

图 5-6　二维数组元素的访问实现习题展示效果

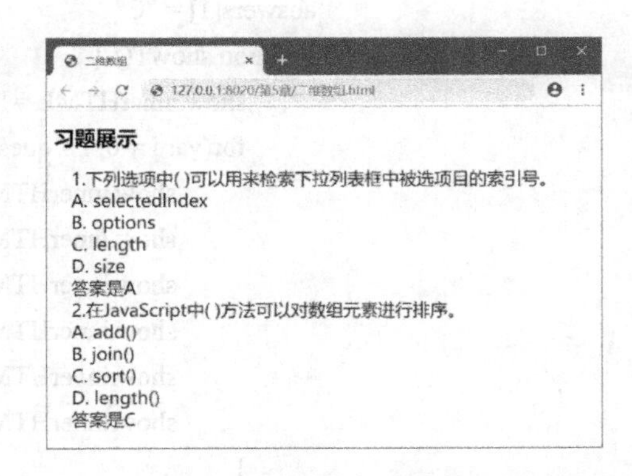

图 5-7　习题展示实例拓展 1 效果

【例 5-3】拓展 2：增加“习题展示”按钮功能，单击按钮后展示习题，效果如图 5-8 和图 5-9 所示，完整代码如下。

```
<!DOCTYPE html>
<html>
    <head>
        <meta charset="UTF-8">
        <title>习题展示</title>
        <style type="text/css">
            #show {
                color: blue;
                margin: 20px;
                line-height: 26px;
                font-size: 18px;
            }
        </style>
    </head>
    <body>
        <button onclick="showT()"> 习题展示</button>
        <div id="show"></div>
        <script>
            var show = document.getElementById("show");
            var questions = new Array();  //定义问题数组，用以存储题目
            var questionXz = new Array(); //定义选项数组，用以存储题目选项
            var answers = new Array();    //定义答案数组，用以存储题目答案
            questions[0] = "下列选项中(    )可以用来检索下拉列表框中被选项目的索引号。";
            questionXz[0]=["A. selectedlndex","B. options","C. length","D. size"];
            answers[0]='A';               //问题的答案
            questions[1] = "在 JavaScript 中(    )方法可以对数组元素进行排序。";
            questionXz[1]=["A. add()","B. join()","C. sort()","D. length()"];
            answers[1] = "C"
            function showT() {
                show.innerHTML = "";
                for(var i = 0; i < questions.length; i++) {
                    show.innerHTML += i + 1 + "." + questions[i] + "</br>";
                    show.innerHTML += questionXz[i][0] + "<br/>";
                    show.innerHTML += questionXz[i][1] + "<br/>";
                    show.innerHTML += questionXz[i][2] + "<br/>";
                    show.innerHTML += questionXz[i][3] + "<br/>";
                    show.innerHTML += "答案是" + answers[i] + "<br/>";
                }
            }
        </script>
    </body>
</html>
```

图 5-8　单击按钮前页面效果

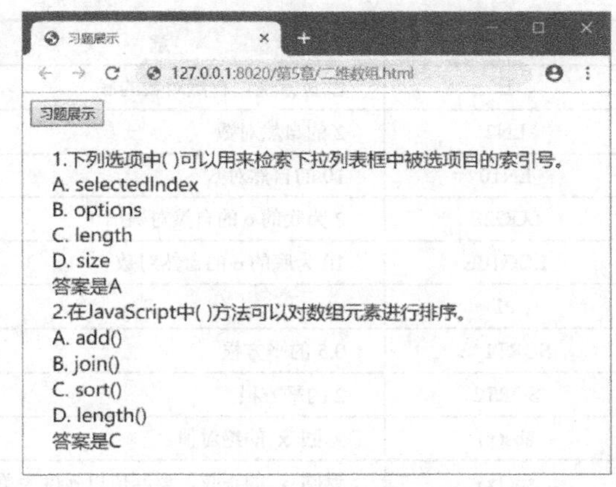

图 5-9　单击按钮后页面效果

5.2　数学对象

5.2.1　使用数学对象

JavaScript 的数学（Math）对象提供了大量的数学常数和数学函数，使用时不需要用关键字 new 就可以直接调用数学对象。例如，使用数学常数圆周率 π 计算圆面积，示例代码如下。

```
var r=5;
var area=Math.PI*Math.pow(r,2);              //π*r*r
```

如果语句中需要大量使用数学对象，可以使用 with 语句简化程序，例如上述程序可以简化为：

```
with（Math）{
   var r=5;
   var area=PI* pow(r,2) ;
}
```

5.2.2　数学对象的属性与方法

数学对象调用属性的规则：

```
Math.属性名
```

数学对象调用方法的规则：

```
Math.方法名(参数 1,参数 2,…)
```

数学对象的属性与方法见表 5-2。

表 5-2　数学对象的属性和方法

属性与方法名称	意　义	示　例
E	欧拉常量，自然对数的底	约等于 2.71828
LN2	2 的自然对数	约等于 0.69314
LN10	10 的自然对数	约等于 2.30259
LOG2E	2 为底的 e 的自然对数	约等于 1.44270
LOG10E	10 为底的 e 的自然对数	约等于 0.43429
PI	π	约等于 3.14159
SQRT1_2	0.5 的平方根	约等于 0.70711
SQRT2	2 的平方根	约等于 1.41421
abs(x)	返回 x 的绝对值	abs(5)结果为 5，abs(−5)结果为 5
sin (x)	返回 x 的正弦，返回值以弧度为单位	Math.sin(Math.PI*1/4)结果为 0.70711
cos (x)	返回 x 的余弦，返回值以弧度为单位	Math.cos(Math.PI*1/4)结果为 0.5
tan (x)	返回 x 的正切，返回值以弧度为单位	Math.tan(Math.PI*1/4)结果为 0.99999
ceil(x)	返回与某数相等，或大于概数的最小整数	ceil(−18.8)结果为−18，ceil(18.8)结果为 19
floor(x)	返回与某数相等，或小于概数的最小整数	floor (−18.8)结果为−19，floor (18.8)结果为 18
exp(x)	e 的 x 次方	exp(2) 结果为 7.38906
log(x)	返回某数的自然对数（以 e 为底）	log(Math.E) 结果为 1
min (x,y)	返回 x 和 y 两个数中较小的数	min (2,3) 结果为 2
max(x,y)	返回 x 和 y 两个数中较大的数	max (2,3) 结果为 3
pow(x,y)	x 的 y 次方	pow(2,3) 结果为 8
random()	返回 0～1 的随机数	
round (x)	四舍五入取整	round (5.3) 结果为 5
sqrt (x)	返回 x 的平方根	sqrt (9) 结果为 3

5.2.3　格式化数字与产生随机数

1．格式化数字

格式化数字指的是将整数或浮点数按指定的格式显示出来，例如 2568.5286 可以按不同的格式要求显示如下。

保留两位小数的效果 2568.53
保留 3 位小数的效果 2568.529

通常采用数学对象的 round(x)方法实现上述效果。

```
Math.round(aNum*Math.pow(10,n))/Math.pow(10,n)     //保留 n 位小数
```

这种方法用于需要保留的位数少于或等于原数字的小数位数，截取小数位数时采用四舍五入的方法。例如：

```
var aNum=2568.5286;
var r1=Math.round(aNum*100)/100 ;                //保留 2 位小数
var r2=Math.round(aNum*1000)/1000;               //保留 3 位小数
```

也可以用 toFixed(n)方法替代，*n* 为要保留的小数位数。

2．产生随机数

产生 0～1 的随机数可以直接使用 Math.random()函数。

产生 0～*n* 之间的随机数可以使用如下方法。

```
Math.floor(Math.random()*(n+1))
```

产生 *n*1～*n*2（其中 *n*1 小于 *n*2）之间的随机数的方法如下。

```
Math.floor(Math.random()*(n2-n1))+n1
```

5.2.4 定时器函数

1．setInterval()和 clearInterval()

按照指定的周期（以毫秒计）调用函数或计算表达式，不停地调用函数，直到 clearInterval()被调用或窗口被关闭。

setInterval()函数用法：

```
setInterval("调用函数","周期性执行或调用 code 之间的时间间隔")
function hello(){ alert("hello"); }
```

重复执行某个方法示例：

```
var t1= window.setInterval("hello()",3000);
```

5-5 定时器函数

关闭定时器的方法示例：

```
window.clearInterval(t1);
```

【例 5-4】 setInterval()与 clearInterval()的使用，代码如下。

```
<!DOCTYPE html>
<html>
    <head>
        <meta charset="UTF-8">
        <title>setInterval</title>
    </head>
    <body>
        <!--<button onclick="clearInterval(Id)">stopInterval</button>-->
        <button onclick="stopInterval()">stopInterval</button>
        <script type="text/javascript">
            var Id=null;
            function hello(){
                alert("hello");
            }
            Id=setInterval("hello()",2000);
            function stopInterval(){
                clearInterval(Id) ;  //关闭定时器
            }
```

```
		</script>
	</body>
</html>
```

2．setTimeout()和 clearTimeout()

在指定的毫秒数后调用函数或计算表达式。

setTimeout()函数用法：

```
setTimeout("调用函数","在执行代码前需等待的毫秒数。")
```

例如只执行一次，3 秒后显示一个弹窗：

```
var t=setTimeout(function(){alert("Hello")},3000)
```

若要实现循环调用，需要把 setTimeout()函数写在被调用的函数里面，例如：

```
function show(){
    alert("Hello");
    var myTime = setTimeout("show()",1000);
}
show();
```

关闭定时器的用法：

```
clearTimeout(myTime);
```

其中，myTime 为 setTimeout()函数返回的定时器对象。

【例 5-5】 setTimeout()与 clearTimeout()的使用，代码如下。

```
<!DOCTYPE html>
<html>
	<head>
		<meta charset="UTF-8">
		<title>setTimeout</title>
	</head>
	<body>
		<!--<button onclick="clearTimeout(Id)">stop</button>-->
		<button onclick="stop()">stop</button>
		<script type="text/javascript">
			var Id=null;
			function hello(){
				alert("hello");
				Id=setTimeout("hello()",3000);
			}
			hello();
			function stop(){
				clearTimeout(Id) ; //关闭定时器
			}
		</script>
```

```
    </body>
</html>
```

5.2.5 数学对象应用案例

【例 5-6】 实现随机选择城市，效果如图 5-10～图 5-12 所示，代码如下。

图 5-10 开始前页面效果

图 5-11 城市名称跳动展示页面效果

图 5-12 停止后页面效果

```
<!DOCTYPE html>
<html>
    <head>
        <meta charset="UTF-8">
        <title>city</title>
        <style type="text/css">
            #bodybj{
                background: url(img/city.jpg)no-repeat center top;
            }
            #box{
                margin: auto;
                width: 660px;
                height: 94px;
                margin-top: 180px;
                text-align: center;
                color: #138eee;
                font-size: 66px;
            }
            #bt{
                margin: auto;
                width: 200px;
                margin-top: 25px;
                text-align: center;
                color: #000000;
                font-size: 50px;
                cursor: pointer;
            }
        </style>
    </head>
```

```
<body id="bodybj">
    <div id="box">选择城市</div>
    <div id="bt" onclick="doit()">开始</div>
    <script type="text/javascript">
        var citylist = ["北京","上海","长春","广州","哈尔滨","武汉","沈阳","大连","成都"];
        var mytime = null;
        function show(){
            var box = window.document.getElementById("box");//获取 id 属性为 box 的 div 元素
            var num = Math.floor(Math.random()*citylist.length);//随机生成数组的下标
            box.innerHTML = citylist[num]; //显示随机下标对应的数组元素（城市名称）
            mytime = setTimeout("show()",20);//设置定时器每 20 毫秒调用函数 show()执行一次
        }
        function doit(){
            var bt = window.document.getElementById("bt");
            if(mytime == null){
                bt.innerHTML = "停止";
                show();
            }
            else{
                bt.innerHTML = "开始";
                clearTimeout(mytime);//参数必须是由 setTimeout()返回的 id 值
                mytime = null;
            }
        }
    </script>
</body>
</html>
```

5.3 日期对象

5.3.1 新建日期

使用关键字 new 新建日期（Date）对象，可以用下述几种方法。

```
new Date();   //如果新建日期对象时不包含任何参数，得到的是当前的日期。
new Date(日期字符串);
new Date(年,月,日[,时,分,秒,毫秒]);
```

新建日期对象的示例：

```
var d1 = new Date("October 16, 1981 11:13:00")
var d2 = new Date(81,5,26)
var d3 = new Date(80,5,26,11,33,0)
```

如果使用“(年,月,日[,时,分,秒,毫秒]”作为参数，这些参数都是整数，其中“月”从 0 开始计算，即 0 表示一月，1 表示二月，……，依次类推。方括号中的参数如不填写，其值就表示 0。

新建日期得到的结果是标准的日期字符串格式，如果没有指定时区，返回的将是当地时区（计算机默认设定）的时间。

5.3.2 日期对象的常用属性与方法

日期对象的常用方法组见表 5-3。

表 5-3 日期对象的方法组

方 法 组	说 明
set	这些方法用于设置时间和日期值
get	这些方法用于获取时间和日期值
To	这些方法用于从 Date 对象返回字符串值
parse & UTC	这些方法用于解析字符串

用于表示日期对象方法的参数的整数见表 5-4。

表 5-4 显示值及其对应的整数

值	整 数
seconds 和 minutes	0～59
hours	0～23
day	0～6（星期几）
date	1～31（月份中的天数）
months	0～11（一月至十二月）

get 组方法见表 5-5。

表 5-5 get 组方法

方 法	说 明
getDate	返回日期对象中月份中的天数，其值介于 1 和 31 之间
getDay	返回日期对象中的星期几，其值介于 0 和 6 之间
getHours	返回日期对象中的小时数，其值介于 0 和 23 之间
getMinutes	返回日期对象中的分钟数，其值介于 0 和 59 之间
getSeconds	返回日期对象中的秒数，其值介于 0 和 59 之间
getMonth	返回日期对象中的月份，其值介于 0 和 11 之间
getFullYear	返回日期对象中的年份，其值为四位数
getTime	返回自某一时刻（1970 年 1 月 1 日）以来的毫秒数

set 组方法见表 5-6。

表 5-6 set 组方法

方 法	说 明
setDate	设置日期对象中月份中的天数，其值介于 1 和 31 之间
setHours	设置日期对象中的小时数，其值介于 0 和 23 之间

（续）

方　法	说　明
setMinutes	设置日期对象中的分钟数，其值介于 0 和 59 之间
setSeconds	设置日期对象中的秒数，其值介于 0 和 59 之间
setTime	设置日期对象中的时间值
setMonth	设置日期对象中的月份，其值介于 1 和 12 之间

To 组方法见表 5-7。

表 5-7　To 组方法

方　法	说　明
ToGMTString	使用格林尼治标准时间（GMT）数据格式将日期对象转换成字符串表示
ToLocaleString	使用当地时间格式将日期对象转换成字符串表示

5.3.3　日期对象应用案例

【例 5-7】 动态时钟的实现，效果如图 5-13 所示。

a)

b)

图 5-13　动态时钟效果

a) 运行时刻的时间显示效果　b) 运行一段时间后的显示效果

5-6　动态时钟的实现

首先添加一个表单与文本框，用来显示动态时钟，布局代码如下。

```
<form name="myform">
    <input name="myclock" type="text" value="" size="20" >
</form>
```

然后编写一个样式表设置文本框的样式，代码如下。

```
<style type="text/css">
    input {
            font-size: 30px;
            color: #FFFFFF;
            background-color:#930;
            border:4px double coral;
            text-align: center;
    }
</style>
```

编写时钟显示的日期对象代码，将代码放置在表单元素之后，代码如下。

```
<script>
```

```
function disptime( ){
    var time = new Date( );                        //获得当前时间
    var year = time.getFullYear();                 //获得年份
    var month = time.getMonth();                   //获得月份
    var date = time.getDate();                     //获得第几天
    var hour = time.getHours( );                   //获得小时、分钟、秒
    var minute = time.getMinutes( );
    var second = time.getSeconds( );
    if (minute < 10) {                             //如果分钟只有 1 位，补 0 显示
        minute="0"+minute;
    }
  if (second < 10) {                          //如果秒数只有 1 位，补 0 显示
        second="0"+second;
    }
/*设置文本框的内容为当前时间*/
document.myform.myclock.value =year+"年"+month+"月"+date+"日"+hour+":"+minute+":"+second
/*设置定时器每隔 1 秒（1000 毫秒）调用函数 disptime()执行一次，并刷新时钟显示*/
}
window.onload=function(){ //页面载入完毕后执行
    //设置定时器每隔 1 秒（1000 毫秒）调用函数 disptime ()执行一次，并刷新时钟显示
    window.setInterval("disptime( )",1000);
 }
</script>
```

【例 5-8】 实现简单计时功能，效果如图 5-14 所示，代码如下。

```
<!DOCTYPE html>
<html>
    <head>
        <meta charset="UTF-8">
        <title>计时</title>
    </head>
    <body><button onclick="sy()">限时思考 2 分钟，目前剩余时间：</button>
        <div id="time"> </div>
        <script type="text/javascript">
            var ks = new Date().getTime() ;
            var over = ks + 2 * 60 * 1000;
            function sy() {
                var now = new Date().getTime();                  //记录当前的秒值
                time.innerHTML = ((over - now) / 1000).toFixed()+"秒"; //计算剩余的秒数，并去除小数
            }
        </script>
    </body>
</html>
```

图 5-14　倒计时效果

任 务 实 施

1．任务分析

本任务实现中国体育彩票 11 选 5 的数字跳动展示。使用 JavaScript 内置对象实现体彩 11 选 5 开奖号码展示，体彩的 11 选 5 是在 1 到 11 的 11 个数字中随机选 5 个不同的数字号码并显示。

2．页面布局的实现

在页面中放入体彩 Logo 图片，放入 id 属性为“box”“lucky”的 DOM 元素，此时效果如图 5-15 所示，布局代码如下。

5-7　彩票 11 选 5 的实现方案 2

```
<img src="img/tc.png" />
<span id="box">开奖了！</span><!--用来展示跳动数字的元素-->
<div id="lucky"></div>              <!--用来展示开奖号码的元素-->
```

3．添加样式

给页面中的文字添加样式，设置显示跳动文字和显示开奖号码的文字样式，使之清晰可见，这时，小小的文字“开奖了”变成了大大的蓝色字体，效果如图 5-16 所示，样式代码如下。

图 5-15　无样式时的效果

图 5-16　添加样式后的效果

```
#box,#lucky {
    font-family: "黑体";
    font-size: 109px;
    color: #138eee;
```

```
        font-weight: 900;
    }
    #lucky {
        color: darkred;
        font-size: 60px;
    }
```

4．动态效果的实现

（1）初始化数据

在<script></script>标签对内定义号码序列数组和开奖数组，获取 DOM 元素，赋给变量 box 和 lucky。页面中有 id 属性值为“box”的 DOM 元素<span id="box">开奖了！</span>，用来展示跳动数字，通过 getElementById()方法就可以获取这个元素，把它赋给变量 box；页面中有 id 属性值为“lucky”的 DOM 元素<div id="lucky"></div >，用来展示开奖号码的元素，同样的方式获取这个元素，把它赋给变量 lucky；代码如下。

```
var list = ['01','02','03','04','05','06','07','08','09','10','11'];     //初始化变量
var ar = [];                                                              //空数组 ar 用来存储开奖号码
var box = document.getElementById("box");                                 //获取用来展示跳动数字的元素
var lucky = document.getElementById("lucky");                             //获取用来展示开奖号码的元素
```

（2）随机整数的实现

要想实现随机选出 5 个不同数字的效果，首先是随机数的应用，可以使用用于执行数学任务的 Math 对象来实现随机整数。Math 对象的 random()方法可以返回 0（包含）～1（不包含）之间的一个随机数，可以等于 0，也可以无限接近于 1，如 0.7671284751250063。

Math 对象的 floor(x)方法可以返回小于等于 x 的最大整数。如果传递的参数是一个整数，该值不变。例如“Math.floor(Math.random()*11);”，可取得介于 0 和 10 之间的一个随机整数。多次调用就会生成多个整数，这些整数很可能会重复，如图 5-17 所示，而例中的 11 选 5 要求不重复的 5 个数字号码，问题怎么解决呢？

图 5-17　随机生成多个数字存在重复的界面

（3）不重复随机号码的实现

首先使用存储大量有序数据的数组对象，利用 JavaScript 数组的动态性，可以实现数组元素的添加和删除；数组 list 存放 01～11 这样 11 个号码，把随机整数作为数组索引，通过随机的索引访问到随机的数组元素，用数组 ar 存储开奖号码。

将原有表达式“Math.floor(Math.random()*11);”中的 11 换成 list.length，将表达式的值赋给变量 num，即“var num = Math.floor(Math.random() * list.length);”，其中 list.length 是数组的实际长度，每删除一个元素，数组的长度就会减 1，本例 list 数组长度刚开始是 11，若依次输出的号码是 08、06、02、10、07，就会依次删除这 5 个号码，数组的 length 属性的值就会依次变为 10、9、8、7、6。

例如 num 的值为 7 时，对应数组元素就是 08 这个号码，页面中输出 08 这个号码，将存放开奖号码的数组使用 push 方法增加元素 08，用 splice(num,1)方法删除 list 数组中索引为 7 的元素 08。splice 方法的第一个参数指定从哪个索引开始删除，第二个参数表示删除几个，本例每次删除一个，这时 list 数组就变成了长度为 10、内容为 01～07 和 09～11 这样的 10 个号码，如图 5-18 所示；再次调用这行代码，就在更新过的数组里抽取元素，排除了已输出的开奖号码，输出下一个开奖号码，再删除 list 数组中的对应的元素，直到 5 个不重复的号码全部输出。

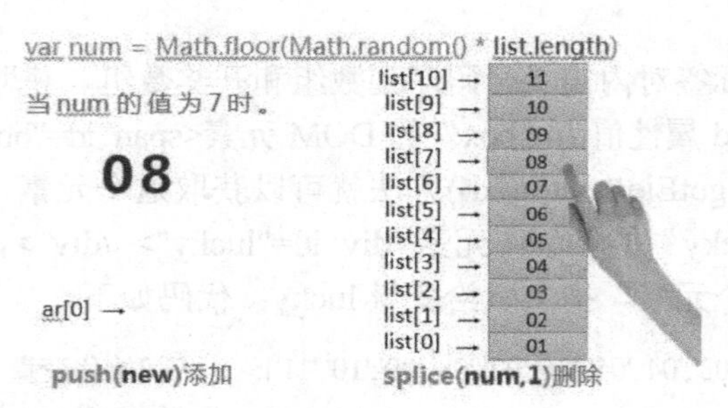

图 5-18　理解数组的动态性（插入和删除）

（4）实现随机号码的输出

元素变量 box 的 innerHTML 属性赋值为随机的数组元素，这样随机号码就显示在页面中了。用 show()函数封装这段代码，这样每次调用 show()函数就会显示一个随机号码，代码如下。

```
var box = document.getElementById("box");
function show() {
    var num = Math.floor(Math.random() * list.length);
    box.innerHTML = list[num];          //显示随机号码
}
```

提示：“开奖了！”信息展示 1 秒后再显示随机号码，这是由定时器实现的，定时器还可以实现号码的跳动切换。

box 元素的初始内容设为“开奖了！”，使用 setTimeout(code,millisec) 来实现 1 秒钟后调用 show()函数，第一个参数是要调用的函数 show()，第二个参数指定多长时间后调用，毫秒单位，这里设置为 1000 毫秒，也就是 1 秒钟。“setTimeout("show()", 1000);”实现“开奖了！”显示一秒钟后调用 show()函数显示随机号码，show()函数定义及调用代码如下。

```
function show() {
    var num = Math.floor(Math.random() * list.length);
    box.innerHTML = list[num];          //显示随机号码
}
setTimeout("show()", 1000);                //1 秒钟后调用函数 show()
```

（5）实现随机号码的跳动切换

要想多次调用实现号码跳动切换的效果，需要在 show()函数中调用定时器 setTimeout()。在函数 show()内增加语句“var myTime = setTimeout("show()",100);”，这样每隔 0.1 秒就会调用一次函数 show()切换成新的随机号码。这时就可以看到号码在不停地切换。函数 show()更改代码如下。

```
function show() {
    var num = Math.floor(Math.random() * list.length);
    box.innerHTML = list[num];          //显示随机号码
    var myTime = null;
    myTime = setTimeout("show()", 100);//跳动切换
}
```

（6）实现停止跳动切换，并输出开奖号码

通过计数可以控制切换的次数，达到一定的次数就关闭定时器，停止切换，开奖号码数组增加此元素（停止切换时的号码），原 list 数组删除此元素，然后输出开奖号码，效果如图 5-19 所示。

图 5-19　数字跳动停止后输出展示效果

使用 clearTimeOut(myTime)方法可以关闭定时器，阻止 setTimeout()方法执行，参数是 setTimeout()方法调用时所使用的变量。

定义全局变量 count 用来计数，控制切换的次数，初始化为 8。每调用一次 show()函数，变量 count 减 1，当 count 减到小于 0 时，就关闭定时器，删除 list 数组对应的号码，在开奖数组 ar 中增加这个号码，然后通过 join()方法输出数组，参数是空格，这样号码之间就有了间隔。show()函数更改如下。

```
var count = 8;                          //初始化计数变量
function show() {
    var num = Math.floor(Math.random() * list.length);
    box.innerHTML = list[num];          //显示随机号码
    var myTime = null;
    myTime = setTimeout("show()", 100); //跳动切换
    count--;                            //计数
    if(count < 0) {
```

```
            clearTimeout(myTime);              //关闭定时器
            ar.push(list[num]);                //开奖数组中添加元素
            list.splice(num, 1);               //原数组删除元素
            lucky.innerHTML = "本期幸运号码：" + ar.join(" "); //输出
        }
    }
```

（7）重复 5 次

图 5-20 所示效果需要 5 个不重复号码。在原有的 if 语句里再加入 if 语句，判断当前数组的长度是否小于 5，若小于，就将计数变量的值重新设置为 8，1 秒钟后重新调用 show() 函数，直到 5 个不重复号码依次输出，就将 id 属性为“box”元素的 innerHTML 属性赋值为空字串，结束程序，就可以获得需要的结果。增加的代码如下。

```
if(ar.length<5){
    count =8;
    setTimeout("show()",1000);
}
else
    setTimeout("box.innerHTML=' ';",1000);       //清空显示的号码
```

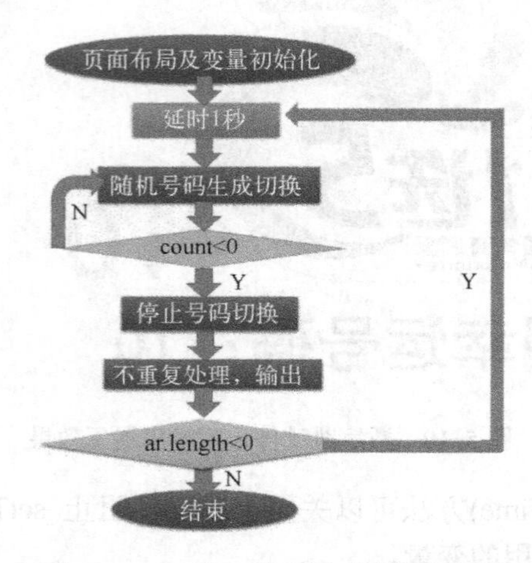

图 5-20　11 选 5 跳动展示功能流程图

5. 完整代码展示

本任务完整程序代码如下。

```
<!DOCTYPE html>
<html>
    <head>
        <meta charset="UTF-8">
        <title>体彩</title>
        <style type="text/css">
            #box, #lucky {
                font-family: "黑体";
                font-size: 109px;
```

```
                color: #138eee;
                font-weight: 900;
            }
            #lucky {
                color: darkred;
                font-size: 60px;
            }
        </style>
    </head>
    <body>
        <img src="img/tc.png"/>
        <span id="box">开奖了！ </span>
        <div id="lucky"></div>
        <script>
            var list = ['01','02','03','04','05','06','07','08','09','10','11'];
            var   ar = [];
            var box = document.getElementById("box");
            var lucky = document.getElementById("lucky");
            var count = 8;                              //初始化变量
            setTimeout("show()", 1000);                 //1 秒钟后调用函数 show（）
            function show() {
                var num = Math.floor(Math.random() * list.length);
                box.innerHTML = list[num];              //显示随机号码
                var myTime = null;
                myTime = setTimeout("show()", 100); //跳动切换
                count--;                                //计数
                if(count < 0) {
                    clearTimeout(myTime);               //关闭定时器
                    ar.push(list[num]);                 //添加数组元素
                    list.splice(num, 1);                //删除数组元素
                    lucky.innerHTML = "本期幸运号码：" + ar.join(" "); //输出开奖号码
                    if(ar.length<5){
                        count =8;
                        setTimeout("show()",1000);
                    }
                    else
                        setTimeout("box.innerHTML=' ';",1000);        //清空显示的号码
                }
            }
        </script>
    </body>
</html>
```

程序执行流程如图 5-20 所示，首先是页面布局和变量的初始化，然后延时 1 秒输出随机号码，并切换显示。判断计数变量是否小于 0，若不成立，继续切换号码直到条件满足；当条件成立时，停止切换，进行不重复处理，输出当前的开奖号码，并判断开奖数组长度是否小于 5，若成立，就从延时 1 秒的步骤开始重新执行，直到 5 个不重复的号码全部输出，结束程序。

采用这样的思路还可以做出福彩 36 选 7、打字游戏（见图 5-21），课堂点名器（见图 5-22 和图 5-23）等效果。

图 5-21　打字游戏界面

任务训练

【理论测试】

1．创建对象使用的关键字是（　　）。

A．function　　B．new　　C．var　　D．String

2．在 JavaScript 中，（　　）方法可以对数组元素进行排序。

A．add()　　B．join()　　C．sort()　　D．length()

3．分析下面的代码，输出的结果是（　　）。

```
var arr=new Array(5);
arr[1]=1;
arr[5]=2;
console.log(arr.length);
```

A．2　　B．5　　C．6　　D．报错

4．假设今天是 2019 年 5 月 1 日星期六，请问以下 Javascript 代码输出结果是（　　）。

```
var time = new Date( );
document.write(time.getMonth( ));
```

A．3　　B．4　　C．5　　D．4 月

5．在以下选项中，关于 JavaScript 的日期对象描述正确的是（　　）。

A．getMonth( )方法能返回 Date 对象的月份，其值为 1～12

B．getDay( )方法能返回 Date 对象的一个月中的每一天，其值为 1～31

C．getTime( )方法能返回某一时刻(1970 年 1 月 1 日)依赖的毫秒数

D．getYear( )方法只能返回 4 位年份，常用于获取 Date 对象的年份

6．以下关于 JavaScript 中的数学对象的说法，正确的是（　　）。

A．Math.ceil(512.51)返回的结果为 512

B．Math.floor( )方法用于对数字进行下舍入

C．Math.round(-512.51)返回的结果为-512

D．Math.random( )返回的结果范围为 0～1，包括 0 和 1

7．某页面中有两个 id 属性分别为 mobile 和 telephone 的图片，下面（　　）能够正确地隐藏 id 属性为 mobile 的图片。

A．document.getElementsByName("mobile").style.display="none";

B．document.getElementById("mobile").style.display="none";

C．document.getElementsByTagName("mobile").style.display="none";

D．document.getElementsByTagName("img").style.display="none";

8．分析下段代码，输出结果是（　　）。

```
var arr = [2,3,4,5,6];
var sum =0;
for(var i=1;i < arr.length;i++) {
    sum +=arr[i]      }
console.log(sum);
```

A．20　　　　B．18　　　　C．14　　　　D．12

9．下列关于日期对象的 getMonth()方法的返回值描述，正确的是（　　）。

A．返回系统时间的当前月

B．返回值的范围介于 1～12 之间

C．返回系统时间的当前月+1

D．返回值的范围介于 0～11 之间

10．以下代码运行后的结果是输出（　　）。

```
var a=[1, 2, 3];
console.log(a.join());
```

A．123　　　　B．1,2,3　　　　C．1　2　3　　　　D．[1,2,3]

11．Math.floor(-3.14) 的结果是（　　）。

A．-3.14　　　　B．-3　　　　C．-4　　　　D．3.14

12．setTimeout("adv()",20)表示的意思是（　　）。

A．20 秒后，adv()函数就会被调用

B．20 分钟后，adv()函数就会被调用

C．20 毫秒后，adv()函数就会被调用

D．adv()函数被持续调用 20 次

【实训内容】

1．还有多少天到你的生日？请编写一个函数计算剩余天数。

5-8　生日倒计时的实现

2．单击文字按钮实现随机点名，页面效果如图 5-22 和图 5-23 所示。

5-9 随机点名器的实现

图 5-22 开始点名时界面 图 5-23 正在随机点名时界面

3．实现考试倒计时，各阶段输出结果如图 5-24～图 5-26 所示。

图 5-24 距离考试结束时间较长时效果

5-10 考试倒计时的实现

图 5-25 距离考试结束时间较短时效果

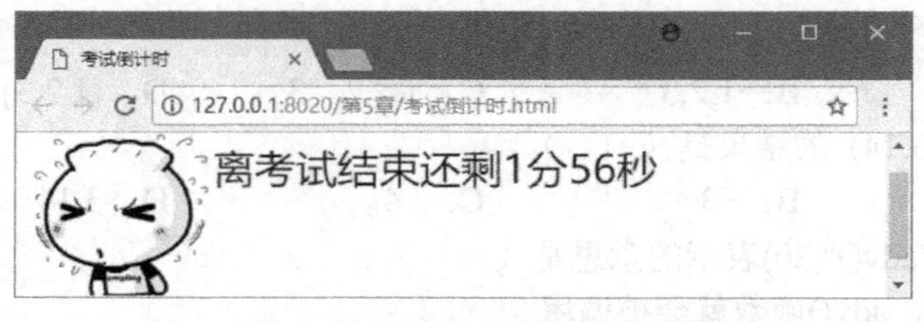

图 5-26 临近考试结束时间时效果

任务 6　实现在线测试系统页面注册验证效果

学 习 目 标

【知识目标】

了解处理所有字符串操作的 String 对象。

掌握 String 对象常用方法和属性的访问。

了解用于规定在文本中检索内容的 RegExp 对象。

掌握 RegExp 对象常用方法的访问。

巩固学习 HTML 和 CSS 的使用方法。

【技能目标】

能够实现带参数的函数的定义及调用。

能够运用 String 对象常用方法查找、截取子串。

能够使用字面量方式创建正则表达式。

能够实现表单的简单验证和严谨验证。

任 务 描 述

本任务实现用户注册的验证功能，能够实现表单界面的美化、表单控件元素值的获取与验证，且在文档中显示提示信息，页面效果如图 6-1 所示。

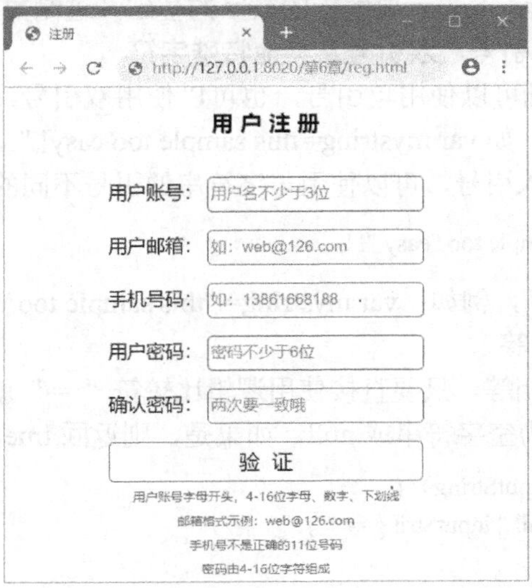

图 6-1　用户注册布局及验证效果

知 识 准 备

6.1　字符串对象

6.1.1　字符串对象的基本应用

字符串（String）对象是 JavaScript 最常用的内置对象之一，任何一个变量，如果它的值是字符串，那么，该变量就是一个字符串对象。当使用字符串对象时，并不一定需要用关键字 new，下述两种方法产生的字符串变量效果是一样的：

```
var mystring="this sample too easy! ";
var mystring=new String("this sample too easy! ");
```

1．字符串相加

对于字符串最常用的操作是字符串相加，前面在介绍运算符时已经提到过，只要直接使用加号（+）就可以了，例如：

```
var mystring="this sample"+" too easy! ";
```

使用"+="可以进行连续相加，例如：

```
mystring+="<br>";
```

等效于：

```
mystring= mystring+"<br>";
```

如果字符串与变量或者数字相加，需要考虑字符串与整数、浮点数之间的转换。如果要将字符串转换为整数或者为浮点数，只要使用函数 parseInt(s,b)或 parseFloat(s)就可以了，其中 s 表示所要转换的字符串，b 表示要解析的数字的基础（进制数）。

2．在字符串中使用单引号、双引号及其他特殊字符

JavaScript 的字符串既可以使用单引号，也可以使用双引号，但是前后必须一致，前后不一致会导致运算时出错，如 var mystring='this sample too easy! ";。

如果字符串中需要加入引号，可以使用与字符串的引号不同的引号，例如：

```
var mystring='this sample too "easy "! ';
```

也可以使用反斜杠"\"，例如：var mystring= "this sample too \"easy! \"";

3．比较字符串是否相等

比较两个字符串是否相等，只要直接使用逻辑比较符"=="就可以了。例如下述的函数用于判断字符串变量是否为空字符串或 null，如果是，则返回 true，否则，返回 false。

```
function isEmpty（inputString）{
  if (inputString==null || inputString== "")
    return true;
  else
    return false;
}
```

6.1.2 字符串对象的属性与方法

字符串对象调用属性的规则：

字符串对象名.字符串属性名。

字符串对象调用方法的规则：

字符串对象名.字符串方法名(参数 1,参数 2,…)。

表 6-1 所示为 String 对象的属性与方法。字符串对象的“位置”是从 0 开始，以字符串 var myString="this sample too easy!"为例，myString 字符串中第 0 位置的字符是“t”，第 1 位置是“h”，……依次类推。

表 6-1　String 对象的属性和方法

属性与方法名称	意义	示例
length	返回字符串的长度	myString.length 结果为 21
charAt(位置)	字符串对象在指定位置处的字符	myString.charAt(2)结果为 i
charCodeAt(位置)	字符串对象在指定位置处的字符的 Unicode 值	myString.chaCoderAt(2)结果为 105
indexOf(要查找的字符串)	要查找的字符串在字符串对象中的位置	myString.indexOf("too")结果为 12
lastIndexOf(要查找的字符串)	要查找的字符串在字符串对象中的最后位置	myString. lastIndexOf ("s")结果为 18
substr(开始位置[,长度])	截取字符串	myString. substr(5,6)结果为 sample
substring(开始位置,结束位置)	截取字符串	myString. substring(5,11)结果为 sample
split([分隔符])	分隔字符串到数组中	var a= myString.split() document.write(a[5])输出为 s document.write(a); 结果 t,h,i,s, ,s,a,m,p,l,e, ,t,o,o, ,e,a,s,y, !
trim()	移除字符串首尾空白	var str = "　　Hello World!　　";　　document.write (str); document.write (str.trim());
replace(需替代的字符串，新字符串)	替代字符串	myString.replace(“too”,”so”)，结果为 this sample so easy !
toLowerCase()	变为小写字母	本串使用本函数后效果不变，因为原本都是小写
toUpperCase()	变为大写字母	myString. toUpperCase()结果 THIS SAMPLE TOO EASY !
big()	增大字符串文本	与<big></big>效果相同
bold()	加粗字符串文本	与<bold></bold >效果相同
fontcolor()	确定字体颜色	
italics()	用斜体显示字符串	与<I></I>效果相同
small()	减小文本的大小	与<small ></small >效果相同
strike()	显示带删除线的文本	与<strike ></strike >效果相同
sub()	将文本显示为下标	与<sub ></sub >效果相同
sup()	将文本显示为上标	与<sup ></sup >效果相同

6.1.3 字符串对象应用案例

6-1　字符串对象常用的属性与方法

字符串对象最常用的方法是 indexOf( )，其用法为字符串对象.indexOf("查找的字符或字符串"，查找的起始位置)，如果找到了，返回找到的位置；如果没找到，返回-1。

根据表单 name 属性值和文本框 name 属性值可以访问文本框对象，再访问文本框的 value 属性就可以得到文本框中的值。这种方式同样适用于密码框和下拉列表框，语法格式如下。

```
表单名称.控件名称.value
```

【例 6-1】 如图 6-2 所示为电子邮件的注册页面，实现验证文本框中输入的是否为电子邮箱格式。

6-2 表单及其控件的访问

图 6-2 电子邮件注册页面

表单设计代码如下。

```
<form name="myform" method="post" action="">
        您的电子邮件
        <input name="email" type="text" id="email">*必填
        <input name="register" type="button" value="注册" onclick="checkEmail( )">
</form>
```

编写 checkEmail( )函数，代码如下。

```
<script >
    function checkEmail( )    {
      var e=document.myform.email.value;
      if (e.length==0)    {                    //判断字串是否为空
          alert("电子邮件不能为空!");
          return ;
      }
      if (e.indexOf("@",0)==-1)    {           //判断字串是否包含@符号
          alert("电子邮件格式不正确\n 必须包含@符号！");
          return ;
      }
      if (e.indexOf(".",0)==-1)    {           //判断字串是否包含.符号
          alert("电子邮件格式不正确\n 必须包含.符号！");
          return ;
      }
      document.write("恭喜您！，注册成功！");
    }
</script>
```

在浏览器中查看页面，输出结果如图 6-3 所示。

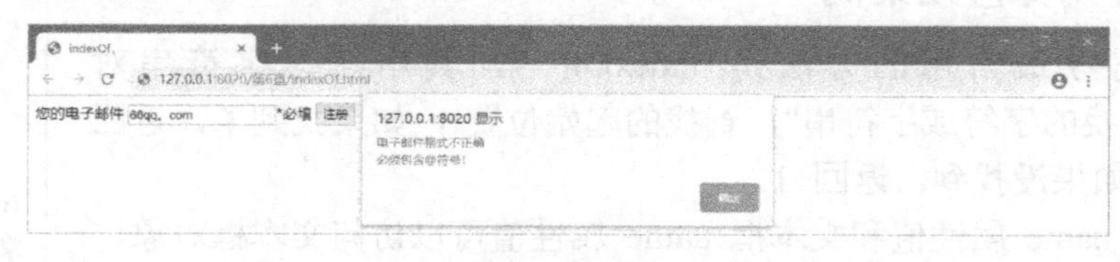

图 6-3 使用 String 对象验证 E-mail 格式

【例 6-2】 实现标题栏滚动显示效果，如图 6-4 所示，代码如下。

```
<script>
  var msg="欢迎来到网页特效，各种乐趣无限..."
  function scrollTitle(){
    document.title=msg;
    msg=msg.substring(1,msg.length)+msg.substring(0,1);
  }
  setInterval("scrollTitle()",500)
</script>
```

6-3 标题栏滚动显示效果

a) 欢迎来到网页特效，各种乐趣无 127.0.0.1:8020/第6章/title.html

b) 页特效，各种乐趣无限...欢迎来 127.0.0.1:8020/第6章/title.html

图 6-4 动态标题滚动效果示例

a) 开始时刻的显示效果 b) 运行一段时间后的显示效果

【例 6-3】 通过表单的访问，实现简易计算器功能，页面效果如图 6-5 所示，能够实现加，减，乘，除，清空等功能，代码如下。

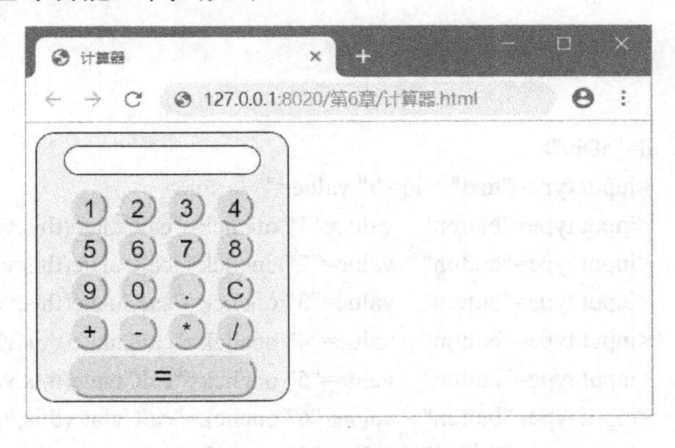

图 6-5 计算器效果

```
<!DOCTYPE html>
<html>
    <head>
        <meta charset="UTF-8">
        <title>计算器</title>
        <style type="text/css">
        #sDiv {
                text-align: center;
                border: solid 1px;
                width: 200px;
                border-radius: 15px;
                background-color: lavenderblush;
        }
```

6-4 计算器功能实现

```
		#t {
			border: solid 1px;
			width: 150px;
			border-radius: 15px;
			margin: 10px 0;
			font-size: 20px;
			padding: 0 3px;
		}
		input[type=button] {
			border-radius: 15px;
			width: 30px;
			height: 30px;
			margin: 2px;
			font-size: 20px;
		}
		#equ {
			width: 150px;
			font-size: 26px;
			padding-bottom: 30px;
		}
	</style>
</head>
	<body>
		<div id="sDiv">
			<input type="text"   id="t" value="" /><br/>
			<input type="button"   value="1" onclick="calCulate(this.value)" />
			<input type="button"   value="2" onclick="calCulate(this.value)" />
			<input type="button"   value="3" onclick="calCulate(this.value)" />
			<input type="button"   value="4" onclick="calCulate(this.value)" /><br />
			<input type="button"   value="5" onclick="calCulate(this.value)" />
			<input type="button"   value="6" onclick="calCulate(this.value)" />
			<input type="button"   value="7" onclick="calCulate(this.value)" />
			<input type="button"   value="8" onclick="calCulate(this.value)" /><br />
			<input type="button"   value="9" onclick="calCulate(this.value)" />
			<input type="button"   value="0" onclick="calCulate(this.value)" />
			<input type="button"   value="." onclick="calCulate(this.value)" />
			<input type="button"   value="C" onclick="calCulate(this.value)" /><br/>
			<input type="button"   value="+" onclick="calCulate(this.value)" />
			<input type="button"   value="-" onclick="calCulate(this.value)" />
			<input type="button"   value="*" onclick="calCulate(this.value)" />
			<input type="button"   value="/" onclick="calCulate(this.value)" /><br/>
			<input type="button"   id="equ" value="=" onclick="calCulate(this.value)" />
		</div>
	<script type="text/javascript">
		function calCulate(val) {
			var num = document.getElementById("t");
```

6-5 计算器功能拓展

```
            switch(val) {
                case "=":
                    num.value = eval(num.value);
                    break;
                case "C":
                    num.value = "";
                    break;
                default:
                    num.value = num.value + val;
                    break;
            }
        }
    </script>
    </body>
</html>
```

6-6 form 对象-表单

6.1.4 注册表单简单验证

1．表单对象常用方法

表 6-2 和表 6-3 列出了表单对象的常用方法和属性，示例中 myForm 是一个表单对象。

表 6-2 表单对象常用方法

方法	意义	示例
reset()	将表单中各元素恢复到默认值，与单击“重置”按钮（reset）的效果是一样的	myForm.reset();
submit()	提交表单，与单击“提交”按钮（submit）效果是一样的	myForm.submit();

表 6-3 表单控件元素对象的常用方法

方法	意义
blur()	让光标离开当前元素
focus()	让光标落到当前元素上
select()	用于种类为 text、textarea、password 的元素，选择用户输入的内容
click()	模仿鼠标单击当前元素

2．表单对象常用事件

onfocus：在表单元素得到输入焦点时触发。

onblur：在表单元素失去输入焦点时触发。例如文本框失去焦点时，以下代码将调用 myfun()函数。

```
<input type="text" onblur ="myfun( )" >
```

6-7 input 控件常用方法

当获得焦点时置空或选中文本框，可以使得再次输入更加方便。例如增加如下代码进一步优化猜数字游戏。

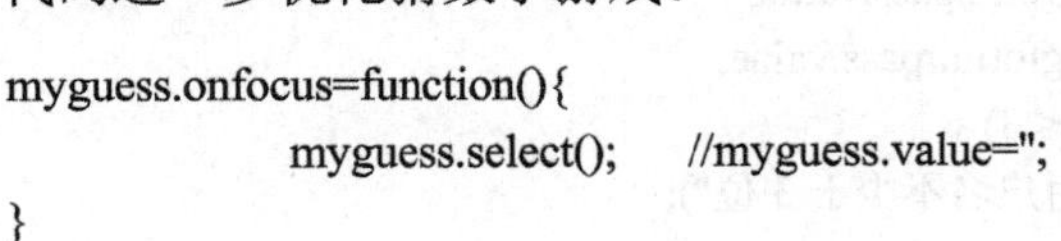

```
myguess.onfocus=function(){
        myguess.select();     //myguess.value='';
}
```

3．字符串与表单及其子元素的综合应用

由表单的子元素获取的值通常是字符串，比如获取文本框的值，然后通过字符串的相关属性方法对其进行验证。

【例 6-4】 实现表单简单验证：单击“验证”按钮实现验证效果，页面效果如图 6-6 和图 6-7 所示，代码如下。

图 6-6　注册表单初始效果

图 6-7　使用 String 对象验证注册表单

6-8　表单简单验证

```
<!DOCTYPE html>
<html>
    <head>
        <meta charset="UTF-8">
        <title>注册</title>
        <link href="css/reg.css" rel="stylesheet" />
    </head>
    <body>
        <h3>用 户 注 册</h3>
        <form action="test.php " name="regform" method="post">
            用户账号：<input name="user" placeholder="用户名不少于 3 位"><br />
            用户邮箱：<input name="email" placeholder="如：web@126.com"><br />
            手机号码：<input name="phone" maxlength="11" placeholder="如：13861668188"><br />
            用户密码：<input type="password" name="pass" placeholder="密码不少于 6 位"><br />
            确认密码：<input type="password" name="rpass" placeholder="两次要一致哦"><br />
            <input type="button" class="bt" value="验    证" onclick=" checkForm();">
        </form>
        <script type="text/javascript">
            function checkForm() {
                var user = regform.user.value;
                var email = regform.email.value;
                var phone = regform.phone.value;
                var pass = regform.pass.value;
                var rpass = regform.rpass.value;
                if(user.length < 3) {
                    alert("用户名不少于 3 位");
```

```
                    return false;
                }
                if(email.indexOf("@") < 1 || email.indexOf(".") < 3) {
                    alert("邮箱格式示例：web@126.com");
                    return false;
                }
                if(phone.charAt(0) != "1" || phone.length < 11 || isNaN(phone)) {
                    alert("手机号码格式示例：13861668188");
                    return false;
                }
                if(pass.length < 6) {
                    alert("密码不少于 6 位");
                    return false;
                }
                if(rpass!=pass) {
                    alert("两次要一致哦!");
                    return false;
                }
                alert("格式正确");
            }
        </script>
    </body>
</html>
```

页面引用的 reg.css 样式文件内容如下。

```
input {
    width: 200px;
    height: 28px;
    margin-top: 18px;
    font-size: 15px;
    padding: 2px;
    border: solid 1px darkgreen;
    border-radius: 5px;
}
.bt {
    width: 300px;
    height: 39px;
    font-size: 20px;
    border: solid 1px darkgreen;
    background-color: white;
}
body {
    margin: 0px;
    text-align: center;
    font-size: 18px;
}
```

6.2 正则表达式

6.2.1 什么是正则表达式

正则表达式（Regular Expression，RegExp）是用单个字符串来描述、匹配一系列符合某个句法规则的字符串搜索模式。RegExp 对象用于存储检索模式。正则表达式主要用来验证客户端的输入数据，可以节约大量服务器端的系统资源，并且提供更好的用户体验。String 对象和 RegExp 对象都定义了使用正则表达式进行强大的模式匹配和文本检索与替换的函数。

正则表达式描述了一种字符串匹配的模式，可以用来检索一个字符串中是否含有某种子字符串，将匹配的子字符串做替换，或者从某个串中取出符合某个条件的子字符串等。

正则表达式的发展历史并不是特别长远，但是推出之后却迅速被各大编程语言所吸收采纳，这主要得益于它具有如下特点。

1）相较于传统的验证方式，正则表达式可以更高效地完成需要做的验证工作。

2）正则表达式也可以很好地完成捕获字符串的工作，比如截取 url 的域名或者其他内容等。

3）表达灵活和写法简洁。从表单中各种复杂的验证，到对字符串的各种处理，都可以用正则表达式轻松实现。

一个正则表达式就是由普通字符（例如字符 a 到 z）以及特殊字符（称为元字符）组成的文字模式，该模式描述在查找文字主体时待匹配的一个或多个字符串。正则表达式作为一个模式，将某个字符模式与所搜索的字符串进行匹配。

正则表达式语法：

```
/正则表达式主体/修饰符（可选）
```

6.2.2 创建正则表达式

创建正则表达式和创建字符串类似，有两种方法，一种是采用 new 运算符，另一种是采用字面量方式。

1．new 运算符创建方式

示例：

```
re =new RegExp("a");            //最简单的正则表达式，将匹配字母 a
re=new RegExp("a","i");         //第二个参数，表示匹配时不分大小写
```

RegExp 构造函数第一个参数为正则表达式的文本内容，第二个参数为可选项，选项如下。

```
g（全文查找）
i（忽略大小写）
m（多行查找）
var re = new RegExp("a","gi"); //匹配所有的 a 或 A
```

2．字面量方式

正则表达式字面量的声明方式更常用，例如：

```
var re = /a/gi;
```

6.2.3 正则表达式对象的方法

1．test()方法

RegExp 对象的 test()方法用于测试字符串匹配，很常用。

test()方法返回一个布尔值，指出在被查找的字符串中是否存在模式，在字符串中查找是否存在指定的正则表达式。如果存在，返回 true，否则就返回 false。

使用 new 运算符的 test()方法示例：

```
var pattern = new RegExp('gift', 'i');          //创建正则模式，不区分大小写
var str = 'This is a Gift order!';              //创建要比对的字符串
alert(pattern.test(str));                       //通过 test()方法验证是否匹配
```

使用字面量方式的 test()方法示例：

```
var pattern = /gift/i;                          //创建正则模式，不区分大小写
var str = 'This is a Gift order!';
alert(pattern.test(str));
```

使用一条语句实现正则匹配：

```
alert(/gift/i.test('This is a Gift order!'));   //模式和字符串替换掉了两个变量
```

String 对象有一些和正则表达式相关的方法，如下。

1）match()：找到一个或多个正则表达式的匹配。

2）replace()：替换与正则表达式匹配的子串。

3）search()：检索与正则表达式相匹配的值。

4）split()：把字符串分隔为字符串数组。

2．示例

测试正则表达式示例：

```
/*使用 match()方法获取匹配数组*/
var pattern = /gift/ig;                         //全局搜索
var str = 'This is a Gift order!，That is a Gift order too';
alert(str.match(pattern));                      //匹配到两个 Gift,Gift
alert(str.match(pattern).length);               //获取数组的长度
/*使用 search()方法查找匹配数据*/
var pattern = /gift/i;
var str = 'This is a Gift order!，That is a Gift order too';
alert(str.search(pattern));                     //查找到返回位置，否则返回-1
/*使用 replace()方法替换匹配到的数据*/
var pattern = /gift/ig;
var str = 'This is a Gift order!，That is a Gift order too';
alert(str.replace(pattern, 'simple'));          //将 Gift 替换成了 simple
/*使用 split()方法拆分字符串成数组*/
var pattern = / /ig;                            //双斜线中间是空格，以空格来分割字符串
var str = 'This is a Gift order!，That is a Gift order too';
alert(str.split(pattern));                      //按空格拆开字符串分组成数组
```

6.2.4 正则表达式中的常用符号

正则表达式是由普通字符（a～z）以及特殊字符（也叫元字符）组成的文字模式，作为一个模板，将某个字符模式与所搜索的字符串进行匹配。

例如"/^[0-9]/"，表示从头开始匹配，表示开头必须是数字，同理，有行首匹配也就有行尾匹配，用"$"来表示。例如：

```
var pattern = /JavaScript$/;
var string = "I love JavaScript";
console.log(pattern.test(string));   //返回 true
var pattern1/=/^I/;
console.log(pattern1/.test(string));  //返回 true
```

所以，总结可知"^"为强制首匹配，"$"为强制尾匹配。

正则表达式中的方括号用于查找某个范围内的字符，功能说明见表 6-4。

表 6-4 正则表达式中方括号的应用

表达式	描述
[abc]	查找方括号之间的任何字符
[^abc]	查找任何不在方括号之间的字符
[0-9]	查找任何从 0 至 9 的数字
[a-z]	查找任何从 a 到 z 的小写字符
[A-Z]	查找任何从 A 到 Z 的大写字符

正则表达式中常用元字符的含义见表 6-5。

表 6-5 正则表达式中常用元字符

表达式	描述
.	匹配除换行符以外的任意字符
\w	匹配字母或数字或下画线
\s	匹配任意的空白符
\d	匹配数字
\b	匹配单词的开始或结束
^	匹配字符串的开始
$	匹配字符串的结束

正则表达式中常用限定符含义见表 6-6。

表 6-6 正则表达式中常用限定符

表达式	描述
*	重复零次或更多次
+	重复一次或更多次
?	重复零次或一次
{n}	重复 *n* 次
{n,}	重复 *n* 次或更多次
{n,m}	重复 *n* 到 *m* 次

正则表达式中常用反义词含义见表 6-7。

表 6-7　正则表达式中常用反义词

表达式	描述
\W	匹配任意不是字母、数字、下画线、汉字的字符
\S	匹配任意不是空白符的字符
\D	匹配任意非数字的字符
\B	匹配不是单词开头或结束的位置
[^x]	匹配除了 x 以外的任意字符
[^aeiou]	匹配除了 aeiou 这几个字母以外的任意字符

如果想查找元字符本身，比如查找.或者*就出现了问题，没办法指定它们，因为它们会被解释成别的意思。这时就得使用\来取消这些字符的特殊意义，即使用\.和*。当然，要查找\本身，也得用\\。例如，unibetter\.com 匹配 unibetter.com，C:\\Windows 匹配 C:\Windows。

要想重复单个字符，直接在字符后面加上限定符即可；想要重复多个字符，可以用小括号来指定子表达式（也叫作分组），然后指定这个子表达式的重复次数即可。

任 务 实 施

1．任务分析

本任务实现用户注册的严谨验证，采用【例 6-6】的样式文件及布局，并去除 script 标签的内容，改为外链 JavaScript 文件，如<script src="js/reg.js"></script>。

2．动态效果的实现

6-9　表单严谨验证

reg.js 文件的内容如下。

```
function checkForm() {
    var user = regform.user.value;
    var email = regform.email.value;
    var phone = regform.phone.value;
    var pass = regform.pass.value;
    var rpass = regform.rpass.value;
/*验证账号是否合法，验证规则：字母、数字、下画线组成，字母开头，4～16 位。*/
     if(!( /^[a-zA-Z]\w{3,15}$/.test(user))){
          alert("用户账号由字母、数字、下画线组成，字母开头，4-16 位");
          regform.user.select();
          return false;
     }
    /*验证邮箱，验证规则：把邮箱地址分成“第一部分@第二部分”，第一部分由字母、数字、下画线、短线“-”组成，第二部分为一个域名，由字母、数字、短线“-”、域名后缀组成，而域名后缀一般为.xxx 或.xxx.xx，一区的域名后缀一般为 2～4 位，如 cn,com,net，现在域名有的也会大于 4 位 */
     if(!(/^(\w-*)+@(\w-?)+(\.\w{2,})+$/.test(email))){
          alert("邮箱格式示例：web@126.com");
          regform.email.select();
          return false;
```

```
    }
```

/* 验证手机号码，规则：以^1[3458] \d{9}$为例，^1 代表以 1 开头，现在中国的手机号没有是其他开头的；[3458]紧跟 1 后面，可以是 3 或 4 或 5 或 8 的一个数字；\d{9}这个\d 跟[0-9]意思一样，都是 0～9 中间的数字；{9}表示匹配前面的 9 位数字。*/

```
    if(!(/^1[3458]\d{9}$/.test(phone))){
        alert("不是正确的 11 位手机号");
        regform.phone.select();
        return false;
    }
```

/*验证密码是否合法，验证规则：字母、数字、下画线组成，字母开头，4～16 位。*/

```
    if(!( /^\w{4,16}$/.test(pass))){
        alert("密码由 4-16 位字符组成");
        regform.pass.select();
        return false;
    }
    if(rpass!=pass) {
            alert("两次要一致哦!");
            regform.rpass.select();
            return false;
    }
  alert("格式正确");
}
```

3．提示信息写入页面

如图 6-1 所示的页面中，能够实现表单的严谨验证功能，且会将提示信息显示在页面中。

在页面的最后加入<span id="err"> </span>元素，用来显示错误提示信息，并在 reg.css 样式文件中增加对应样式，代码如下。

```
#err{
    color: red;
    font-size: 12px;
}
```

修改 reg.js 的内容如下。

```
function checkForm() {
        var user = regform.user.value;
        var email = regform.email.value;
        var phone = regform.phone.value;
        var pass = regform.pass.value;
        var rpass = regform.rpass.value;
        var errArr=[];
        err=document.getElementById("err")
        if(!( /^[a-zA-Z]\w{3,15}$/.test(user))){
        errArr[0]="用户账号字母开头，4～16 位字母、数字、下画线";
        regform.user.select();
        }
        if(!(/^(\w-*)+@(\w-?)+(\.\w{2,})+$/.test(email))){
```

```
            errArr[1]="邮箱格式示例：web@126.com";
            regform.email.select();
        }
        if(!(/^1[3458]\d{9}$/.test(phone))){
            errArr[2]="手机号不是正确的 11 位号码";
            regform.phone.select();
        }
        if(!( /^\w{4,16}$/.test(pass))){
            errArr[3]="密码由 4-16 位字符组成";
            regform.pass.select();
        }
        if(rpass!=pass) {
            errArr[4]="两次要一致哦!";
            regform.rpass.select();
        }
        if(errArr.length)
            err.innerHTML=errArr.join("<br>")
        else
            err.innerHTML="格式正确";
}
```

任 务 训 练

【理论测试】

1．语句[1,2,3,4].join('0').split('') 的执行结果是（　　）。

A．'1,2,3,4'　　B．[1,2,3,4]

C．["1","0","2","0","3","0","4"]　　D．'1,0,2,0,3,0,4'

2．var n = "miao wei ke tang".indexOf("wei",6)；*n* 的值为（　　）。

A．−1　　B．5　　C．程序报错　　D．−10

3．阅读以下代码，执行结果是（　　）。

```
var  s="abcdefg";
 alert(s.substring(1,2));
```

A．a　　B．b　　C．bc　　D．ab

4．String 对象的方法不包括（　　）。

A．charAt()　　B．substring()　　C．toUpperCase()　　D．length()

5．对字符串 str="welcome to china"进行下列操作处理，描述结果正确的是（　　）。

A．str.substring(1,5)返回值是"elcom"

B．str.length 的返回值是 16

C．str.indexOf("come",4)的返回值为 4

D．str.toUpperCase()的返回值是"Welcome To China"

6．在 JavaScript 中，能使文本框获得焦点的方法是（　　）。

A．onSelect()　　B．focus()　　C．blur()　　D．fix()

7．在 JavaScript 中，下面代码表示获取到文本框的值，则下列选项中验证文本框为空的条件表达式不正确的是（　　）。（选择两项）

```
var usrName = document.getElementById("txtName").value;
```

A．usrName ==""

B．usrName.length<=0

C．usrName=""

D．usrName.length<0

8．在网页中执行 JavaScript 代码：

```
var str = "www.bjsxt.com";
str.title = "北京尚学堂";
alert(str.substring(4));
```

该代码在网页中输出的内容是（　　）。

A．空　　B．程序报错　　C．www.　　D．bjsxt.com

9．使用 split("-")方法对字符串"北京-东城区-米市大街 8 号-"进行分隔的结果是（　　）。

A．返回一个长度为 4 的数组

B．返回一个长度为 3 的数组

C．不能返回数组，因为最后一个"-"后面没有数值，代码不能执行

D．能够返回数组，数组中最后一个元素的数值为 null

10．以下有关表单的说明中，错误的是（　　）。

A．表单通常用于搜集用户信息

B．form 标签中使用 action 属性指定表单处理程序的位置

C．表单中只能包含表单控件，而不能包含其他诸如图片之类的内容

D．form 标签中使用 method 属性指定提交表单数据的方法

11．下列选项中，有关数据验证的说法中正确的是（　　）。

A．使用客户端验证可以减轻服务器压力

B．客观上讲，使用客户端验证也会受限于客户端的浏览器设置

C．基于 JavaScript 的验证机制正是将服务器的验证任务转嫁至客户端，有助于合理使用资源。

D．以上说法均正确

【实训内容】

1．实现鼠标经过时自动选中文本框的内容。

2．实现用户密码修改页面的布局及本地验证。（实现类似图 6-1 的页面效果）

3．将第二章的实训拓展部分的第一个题目改为表单输入形式，效果参考图 6-8。要求计算前先验证输入的有效性（比如年龄数值应在 1 和 120 之间）。

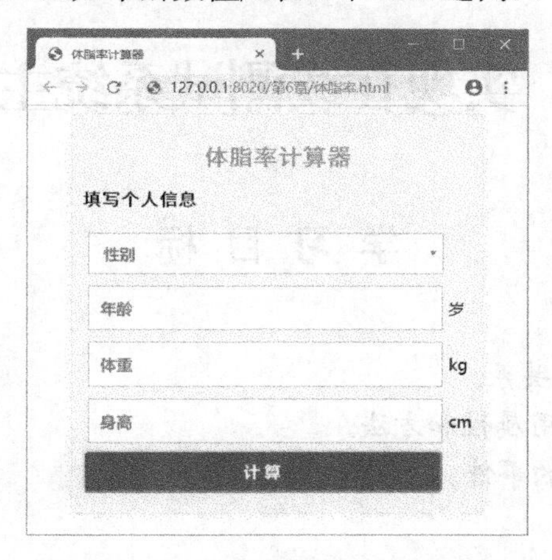

图 6-8　体脂率计算器效果

任务 7　实现在线测试系统主体功能

学 习 目 标

【知识目标】

了解浏览器对象的层次关系。

掌握 window 对象的常用属性和方法。

掌握 JavaScript 中常用的事件。

掌握 Web 存储机制。

【技能目标】

能使用 open 和 close 方法打开和关闭消息窗口。

能使用 navigator 对象获取浏览器的信息。

能使用 location 对象实现页面的跳转。

能使用 history 对象访问历史地址列表。

能够实现元素事件的绑定。

能够实现 cookie 的创建、读取及删除。

能够实现 HTML5 Web Storage 的使用。

任 务 描 述

在线测试系统采用 JavaScript 方法实现测试功能，考生可以选择在最佳状态的时候参加考试，测试页面主体功能效果如图 7-1 所示，评分效果如图 7-2 所示。

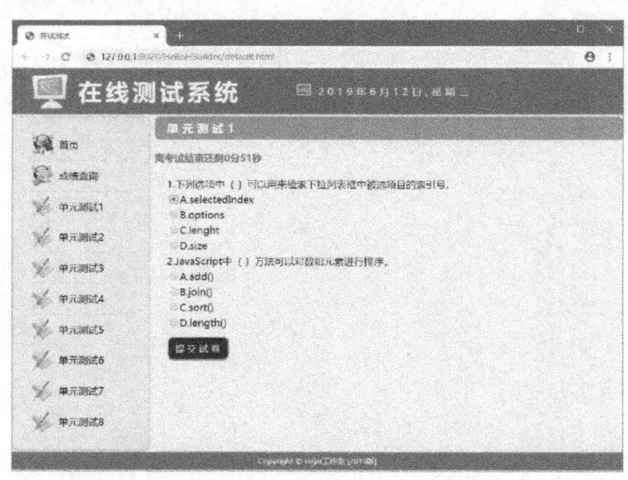

图 7-1　测试页面主体功能页面效果

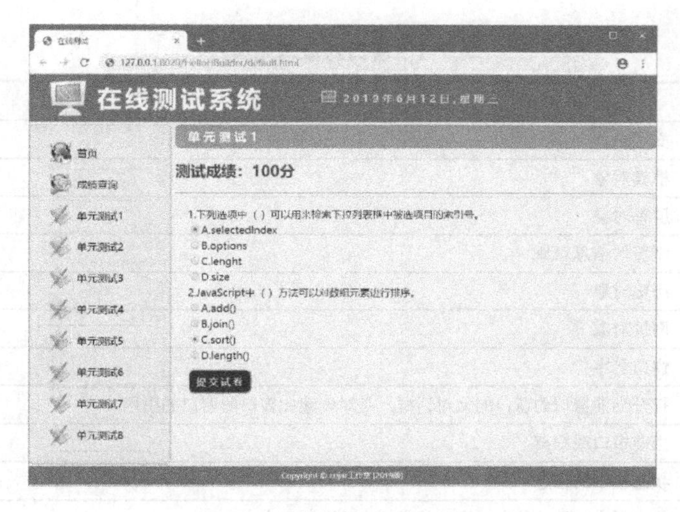

图 7-2　评分结果页面效果

知 识 准 备

7.1　JavaScript BOM

7-1　认识浏览器对象模型

7.1.1　BOM 概述

BOM（Browser Object Model，浏览器对象模型）的核心是窗口，它是一个浏览器的实例，表示浏览器中打开的窗口。没有应用于窗口对象的公开标准，不过所有浏览器都支持该对象。如果文档包含框架（frame 或 iframe 标签），浏览器会为 HTML 文档创建一个窗口对象，并为每个框架创建一个额外的窗口对象。

窗口对象是 BOM 的顶层对象，所有对象都是通过它延伸出来的，也可以称为窗口的子对象，因此调用它的子对象时可以不显式地指明 window 对象。也就是说，要引用当前窗口，根本不需要特殊的语法就可以把那个窗口的属性作为全局变量来使用。例如，可以只写 document，而不必写 window.document。同样可把当前窗口对象的方法当作函数来使用，如只写 alert()，而不必写 window.alert()。

HTML DOM 的 document 也是 window 对象的属性之一，语法格式：

```
window.document.getElementById("header");
```

可以简写为：

```
document.getElementById("header");
```

窗口对象的常用属性和方法见表 7-1 和表 7-2。由于不同的浏览器定义的窗口属性和方法差别较大，因此这里仅列出各种浏览器最常用的窗口对象的属性和方法，对于不同浏览器所特有的属性和方法，读者可具体参考各浏览器所提供的参考手册。

表 7-1　窗口对象常用属性

属性	意义
document	文档对象
frames	框架对象
screen	屏幕对象
navigator	浏览器信息对象
history	历史对象
location	网址对象
name	窗口名字
opener	打开当前窗口的窗口的父对话框，是对创建此窗口的窗口的引用
self	当前窗口或框架
status	状态栏中的信息
defaultStatus	状态栏中的默认信息，窗口状态栏中的默认文本
frames[]	返回窗口中框架集合 注意，frames[] 数组中引用的框架可能还包括框架，它们自己也具有 frames[]数组
length	框架数组的长度
parent	返回父窗口
closed	返回窗口是否已被关闭
innerheight	返回窗口的文档显示区的高度
innerwidth	返回窗口的文档显示区的宽度
outerheight	返回窗口的外部高度
outerwidth	返回窗口的外部宽度
pageXOffset	设置或返回当前页面相对于窗口显示区左上角的 X 位置
pageYOffset	设置或返回当前页面相对于窗口显示区左上角的 Y 位置
top	返回最顶层的先辈窗口
window	Window 属性等价于 self 属性，它包含了对窗口自身的引用
screenLeft screenTop screenX screenY	只读整数，声明了窗口的左上角在屏幕上的的 x 坐标和 y 坐标。IE、Safari 和 Opera 支持 screenLeft 和 screenTop，而 Firefox 支持 screenX 和 screenY

表 7-2　窗口对象常用方法

属性	意义
alert(信息字串)	打开一个包含信息字串的提示框
confirm(信息字串)	打开一个包含信息、确定和取消按钮的对话框
prompt(信息字串,默认的用户输入信息)	打开一个用户可以输入信息的对话框
focus()	聚焦到窗口
blur()	离开窗口
open(网页地址,窗口名[,特性值])	打开窗口
close()	关闭窗口
setInterval(函数,毫秒)	每隔指定毫秒时间执行调用一次函数
setTimeout(函数,毫秒)	指定毫秒时间后调用函数
clearInterval(id)	取消 setInterval 设置

（续）

属性	意义
clearTimeout(id)	取消 setTimeout 设置
scrollBy(水平像素值,垂直像素值)	窗口相对滚动设置的尺寸
scrollTo(水平像素点,垂直像素值)	窗口滚动到设置的位置
resizeBy(水平像素点,垂直像素值)	按设置的值相对地改变窗口尺寸
resizeTo(宽度像素点,高度像素值)	改变窗口尺寸至设置的值
moveBy(水平像素点,垂直像素值)	按设置的值相对地移动窗口
moveTo(水平像素点,垂直像素值)	将窗口移动到设置的位置

窗口对象的属性和方法大致可分为如下所述 3 类。

1）子对象类，例如文档对象、历史对象、网址对象、屏幕对象、浏览器信息对象等。

2）窗口内容、位置及尺寸类，例如新建窗口、多个窗口的控制、在窗口的状态栏中显示信息、滚动窗口的内容等。

3）输入输出信息与动画，如实现定时效果的 setTimeout()，前文示例中已经使用过。

7.1.2 多窗口控制

1．打开窗口

通过窗口对象方法 window.open()可以在当前网页中弹出新的窗口。

（1）语法

```
window.open(url, name, features, replace); //通常只传递一个参数
```

（2）参数说明

1）url：要载入窗体的 URL，用于设置打开窗口中显示的文档的 URL，如果默认或者为""，那么新窗口就不显示任何文档。

2）name：为新窗口命名。该名称可以作为标签的 target 属性值。随意起个新名字，可以打开唯一一个叫这个名字的窗口；如果名称为已经存在的窗口的名称，那么 open 方法就不再创建新的窗口，而只返回对指定窗口的引用，这种情况下，features 参数将被忽略。open()方法默认的打开窗口的方式为 target 的_blank 弹出方式，因此页面将默认以弹出的方式打开。

3）features：代表窗口特性的字符串，字符串中每个特性使用逗号分隔，是可选参数。窗口特性的格式为“特性名 1=特性值 1，特性名 2=特性值 2，…”，特性名及特性值选项见表 7-3。

表 7-3　open()方法 feature 参数的选项

参数选项	值	说明
width	数值	新窗口的宽度，不能小于 100
height	数值	新窗口的高度，不能小于 100
left	数值	新窗口的左坐标，不能是负值
top	数值	新窗口的上坐标，不能是负值
location	yes 或者 no	表示是否在浏览器窗口中显示地址栏，对 IE 有效
menubar	yes 或者 no	表示是否在浏览器窗口中显示菜单栏，默认是 no，对 IE 有效，对 Firefox、Chrome 等不起作用

（续）

参数选项	值	说明
resizable	yes 或者 no	表示是否可以通过拖动浏览器窗口的边框改变其大小，默认是 no，对 ie 有效，对 Firefox 等不起作用
scrollbars	yes 或者 no	表示如果内容在视口中显示不全，是否允许滚动，默认是 no
status	yes 或者 no	表示是否在浏览器窗口中显示状态栏，默认是 no，即使值为 yes，Firefox、Chrome 等也没有状态栏，IE 有
toolbar	yes 或者 no	表示是否显示工具栏，默认是 no
fullscreen	yes 或者 no	表示浏览器是否最大化显示，仅限于 IE

4）replace：设置是否在窗口的浏览历史中给加载到新页面的 URL 创建一个新条目，或者用它替换浏览历史中的当前条目。这个参数只在 name 参数是一个已经存在的窗口的命名时才有用。

如果浏览器的内置屏蔽程序阻止了弹出窗口，那么 open()方法就会返回 null。

如果要设置新窗口的尺寸，可以通过 open( )方法的属性 width（宽度）、height（高度）进行设置；如果要设置已有窗口的尺寸，可以通过窗口对象的 resizeTo( )和 resizeBy( )方法重新设置窗口的尺寸。

如果要设置新窗口的位置，可以通过 open()方法的属性 top（窗口左上角与屏幕左上角的高度距离）、left（窗口左上角与屏幕左上角的宽度距离）进行设置；如果要设置已有窗口的位置，可以通过窗口对象的 moveTo()方法重新设置窗口的位置。

7-2 打开消息通知窗口并更改其属性

【例 7-1】 实现打开消息通知窗口，页面效果如图 7-3 所示，代码如下。

布局：

```
<input type="button" value="打开子窗口" onclick="makeNewWindow()">
```

JavaScript 实现功能：

```
function makeNewWindow(){
  newWindow=window.open('','new','width=260,height=180');
  newWindow.document.write("<h2><img src='img/tz.jpg' width='60px'/>    最新通知</h2>");
  newWindow.document.write("<ul><li>系统已更新</li><li>测试 1 成绩可查询</li></ul> ");
  newWindow.document.title="通知";
  newWindow.focus();
}
```

图 7-3　弹出窗口效果

2．关闭窗口

使用 open()方法打开新窗口后，可以使用 close()方法关闭窗口，如果关闭自身窗口，应该使用 window.close();在页面添加元素，语句如下。

```
<input type=button value ="关闭窗口" onclick="window.close();">
```

【例 7-2】 实现打开和关闭消息通知窗口，代码如下。

页面布局：

```
<input type="button" value="打开窗口" onclick="openwindow()">
<input type="button" value="关闭窗口" onclick="closewindow()">
```

JavaScript 实现功能：

```
function openwindow() {
    newWindow=window.open('','new','width=260,height=180');     // 第一个参数是一对单引号，空字符串
    newWindow.document.write("<h2><img src='img/tz.jpg' width='60px'/>  最新通知</h2>");
    newWindow.document.write("<ul><li>系统已更新</li><li>测试 1 成绩可查询</li></ul> ");
    newWindow.document.title="通知";
    newWindow.focus();
}
function closewindow(){
    if(confirm('确定要关闭么？')&&typeof(newWindow)!='undefined') {
        newWindow.close();  // 关闭被打开的窗口，window.close();关闭当前窗口
    }
    else if(typeof(newWindow)!='undefined') {
      newWindow.focus();  //小窗口获得焦点
    }
}
```

3. 滚动页面

7-3 页面滚动

使用窗口对象的方法 scrollTo( )和 scrollBy( )可以“移动”网页的内容到指定的坐标位置，如果与定时器函数 setTimeout( )一起使用，可以得到真正的“滚动”网页的效果。

【例 7-3】 实现滚动页面，代码如下。

页面布局：使用
来填充页面，代码如下。

```
<p>SCROLL SCROLL SCROLL SCROLL SCROLL SCROLL SCROLL SCROLL</p>
<br/><br/><br/><br/><br/><br/><br/><br/><br/><br/><br/><br/><br/><br/><br/><br/><br/><br/>
<p>SCROLL SCROLL SCROLL SCROLL SCROLL SCROLL SCROLL SCROLL</p>
<br/><br/><br/><br/><br/><br/><br/><br/><br/><br/><br/><br/><br/><br/><br/><br/><br/><br/>
<br/><br/><br/><br/><br/><br/><br/><br/><br/><br/><br/><br/><br/><br/><br/><br/><br/>
```

JavaScript 实现功能：

```
function myWinScroll(){
      window.scrollBy(0,60);
      setTimeout('myWinScroll()',1000);
}
myWinScroll();
```

4. 确定 window 尺寸

有三种方法能够确定浏览器窗口的尺寸（不包括工具栏和滚动条）。

对于 Internet Explorer9+、Chrome、Firefox、Opera 以及 Safari：

1）window.innerHeight - 浏览器窗口的内部高度。

2）window.innerWidth - 浏览器窗口的内部宽度。

对于 Internet Explorer 8、7、6、5：

```
document.documentElement.clientHeight
document.documentElement.clientWidth
```

或者

```
document.body.clientHeight
document.body.clientWidth
```

涵盖所有浏览器的 JavaScript 方案：

```
var w=window.innerWidth|| document.documentElement.clientWidth|| document.body.clientWidth;
var h=window.innerHeight|| document.documentElement.clientHeight|| document.body.clientHeight;
```

【例 7-4】 显示浏览器窗口的高度和宽度（不包括工具栏/滚动条），代码如下。

布局中添加：

```
<span id="show"></span>
```

<script>标签对中添加方法 show()，并调用该方法，代码如下。

```
function show(){
    var w=window.innerWidth || document.documentElement.clientWidth|| document.body.clientWidth;
    var h=window.innerHeight|| document.documentElement.clientHeight|| document.body.clientHeight;
    document.getElementById("show").innerHTML=w+"    "+h;
}
show();
window.onresize=function (){show();};//当窗口改变大小时触发事件 resize，调用 show();
```

【例 7-5】 实现注册页面居中效果，如图 7-4 所示，代码如下。

7-4 实现登录界面居中

图 7-4 注册居中效果

页面布局：

```
<div id="reg"><img src="img/reg.png" /></div>
```

给 id 为 reg 的元素添加样式：

```
#reg{position: absolute;}
```

<script>标签对中添加方法 show()，并调用该方法，代码如下。

```
function show(){
  var w=window.innerWidth || document.documentElement.clientWidth
  || document.body.clientWidth;
  var h=window.innerHeight|| document.documentElement.clientHeight
  || document.body.clientHeight;
  var reg = document.getElementById('reg') ;
  var left = (w- 280) / 2;
  var top = (h - 312) / 2;
  reg.style.top= top + 'px';//元素显示的位置
  reg.style.left= left + 'px';
}
window.onload =function (){//当页面加载完毕时调用 show()
    show();
}
window.onresize=function (){//当窗口改变大小时触发事件 resize，调用 show()
    show();
}
```

7.1.3　浏览器对象

浏览器（navigator）对象包含有关浏览器的信息，通常用于检测浏览器与操作系统的版本。表 7-4 列举了浏览器信息对象常用的属性，调用格式：

```
navigator.属性
```

表 7-4　浏览器信息对象常用属性

属性	意义
appVersion	浏览器版本号
appCodeName	浏览器内码名称
appName	浏览器名称
platform	用户操作系统
userAgent	该字符串包含了浏览器的内码名称及版本号，它被包含在向服务器端请求的头字符串中，用于识别用户

客户端浏览器每次发送 http 求时都会附带一个 userAgent 字符串，故可以利用该字符串来识别客户的浏览器的类型。

IE 6.0 的返回字符串：

Mozilla/4.0(compatible:MSIE 6.0;Window NT 5.1)

IE 8.0 的返回字符串：

Mozilla/4.0(compatible:MSIE 8.0;Window NT 6.1; Trident/4.0)

Opera 9.0 的返回字符串：

Opera/9.00(Window NT 5.1; U;zh-cn)

火狐的返回字符串：

Mozilla/5.0 (Windows NT 6.1; rv:21.0) Gecko/20100101 Firefox/21.0

【例 7-6】 navigator 对象使用示例，效果如图 7-5 所示，代码如下。

```
<script language="javascript">
    document.write(
    "你使用的浏览器代码是：" + navigator.appCodeName + "<br>" +
    "你使用的浏览器名称是：" + navigator.appName + "<br>" +
    "你使用的浏览器版本是：" + navigator.appVersion + "<br>" +
    "你使用的浏览器支持 cookie：" + navigator.cookieEnabled + "<br>");
</script>
```

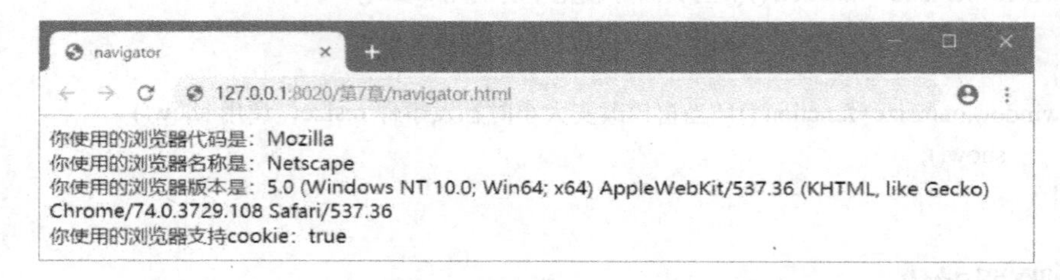

图 7-5 Navigator 对象使用（Chrom 浏览器）

【例 7-7】 判断当前所用的浏览器型号是不是主流的，页面效果如图 7-6 所示，代码如下。

```
function validB(){
    var u_agent =navigator.userAgent;
    var B_name="不是想用的主流浏览器!";
    if(u_agent.indexOf("Firefox")>-1){
        B_name="Firefox";
    }else if(u_agent.indexOf("Chrome")>-1){
        B_name="Chrome";
    }else if(u_agent.indexOf("MSIE")>-1&&u_agent.indexOf("Trident")>-1){
        B_name="IE(8-10)";
    }
document.write("浏览器:"+B_name+"<br>");
document.write("u_agent:"+u_agent+"<br>");
}
validB();
```

7-5 检测浏览器

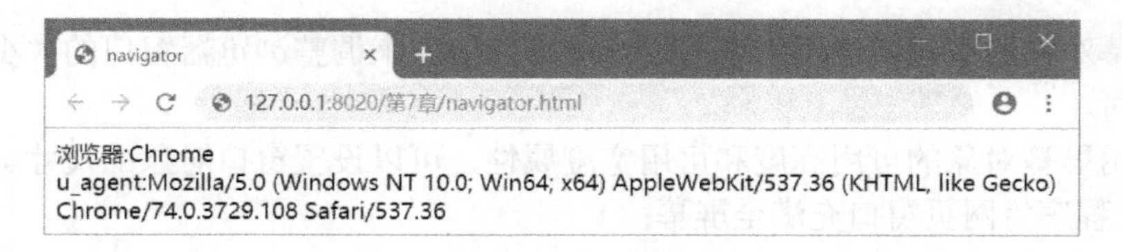

图 7-6　navigator.userAgent

说明： 不同的浏览器甚至同一浏览器的不同版本，在样式和文档对象方面会有差异，根据 navigator.appName 浏览器名称和 navigator.appVersion 浏览器版本信息，可以采用分支结构做出不同处理的方式。

7.1.4　屏幕对象

屏幕（screen）对象包含有关客户端显示屏幕的信息。屏幕对象是 JavaScript 运行时自动产生的对象，它实际上是独立于窗口对象的。屏幕对象主要包含了计算机屏幕的尺寸及颜色信息，见表 7-5。因此，这些信息只能读取，不可以设置，使用时只要直接引用 screen 对象即可，调用格式：

```
screen.属性
```

表 7-5　屏幕对象常用属性

属性	意义
height	显示屏幕的高度
width	显示屏幕的宽度
availHeight	屏幕的像素高度减去系统部件高度之后获取的值，不包括任务栏
availWidth	屏幕的像素宽度减去系统部件宽度之后获取的值，不包括 window 的快捷方式栏
colorDepth	浏览器分配的颜色数或颜色深度
pixelDepth	返回屏幕的颜色分辨率（每像素的位数）

表 7-5 中，availHeight（可用高度）指的是屏幕高度减去系统环境所需要的高度，例如对 Windows 系统，可用高度一般指的就是屏幕高度减去 Windows 任务栏的高度，如图 7-7 所示。

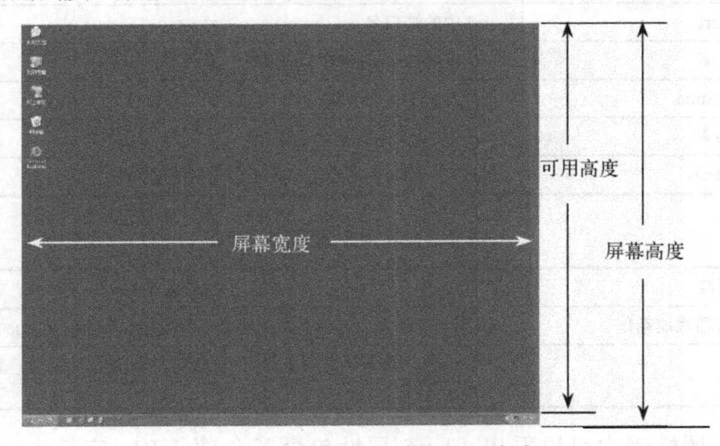

图 7-7　屏幕宽度、高度与可用高度

利用屏幕对象的某些属性可以获取用户屏幕的信息来调整浏览器窗口的大小及其占据屏幕的可用空间。

通过使用屏幕对象的可用高度和可用宽度属性，可以设置窗口对象的尺寸。例如，可以用 JavaScript 程序将网页窗口充满全屏幕：

```
window.resizeTo(screen.availWidth,screen.availHeight);
```

7.1.5 地址对象

地址（location）对象是窗口对象中的子对象，它包含了窗口对象的网页地址内容，即 URL。地址对象既可以作为窗口对象中的一个属性直接赋值或提取值，也可以通过地址对象的属性分别赋值或提取值。使用地址对象的语法规则如下。

当前窗口：

window.location　　或 location

window.location.属性　　或 location.属性

window.location.方法　　或 location.方法

7-6 windows 子对象

指定窗口：

窗口对象.location

窗口对象.location.属性

窗口对象.location.方法

地址对象提供了与当前窗口中加载的文档有关的信息，还提供一些导航功能，既是 window 对象的属性，也是 document 对象的属性。也就是说，window.location 和 location 引用的是同一个对象。地址对象可以将 URL 解析为独立的片段，让开发者可以通过不同的属性访问这些片段。表 7-6 和表 7-7 分别为地址对象常用属性和方法。

表 7-6　地址对象常用属性

属性	意义
href	整个 url 字符串
protocol	url 中从开始至冒号（包括冒号）表示通信协议的字符串
hostname	url 中的服务器名、域名子域名或 IP 地址
port	url 中的端口名
host	url 中的 hostname 和 port 部分
pathname	url 中的文件名或路径名
hash	url 中由#开始的锚点名称
search	url 中从问号开始至结束的表示变量的字符串

表 7-7　地址对象常用方法

属性	意义
reload([是否从服务器端刷新])	刷新当前网页，其中“是否从服务器端刷新”的值是 true 或 false
replace(url)	用 url 网址刷新当前网页，无须创建一个新的历史记录，装载一个新的文档来替换当前文档

从地址对象属性表中可以看出，href 属性包含了全部 URL 字符串，而其他属性则是

URL 中的某一部分字符串，因此，如果按下述程序设置网址：

```
location= "login.html"; 等效于：location.href= "login.html";
```

每次修改 location 的属性（hash 属性除外），页面都会以新的 URL 重新加载，页面刷新后，浏览器的历史记录中会生成一条新记录。如果想要仅跳转页面而不产生历史记录，可以通过 replace()方法来实现。重新加载页面实现代码如下。

```
location.reload(); // 从浏览器缓存中重新加载
location.reload(true); // 从服务器重新加载
```

【例 7-8】 实现系统退出转到登录页面，代码如下。

```
<a href="javascript:void(0);" onclick="logout();">退出系统</a>
<script>
    function logout() {
        if(confirm("您确定要退出本系统吗？")) {
            window.location.href = "login.html";
        }
    }
</script>
```

7.1.6 历史记录对象

历史记录（history）对象保存着用户上网的历史记录，从窗口被打开的那一刻算起。历史记录对象是窗口对象的一个子对象，它实际上是一个对象数组，包含一系列用户访问过的 URL 地址，保存着用户的上网历史记录，用于实现浏览器工具栏中的“Back to…”（后退）←和“Forward to…”（前进）→按钮，调用格式为 history.方法。

历史记录对象最常用的属性是 length（历史记录对象长度），如果当前网页要求显示历史记录对象的个数，使用 history.length 即可获得，它就是浏览器历史列表中访问过的地址个数。

历史记录对象常用方法见表 7-8，其中 back( )和 forward( )方法用来实现前进和后退，分别对应的是浏览器工具栏中的前进、后退按钮，通过方法 go( )可以改变当前网页至曾经访问过的任何一个网页。因此，history.back( )与 history.go(-1)等效，history.forward( )与 history.go(1)等效。

表 7-8 历史记录对象常用方法

方法	意义
back()	显示浏览器的历史记录列表中后退一个网址的网页，返回前一个 URL
forward()	显示浏览器的历史记录列表中前进一个网址的网页，访问下一个 URL
go(n)和 go(网址)	显示浏览器的历史记录列表中第 *n* 个网址的网页，*n*>0 表示前进；*n*<0 表示后退或显示浏览器的历史记录列表中对应“网址”的网页

值得注意的是，如果 go( )中的参数 *n* 超过了历史列表中的网址个数，或者 go()中的参数“网址”不在浏览器的历史列表中，则不会出现任何错误，只是当前网页不会发生变化。

```
history.go(1);          //前进一页
history.go(-1);         //后退一页
history.go(2);          //前进两页
history.back();         //后退一页等同于 history.go(-1)
history.forwward();     //前进一页等同于 history.go(1)
```

7.2 事件处理

7.2.1 事件的基本概念

事件，就是文档或浏览器窗口间发生的一些特定的交互瞬间。如图 7-8 所示。当浏览器探测到一个事件时，比如鼠标单击或按键，它可以触发与这个事件相关联的事件处理程序。事件处理是一项重要技术，它包含了用户与页面的所有交互。

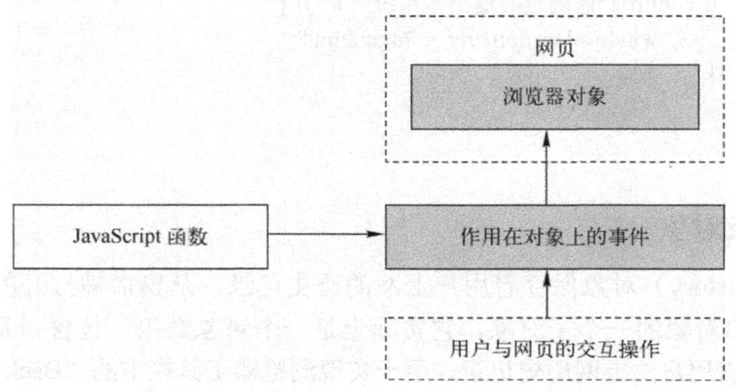

图 7-8 网页对象与 JavaScript 事件处理的关系

【例 7-9】 事件处理的应用，如图 7-9a 中的“单击测试”按钮，但单击一次后，按钮失效，不可再次单击，如图 7-9b 所示，单击“重置元素”按钮后，恢复“单击测试”按钮的功能。

a) b)

图 7-9 事件处理应用示例

a) 正常状态 b) 失效状态

失效函数与重置函数的代码如下。

```
function buttonDisable(){
    document.getElementById("buttonTest").disabled=true;
}
function buttonRe(){
    document.getElementById("buttonTest").disabled=false;
}
```

实现“单击测试”按钮与“重置元素”按钮的 HTML 代码如下。

```
<form name="form1">
    <input type="button" id="buttonTest" name="but1" value="   单击测试   " onclick="buttonDisable()">
    <input type="button" id="buttonReset" name="but2" value="   重置元素   " onclick="buttonRe()">
</form>
```

说明：例中有两个按钮元素，id 属性值分别为 buttonTest 和 buttonReset，两个按钮也都有自己的 onclick 事件，只是调用的函数不同，当单击按钮时，函数才被执行。在函数中，JavaScript 通过按钮的 id 属性值得到按钮对象，如 document. getElementById("buttonTest")，然后设置对象的 disable 属性为 true 或 false。

7-7　事件绑定

7.2.2　事件处理程序的绑定

在使用事件处理程序对页面进行操作时，最主要的是如何通过对象的事件来指定事件处理程序，其指定方式主要有以下 4 种。

1．HTML 标签通过事件直接使用 JavaScript 脚本

该方法是直接在 HTML 标记中指定事件处理程序，如在<body><input>标签中指定。

通过 HTML 标签使用事件的语法格式：

```
<标签……事件="事件处理程序"  [事件="事件处理程序" ……]>
```

例如：

```
<input id="Button1" type="button" value="button1" onclick='alert("Hello!);' />
```

2．静态设置函数调用

将事件处理的语句块写到一个函数中，为按钮的 onclick 属性指定函数调用的文本即可通过静态设置函数调用事件，语法格式：

```
<标签……事件="函数名()" [事件="函数名()"……]>
```

例如：

```
<input id="Button1" type="button" value="button1" onclick="button_Click_1();"/>
```

3．将一个函数赋值给一个事件处理属性

将一个函数赋值给一个事件处理属性的方式绑定事件，然后可以通过给事件处理属性赋值 null 来解绑事件。这种方式解决了 HTML 与 JavaScript 强耦合的问题，是最常用的方式，缺点在于一个处理程序无法同时绑定多个处理函数。

本方法主要通过 JavaScript 代码使用事件，该方法在 JavaScript 脚本中直接对各种对象的事件以及事件所调用的函数进行声明，不用在 HTML 标签中指定要执行的事件。这种为事件处理程序赋值的方法至今仍然为所有现代浏览器所支持，原因一是简单，二是具有跨浏览器的优势。

将一个函数赋值给一个事件处理属性的语法格式：

```
对象名. onclick =函数名;
```

例如：

```
<button id="btn" type="button">Over Me</button>
<script>
```

```
        var btn = document.getElementById('btn');
        btn.onmouseover = function() {
            alert('Mouse Over Me!');
        }
    </script>
```

若要删除对应的事件程序，可以将事件处理属性赋值为 null，即 btn.onclick=null;，示例代码如下。

```
    <!DOCTYPE html>
    <html>
        <head>
            <meta charset="UTF-8">
            <title>删除事件处理程序</title>
        </head>
        <body>
        <input type="button" value="Click Me" id="myBtn"/>
        <script>
            var btn=document.getElementById("myBtn");
            btn.onclick=function(){
                alert("事件处理程序");
                setTimeout(function(){
                    btn.onclick=null;  //删除事件处理程序
                    alert("删除事件处理程序");
                },2000);
            }
        </script>
      </body>
    </html>
```

4．JavaScript 同事件绑定多个函数

addEventListener 和 removeEventListener 两个方法分别用来绑定和解绑事件，所有 DOM 节点中都包含这两个方法，方法中包含 3 个参数，分别是绑定的事件处理属性名称（不包含 on）、处理函数和一个布尔值。最后这个布尔值参数如果是 true，表示在事件捕获阶段调用事件处理程序；如果是 false，表示在冒泡阶段调用事件处理程序。大多数情况下都是将事件处理程序添加到事件流的冒泡阶段，这样可以最大限度地兼容各种浏览器。

同一按钮单击事件绑定多个函数的示例代码如下。

```
    <!DOCTYPE html>
    <html>
        <head>
            <meta charset="UTF-8">
            <title>事件处理程序</title>
        </head>
        <body>
            <input type="button" value="Click Me" id="myBtn" />
            <script>
```

```
            var btn = document.getElementById("myBtn");
            btn.addEventListener("click", function() { //click 不要 on，三个参数。
                alert("事件处理程序 1");
            }, false);
            btn.addEventListener("click", function() {
                alert("事件处理程序 2");
            }, false);
            //先输出事件处理程序 1，后输出事件处理程序 2
        </script>
    </body>
</html>
```

解绑事件示例代码如下。

```
var btn = document.getElementById('btn');
btn.addEventListener('click', showFn, false);          // 绑定事件
btn.addEventListener('click', show, false);            // 绑定事件
btn.removeEventListener('click', showFn, false);       //解绑事件
```

在 HTML 中指定事件处理程序有如下两个缺点。

1）时差问题。因为用户可能会在 HTML 元素出现在页面上就触发相应的事件，但当时的事件处理程序有可能尚不具备执行条件。

2）HTML 与 JavaScript 代码强耦合的问题。如果要更换事件处理程序，就要改动 HTML 代码和 JavaScript 代码。而这正是许多开发者放弃 HTML 事件处理程序，转而使用 JavaScript 指定事件处理程序的原因所在。

注意：IE8 及以下版本 IE 不支持 addEventListener 和 removeEventListener，需要用 attachEvent 和 detachEvent 来实现，不需要传入第三个参数，因为 IE8 级以下版本只支持冒泡型事件，语法格式如下。

```
btn.attachEvent('onclick', showFn); // 绑定事件
btn.detachEvent('onclick', showFn);// 解绑事件
```

7-8 常用事件的类型

7.2.3 JavaScript 的常见事件

JavaScript 程序中常见的事件见表 7-9，这里将重点介绍如何制作常用的事件。

表 7-9 JavaScript 中的常见事件

事件名称	含义	详细说明
onclick	鼠标单击	单击按钮、图片、文本框、列表框等
onchange	内容发生改变	如文本框的内容发生改变时
onfocus	元素获得焦点（鼠标）	如单击文本框时，该文本框获得焦点（鼠标），触发 onfocus（获得焦点）事件
onblur	元素失去焦点	与获得焦点相反，当用户单击别的文本框时，该文本框就失去焦点，触发 onblur（失去焦点）事件
onmouseover	鼠标悬停事件	当移动鼠标，停留在图片或文本框等上方时，就触发鼠标悬停事件

（续）

事件名称	含义	详细说明
onmouseout	鼠标移出事件	当移动鼠标，离开图片或文本框所在的区域，就触发 onmouseout（鼠标移出）事件
onmousemove	鼠标移动事件	当鼠标在图片或层<div>或<span>等 HTML 元素上方移动时，就触发鼠标移动事件
onload	页面加载事件	HTML 网页从网站服务器下载到本机后，需要浏览器加载到内存中，然后解释执行并显示，浏览器加载 HTML 网页时，将触发 onload（页面加载）事件
onsubmit	表单提交事件	当用户单击提交按钮提交表单信息时，将触发 onsubmit（表单提交）事件
onmousedown	鼠标按下事件	当在按钮、图片等 HTML 元素上按下鼠标时，将触发 onmousedown 事件
onmouseup	鼠标弹起事件	当在按钮、图片等 HTML 元素上释放鼠标时，将触发 onmouseup 事件
onresize	窗口或框架被重新调整大小	当用户改变窗口大小时触发，如窗口最大化、窗口最小化、用鼠标拖动、改变窗口大小等。

1．onmouseover 事件

每当鼠标指针移到元素上时，都会触发 onmouseover 事件。此事件主要用于层或图片链接。当鼠标指针移动到应用层或图片的区域上时，就会触发 onmouseover 事件。

2．onmouseout 事件

每当鼠标指针移出元素时，都会触发 onmouseout 事件。此事件也主要用于层或图片链接。很多网站上的图片广告，当鼠标移过去时，它会切换到别的图片，当鼠标移走时，又恢复为原来的图片，就是该事件响应的效果。

【例 7-10】 使用 onmouseover 事件与 onmouseout 事件来改变按钮的背景颜色。

表单设置的 HTML 代码如下。

```
<form name="myform" method="post" action="">
  <input type="submit" name="but1" id="but1" value="提交" onmouseover="myfun1( )"
   onmouseout="myfun2( )">
</form>
```

表单控件的 CSS 样式设置如下。

```
input {
    width:82px;
    height:23px;
    background-image: url(img/back1.jpg);
    border:0px;
}
```

响应事件的 JavaScript 代码如下。

```
    var but1=document.getElementById('but1');
function myfun1( ){
    but1.style.backgroundImage='url(img/back2.jpg)';
}
function myfun2( ){
    but1.style.backgroundImage='url(img/back1.jpg)';
}
```

运行代码，页面效果如图 7-10 所示。

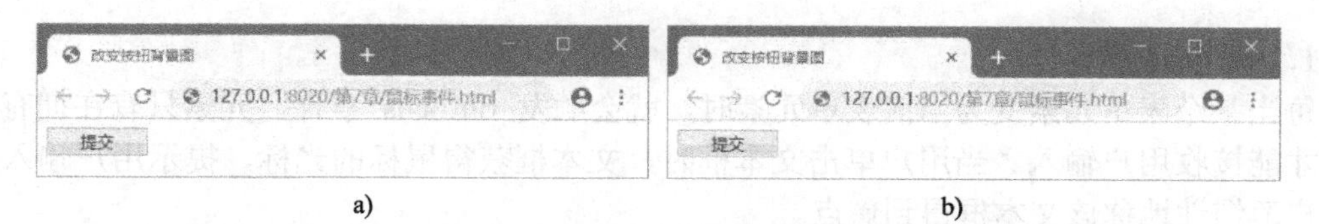

a) b)

图 7-10 按钮的默认状态与鼠标经过状态

a) 默认状态 b) 鼠标经过状态

说明：也可以将所有事件与样式全部包含在 HTML 代码中，代码如下。

```
<form name="form1" method="post" action="">
        <input type="submit" name="Submit" value="提交"
        style="width:82px; height:23px;background-image: url(img/back1.jpg); border:0px; "
        onmouseover="this.style.backgroundImage='url(img/back2.jpg)';"
        onmouseout="this.style.backgroundImage='url(img/back1.jpg)';">
</form>
```

7.3 表单元素相关的事件处理程序

JavaScript 程序是典型的事件驱动程序，也就是说，当事件被触发时，将执行与之关联的 JavaScript 代码。事件是由于用户的交互而在网页上进行的操作，事件处理程序指定发生特定事件时执行哪个 JavaScript 代码。

以下是触发事件的一些典型情况。

1）单击按钮时。

2）调整网页大小时。

3）在一组选项中选中一个选项时。

4）提交表单时。

文本框、文本区域、按钮和复选框等各种表单元素都支持不同类型的事件处理程序。

7.3.1 文本框对象相关事件

文本框对象用于在表单中输入字、词或一系列数字，可以通过将 HTML 标签 input 中的“type”属性设置为“text”，或者采用标签 input 默认效果（<input/>）来创建。表 7-10 列出了与文本框对象关联的一些常用事件及常用方法。

表 7-10 文本框对象常用事件及方法

分类	属性事件与方法	说明
事件	onblur	文本框失去焦点
	onchange	文本框的值被修改
	onfocus	光标进入文本框中
方法	focus( )	获得焦点
	select( )	选中文本内容，突出显示输入区域
	blur()	让光标离开当前元素
	click()	模仿鼠标单击当前元素

1．onfocus 事件

每当某个表单元素变为当前表单元素时，就会触发 onfocus 事件。元素只有在拥有焦点时，才能接收用户输入。当用户单击文本框时，文本框获得鼠标的光标，提示用户输入，这时用户习惯性地称该文本框得到焦点。

2．onblur 事件

当用户填完数据，鼠标移动到另一个文本框时，用户习惯性地称该文本框失去焦点，触发了 onblur 事件。当用户在元素上单击或按“Tab”或“Shift+Tab”组合键时，也会发生这种情况。onblur 事件示例如下。

文本框失去焦点或光标移出文本框时，将调用 myfun2()函数：

```
<input type="text" name="txtName" onblur="myfun2()">
```

3．onchange 事件

onchange 事件将跟踪用户在文本框中所做的修改，当用户在文本框中完成修改之后，将触发该事件。

4．select()方法

该方法用于选中文本内容，突出显示输入区域，一般用于提示用户重新输入。

【例 7-11】 使用 onblur 事件与 onfocus 事件，结合自定义函数，实现提示用户输入界面。

表单设置的 HTML 代码如下，文本框获取焦点时调用 myfun1()函数，文本框失去焦点或光标移出文本框时调用 myfun2()函数。

```
<form name="myform">
    <h2>编号：
    <input type="text" name ="card" onfocus="myfun1()" onblur="myfun2()" value="请注意格式：10xxx">
    <br>
    密码：<input type="text" name ="pass"></h2>
</form>
<div id="err"></div>
```

表单控件的 CSS 样式设置如下。

```
input {
        background-color:#CFF;
        font-size: 18px;
        border: 1px solid;
        padding:5px;
}
```

响应事件的 JavaScript 中 myfun1 与 myfun2 两个函数的代码如下。

```
var err=document.getElementById("err");
function myfun1( ){
        if (document.myform.card.value=="请注意格式：10xxx"){
                document.myform.card.value="" ;
        }
```

```
    }
    function myfun2( ){
            var a=document.myform.card.value;
            if (a.substr(0,2)!="10" || isNaN(a)) {
                err.innerHTML="格式错误，请重新输入" ;
                document.myform.card.focus(); //再次获得焦点，即鼠标光标回到编号文本框
            }
            else{
                err.innerHTML="格式正确!";
          }
    }
```

运行代码，页面效果如图 7-11a 所示，当鼠标聚焦到“编号”文本框后，提示文本“请注意格式：10xxx”将自动消失，页面效果如图 7-11b 所示，如果不输入任何内容，使其失去焦点，或者输入内容格式不对时，页面将会提示“格式错误，请重新输入”的提示，页面效果如图 7-11c、d 所示。输入格式正确时，页面效果如图 7-11e 所示。

说明：有的网页的文本框输入要求一定的格式，很多网站将提示信息显示在文本框中，当用户单击文本框准备输入时，文本框中的提示信息将自动消失。

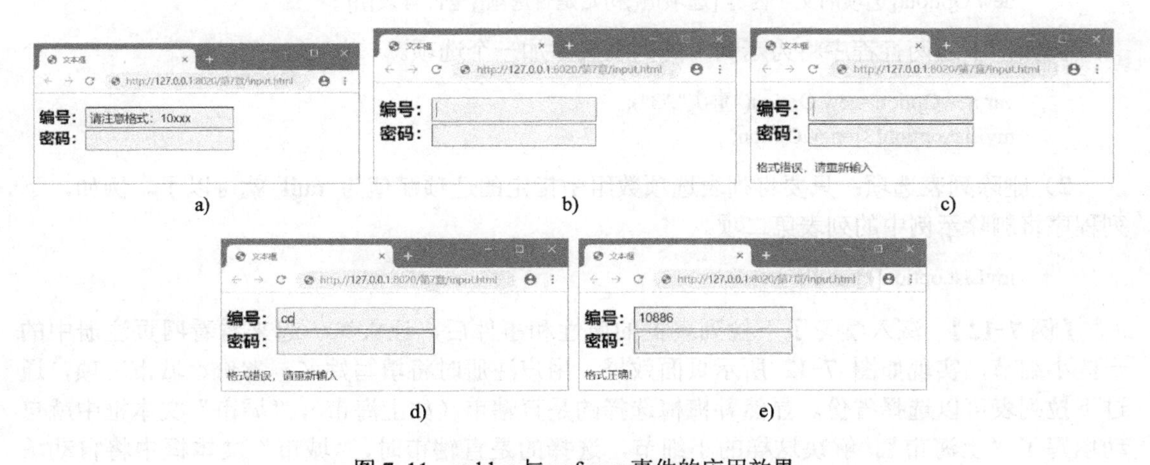

图 7-11　onblur 与 onfocus 事件的应用效果

a) 默认状态　b)“编号”文本框聚焦状态　c) 输入为空时格式验证效果

d) 输入为非 10 开头时格式验证效果　e) 正确输入时格式验证效果

7.3.2　下拉列表框相关事件

下拉列表也称下拉菜单、组合框。许多时候，在网站中提供一列选项的最好方式是使用下拉列表框，可以创造一个用户友好的环境，用户单击鼠标就可以选定其中的数据，从而节省时间和精力。

下拉列表框由一个列表和一个选择框组成。其中，列表显示选项，选择框显示当前所选的项。

见表 7-11 为与下拉列表框相关的常用事件和属性。

7-9　下拉列表框的应用

表 7-11　下拉列表框相关的事件和属性

分类	属性事件与方法	说明
事件	onblur	下拉列表框失去焦点
	onchange	选项发生改变
	onfocus	下拉列表框获得焦点
属性	value	下拉列表框中被选选项的值
	options	所有选项组成一个数组，options 表示整个选项数组，第一个选项即为 options[0]，第二个选项即为 options[1]，其他以此类推
	length	列表选项长度，与 options.length 相同
	selectedIndex	返回被选择的选项的索引号，如果选中第一个返回 0，第二个返回 1，其他类推
	selected	选项是否选上
	defaultSelected	选项初始时是否选上
	text	选项的文字内容

在 JavaScript 程序中对列表选项进行添加、删除的操作如下。

1）添加列表选项：首先新建一个选项对象，然后将该对象添加到列表选项数组中。新建选项对象语法规则如下所示，其中方括号中的参数项可以省略。

```
new Option([选项的文字内容,[选项值[,初始是否选项[,是否有效]]]]);
```

例如，下述两行程序将为示例中的列表又添加一个选项。

```
var newOption=new Option("重庆","3");
myList.option[3]=newOption;
```

2）删除列表选项：只要将列表选项数组中指定的选项赋值为 null 就可以了。例如，下列程序将删除示例中的列表第二项。

```
myList.option[1]=null;
```

【例 7-12】 深入学习了下拉列表框的属性和事件后，让大家一起来看看网页注册中的一些小细节，实现如图 7-12 所示页面效果，用户注册时将填写姓名、省份、城市三项，通过下拉列表可以选择省份。显然韩梅梅选择的是直辖市（如上海市），“城市”文本框中就自动填写了“上海市”。解决这样的小细节，选择的是直辖市时，“城市”文本框中将自动填写，方便用户填写，单击“快速注册”按钮，结果页面如图 7-13 所示。

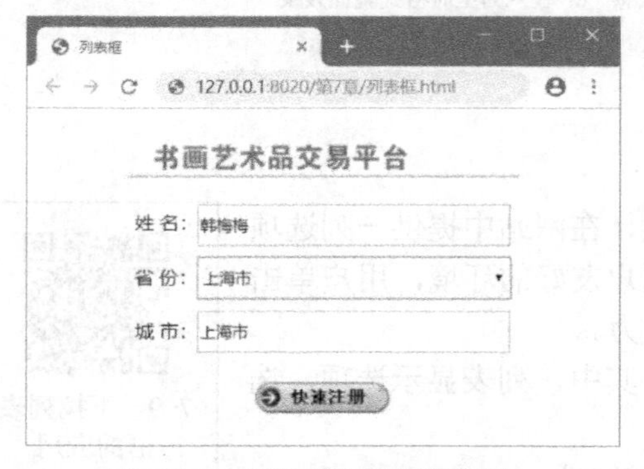

图 7-12　下拉列表框事件应用

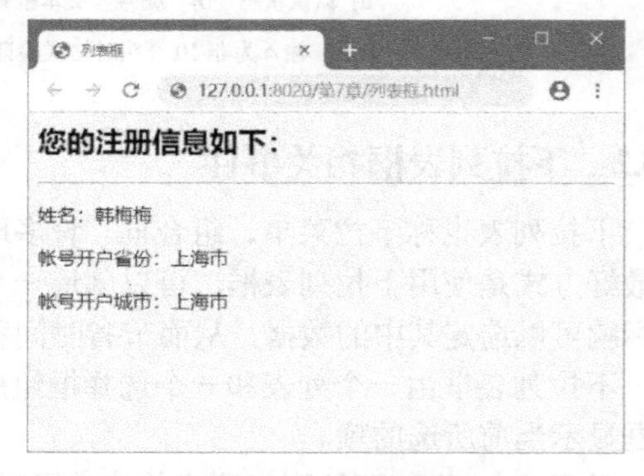

图 7-13　显示结果

实现思路：利用下拉列表框的 onchange（选项改变）事件判断是否选择了直辖市，如果是直辖市，则设置城市文本框的值为对应的直辖市即可。

设计页面，设置各个表单元素的名称如下。

1）姓名文本框的名称：userName。

2）下拉菜单的名称：myselect。

3）表单<form>的名称：myform。

完整代码如下。

```
<!DOCTYPE html>
<html>
    <head>
        <meta charset="UTF-8">
        <title>列表框</title>
        <style type="text/css">
            input,select {
                width: 260px;
                height: 30px;
                margin-bottom: 10px;
            }
            select {
                width: 265px;
                height: 36px;
            }
            body {
                text-align: center;
            }
            img {
                margin: 16px;
            }
        </style>
    </head>
    <body>
        <img src="img/logo.gif" />
        <form name="myform" id="myform">
        姓  名：<input name="userName" type="text" id="userName" >
        省  份：<select name="myselect" id="myselect" onchange="myfun1( )">
                    <option>--请选择所在的省份--</option>
                    <option value="北京市">北京市</option>
                    <option value="上海市">上海市</option>
                    <option value="重庆市">重庆市</option>
                    <option value="天津市">天津市</option>
                    <option value="江苏省">江苏省</option>
                    <option value="山西省">山西省</option>
                    <option value="湖南省">湖南省</option>
                </select>
        城  市：<input name="city" type="text" id="city">
```

```
                <img src="img/regquick.jpg" onclick="myfun2( )">
            </form>
            <script>
                function myfun1( ){
                    var d=document.myform.myselect.selectedIndex;
                        if (d==1 || d==2 || d==3 || d==4) {
                            document.myform.city.value=document.myform.myselect.options[d].text;
                        }
                }
                function myfun2( ){
                    var userName=document.myform.userName.value;
                    var province=document.myform.myselect.value ;
                    var city=document.myform.city.value ;
                    document.write("<body bgColor=#FFFAEB>");
                    document.write("<h2>您的注册信息如下：</h2>");
                    document.write("<hr>");
                    document.write("<p>姓名："+userName);
                    document.write("<p>账号开户省份："+province);
                    document.write("<p>账号开户城市："+city);
                }
            </script>
        </body>
    </html>
```

下拉列表框的所有选项组成一个数组，属性 options 表示整个选项数组，第一个选项即为 options[0]，第二个即为 options[1]，其他以此类推。

例如【例 7-12】的 HTML 代码，<option>标签之间的“北京市”代表选项的文本内容（text），value 属性后面的“北京市”代表该选项的值。值和文本内容可以不一样，页面上显示文本内容，所有文本内容主要是给浏览者看的，而提交给服务器后，服务器端一般关注的是“value”属性的值。

如果希望获取选项的索引号，可用 selectIndex 属性，同普通数组一样，第一个选项为 0，第二个选项为 1，其他以此类推。

如果希望获取选项的文本内容，则需要取得数组 options 中 text 属性的值，即 options[selectIndex].text，因为 selectIndex 属性就代表被选择的数组下标。

如果希望获取选择的值，则用 value 属性即可，【例 7-12】在提交时就是通过 value 属性获得用户的省份选项值的。

【例 7-13】 实现如图 7-14 所示的表单，form1 有两个多选列表框，用户可以从左侧列表中选择任意项，然后单击“右移”按钮将所选项移动到右侧的列表框中，同样也可以单击“左移”按钮将右侧列表框中选中的选项移动到左侧的列表框中。

表单与表单元素布局代码如下。

```
<form name="form1">
    <select name="lList" id="lList" multiple size="6" >
        <option value="0">江苏省</option>
        <option value="1">安徽省</option>
```

```
            <option value="2">山东省</option>
            <option value="3">河北省</option>
            <option value="4">吉林省</option>
        </select>
        <!--通过 onclick 事件调用 JavaScript 的 moveList()函数-->
        <input type="button" name="toright" id="toright" value="右移>>" onclick="moveList('lList','rList')" />
        <input type="button" name="toleft" id="toleft" value="<<左移" onclick="moveList('rList','lList')" />
        <select size="6" name="rList" id="rList" multiple>
            <option value="0">河南省</option>
            <option value="1">辽宁省</option>
            <option value="2">山西省</option>
        </select>
</form>
```

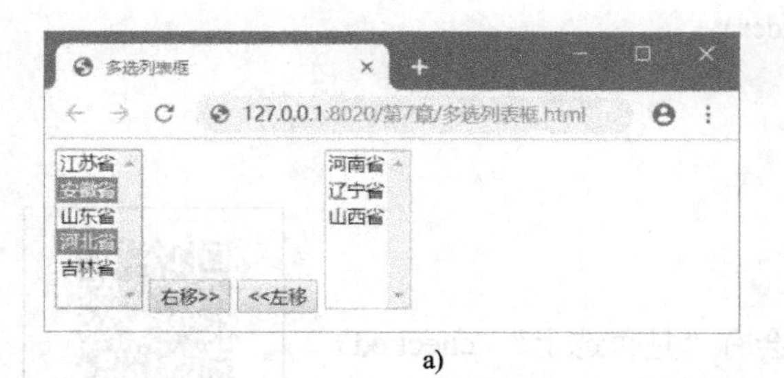

a)

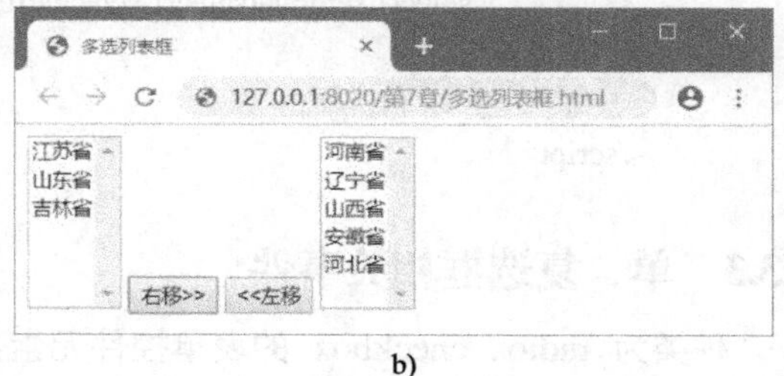

b)

图 7-14　列表元素对象

a) 移动前　b) 移动后

编写移动列表函数，代码如下。

```
<script>
    //moveList 函数用来调整两个列表之间的选项移动操作
    //fromId 为需要移动的列表名称，toId 为移动到的列表名称
    function moveList(fromId,toId){
        var fromList=document.getElementById(fromId);
        var fromLen=fromList.options.length;
        var toList=document.getElementById(toId);
        var toLen=toList.options.length;
        var current=fromList.selectedIndex; //current 为需要移动的列表中的当前选项序号
        while(current>-1){    //如果需要移动的列表中有选择项，则进行移动操作
            var t=fromList.options[current].text;    //t 和 v 分别为需要移动的列表中当前选择项的
                                                     //文本与值
            var v=fromList.options[current].value;
            var optionName=new Option(t,v,false,false);//根据已选择项新建一个列表项
            toList.options[toLen]=optionName;          //将该选项移动到目标列表中
            toLen++;
            fromList.options[current]=null;            //将该选项从需要移动的列表中删除
            current=fromList.selectedIndex;
        }
    }
```

```
</script>
```

说明：针对本示例，还可以将 moveList()函数进行简化，代码如下，读者可自行测试。

```
<script>
    function moveList(select1,select2){
        var select1 = document.getElementById(select1);
        var select2 = document.getElementById(select2);
        var current=select1.selectedIndex;
      while(select1.selectedIndex>-1){
          var newOption = document.createElement("option");
          newOption.value = select1[select1.selectedIndex].value;
          newOption.text = select1[select1.selectedIndex].text;
          select2.add(newOption);
          select1.remove(select1.selectedIndex);
      }
    }
</script>
```

7.3.3 单、复选框相关事件

7-10 radio 单选框的应用

种类为 radio、checkbox 的表单控件元素会有“是否选上”（checked）属性，而种类为 text、password、textarea 等的表单控件元素都是用于用户输入文字的，因此，它们就不会有“是否选上”（checked）属性，读者在学习中应特别注意这些共同点和不同点。

单、复选框通常使用语句 document.getElementsByName(name)来获取，表示通过 name 属性的值获取一组元素。该方法接受一个参数查找名称；返回一个 HTMLCollection 对象，返回所有带有给定 name 属性的元素，通常用于表单单、复选框值的获取。

【例 7-14】 单、复选框值的获取和展示示例，页面效果如图 7-15 所示，代码如下。

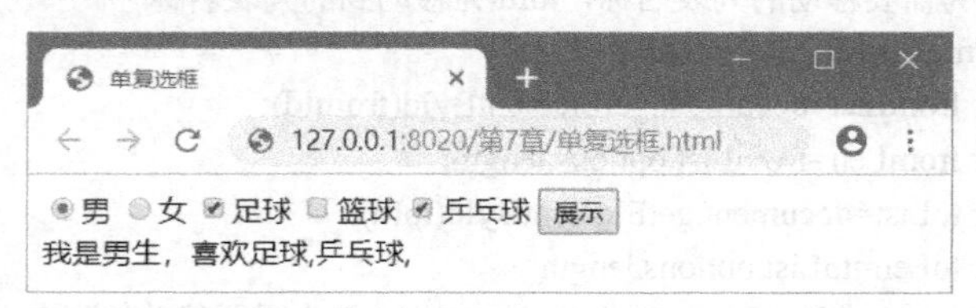

图 7-15 单、复选框值的获取和展示

布局：

```
<label><input type="radio" name="gender" value="男" checked="checked" />男</label>
<label><input type="radio" name="gender" value="女" />女</label>
<label><input type="checkbox" name="hobby" value="足球" />足球</label>
<label><input type="checkbox" name="hobby" value="篮球" />篮球</label>
<label><input type="checkbox" name="hobby" value="乒乓球" checked="checked" />乒乓球</label>
<input type="button" value="展示" onclick="show()"/>
<div id="info"></div>
```

功能实现：

```
<script>
    function show(){
        var oRadio= document.getElementsByName("gender");   //根据 name 属性获取单选按钮组
        var s="我是";
        var info=document.getElementById("info");
        if(oRadio [0].checked==true)
            s+=oRadio[0].value;                              //单选按钮组的第一个元素
        else
            s+=oRadio[1].value;
        var oCheckbox= document.getElementsByName("hobby");
        s+="生，喜欢";
        for(i=0;i<oCheckbox.length;i++){
        if(oCheckbox[i].checked==true){
            s+=oCheckbox[i].value+",";
          }
        }
        info.innerHTML=s;
    }
</script>
```

7-11 获取复选框选中项的值

7.4 本地存储

7-12 JavaScript cookie

7.4.1 JavaScript cookie

用户在使用相同的浏览器显示相同的网页内容时，JavaScript 可以通过比较 cookie 属性值，从而显示不同的网页内容。例如，通过 cookie 可以显示用户在某网页的访问次数；可以自动显示登录网页中的用户名；对于不同语言版本的网页，可以自动进入用户设置过的语言版本等。

cookie 是一些数据，存储于电脑上的文本文件中。Web 服务器向浏览器发送 Web 页面，在连接关闭后，服务端不会记录用户的信息。cookie 的作用就是用于解决“如何记录客户端的用户信息”，即当用户访问 Web 页面时，他的名字可以记录在 cookie 中。在用户下一次访问该页面时，可以在 cookie 中读取用户的访问记录。

cookie 是文档对象的一个属性，JavaScript 程序可以使用 document.cookie 属性来创建、读取及删除 cookie。

值得注意的是，用户可以在浏览器中删除已有的 cookie 或设置不使用 cookie。

1．设置 cookie

浏览器保存 cookie 时用“变量名=值”格式的字符串表示，并以分号“；”相间隔。设置 cookie 的字符串格式：

```
cookie 名=cookie 值；expires=过期日期字串；[domain=域名；path=路径；secure；]
```

其中，expires 值设置的是该 cookie 的有效日期，如果网页显示时的日期超过了该日期，该 cookie 将无效，默认情况下，cookie 在浏览器关闭时删除；domain 和 path 项是可选项，如果不设置，则表示默认为网页所在的域名和路径。

用 JavaScript 设置 cookie，实际上就是用 JavaScript 的方法组成上述 cookie 的字串。例如：

```
document.cookie="username=coco";
```

2．取出 cookie

得到 cookie 的字符串格式：

```
cookie1 名=cookie1 值；cookie2 名=cookie2 值；…
```

例如：

```
var x = document.cookie;
```

同样，可以用 JavaScript 的方法分解上述字符串，以得到指定的 cookie 名所对应的值。

3．删除 cookie

删除 cookie 实际上就是设置指定的 cookie 名的值为空串。因为过期日期是当前日期以前的日期，所以只设置 expires 参数为以前的时间即可，不必指定 cookie 的值。

【例 7-15】 cookie 的使用，核心代码如下。

```
document.write("document.title=", document.title, "<br>");
document.write("document.charset=", document.charset, "<br>");
document.cookie = "name=李四";          //写 cookie
document.cookie = "age=20";             //写 cookie
document.write("document.cookie=", document.cookie, "<br>"); //读取全部 cookie
var strcookie=document.cookie;
var arrcookie = strcookie.split("; ");          //拆分全部 cookie 串为单个 cookie 串数组
//遍历 cookie 数组，处理每个 cookie 对
for(var i=0;i<arrcookie.length;i++){
    var arr = arrcookie[i].split("=");      //拆分单个 cookie 串为[键,值]数组
    document.write("键：",arr[0],"，值：",arr[1], "<br>");  //读取单个 cookie
}
```

运行代码，浏览页面，结果如图 7-16 所示。

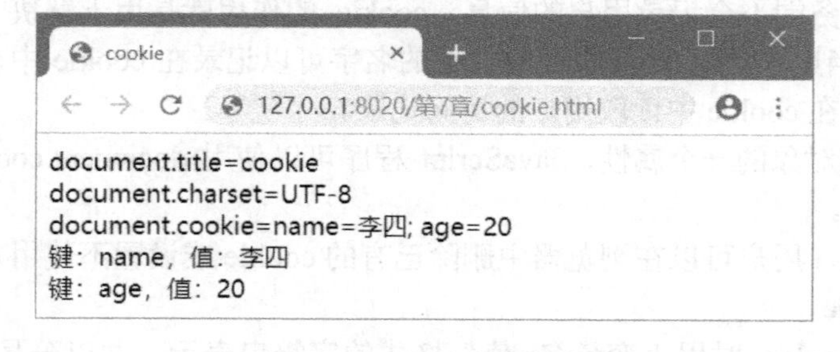

图 7-16　cookie 访问效果

说明：本例中使用了字符串类的 split()方法，它将一个大的字符串分隔为多个小的字符串，返回一个字符串数组；全部 cookie 串是用“分号+空格”隔开的，不要忽略分号后面的空格。

7.4.2 HTML5 Web Storage

7-13 HTML5 Web Storage

cookie 的优势就是各浏览器都支持，但是只有大约 4KB 的大小，对于现在的很多应用来说太小了。

对于 Web 存储（Web Storage），HTML 官方建议是每个网站 5MB，有一些浏览器还可以让用户设置。Internet Explorer 7 及更早版本 IE 不支持 Web Storage，Internet Explorer 8+、Firefox、Opera、Chrome 和 Safari 都支持 Web Storage。HTML5 WebStorage 出现后，在不考虑低版本浏览器的情况下，通常使用 WebStorage 来代替 cookie，这样可以避免复杂的解析操作，让开发者更高效地实现相同的逻辑功能。

在 HTML5 中，Web Storage 是一个窗口对象的属性，包括 localStorage 和 sessionStorage，前者是一直存在本地的，后者只是伴随着 session，窗口一旦关闭就没了，因此 sessionStorage 不是一种持久化的本地存储，仅仅是会话级别的存储。localStorage 用于持久化的本地存储，除非用户主动删除数据，否则数据是永远不会过期的。二者用法完全相同，这里以 localStorage 为例进行介绍。localStorage 使用键值对的方式进行存取数据，存取的数据只能是字符串，使用方法：

```
localStorage.setItem("key","value");      //存储
localStorage.getItem("key");              //按 key 进行取值
```

【例 7-16】 localStorage 的应用，在文本框输入名字，文本框失去焦点后页面跳转，使用 location 导航到新页面，输出欢迎信息，运行效果如图 7-17 和图 7-18 所示，代码如下。

图 7-17 登录页面效果

图 7-18 欢迎页面效果

```
<!DOCTYPE html>
<html>
    <head>
        <meta charset="UTF-8">
        <title>登录</title>
    </head>
    <body>
        请输入姓名：<input id="me" />
        <script type="text/javascript">
            var me = document.getElementById("me");
            me.onblur = function() {
                //存储变量名为 name，值为文本框 value 属性的值
                localStorage.setItem("name", this.value);
                location = "wel.html";
            }
        </script>
    </body>
</html>
```

欢迎页面 wel.html 代码如下：

```
<!DOCTYPE html>
<html>
    <head>
        <meta charset="UTF-8">
        <title>欢迎</title>
    </head>
    <body>
        欢迎光临！ <span id="show"></span>
        <script type="text/javascript">
            var name=localStorage.getItem("name"); //获取存储的变量 name 的值
            document.getElementById("show").innerHTML=name;
        </script>
    </body>
</html>
```

任 务 实 施

1．任务分析

在线测试系统的实现，首先是数据的准备与访问，实现试题的动态展示，即遍历数组，显示带单选框的题目信息；然后是获取选项，并与数组中的正确答案比较，从而实现试卷批改功能。

2．试卷动态展示和自动批改功能实现

实现简易版在线测试系统，实现单个题目判断对错，效果如图 7-19 和图 7-20 所示。每个单选框都绑定单击事件关联 check(this)方法，参数 this 是事件触发的目标对象，即当前被单击的单选框，checked 属性若为 true，说明当前单选框被选中，就可以判断当前的单选框 value 属性的值和本题目的答案是否一致，若一致，（从当前单选框的 name 属性值里获取题目索引，题目索引号和答案数组的索引号是一致的）提示答对了，否则提示答错了。online. html 代码如下。

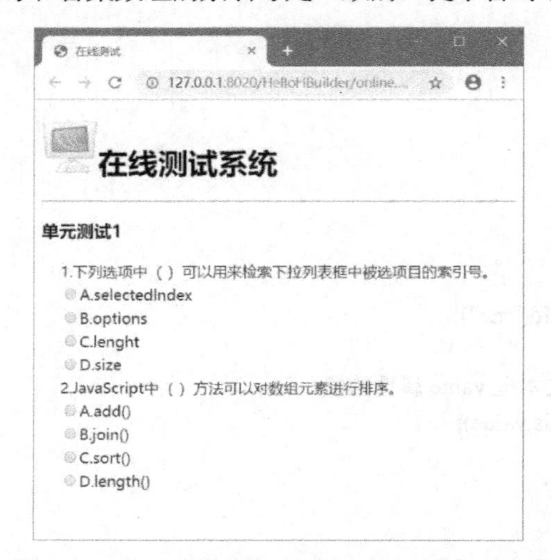

图 7-19　简易版在线测试系统试题动态展示效果

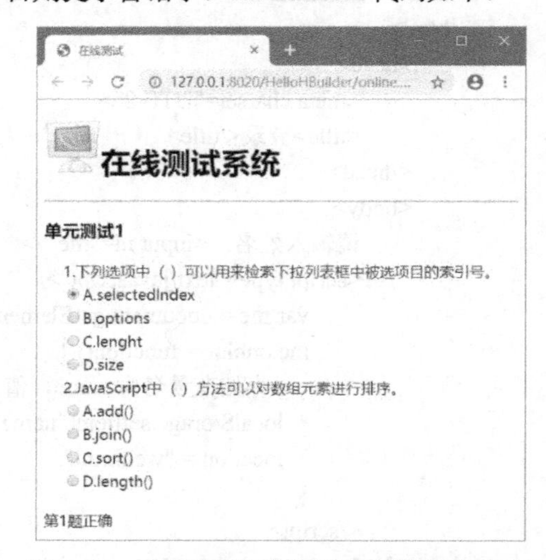

图 7-20　对刚选择的题目进行判断的页面效果

```
<!DOCTYPE html>
<html>
    <head>
        <meta charset="UTF-8">
        <title>在线测试</title>
        <style type="text/css">
            #show{
                color: blue;   /*试题文字样式*/
                font-size:16px ;
                line-height: 26px;
                margin: 20px;
            }
        </style>
    </head>
    <body>
        <h1> <img src="img/logo.png" />在线测试系统</h1>
        <hr /><h3> 单元测试 1</h3>
        <div id="show"></div>
        <div id="err"> </div>
        <script>
            var show = document.getElementById("show");
            var err=document.getElementById("err")
            var questions=new Array();
            var questionXz=new Array();
            var answers=new Array();
            questions[0]="下列选项中（ ）可以用来检索下拉列表框中被选项目的索引号。";
            questionXz[0]=["A.selectedlndex","B.options","C.lenght","D.size"];
            answers[0]='A';
            questions[1]="JavaScript 中（ ）方法可以对数组元素进行排序。";
            questionXz[1]=["A.add()","B.join()","C.sort()","D.length()"];
            answers[1]="C";
            var len=questions.length;
            for(var i = 0;i<len;i++){
                show.innerHTML+=i+1+"."+questions[1]+"<br />";
                show.innerHTML+='<label><input  type="radio"  onclick="check(this)"  value="A"
name="tm'+i+'" />'+questionXz[i][0]+"</label><br />";
                show.innerHTML+='<label><input  type="radio"  onclick="check(this)"  value="B"
name="tm'+i+'" />'+questionXz[i][1]+"</label><br />";
                show.innerHTML+='<label><input  type="radio"  onclick="check(this)"  value="C"
name="tm'+i+'" />'+questionXz[i][2]+"</label><br />";
                show.innerHTML+='<label><input  type="radio"  onclick="check(this)"  value="D"
name="tm'+i+'" />'+questionXz[i][3]+"</label><br />";
            }
            function check(ra){
              var index =ra.name.substring(2)-0;   //获取题目索引
```

```
                        if(ra.checked){
                            if(ra.value == answers[index]) {
                                err.innerHTML="第"+(index+1)+"题正确";
                            }
                            else{
                                err.innerHTML="第"+(index+1)+"题错误";
                            }
                        }
                    }
            </script>
        </body>
    </html>
```

3．实现总分计算

实现能显示总分的在线测试，在试卷的最后增加“提交试卷”按钮，获取选项，并与数组中的正确答案比较，单击“提交试卷”按钮后计算总分，显示总成绩。单击“提交试卷”按钮后，该按钮设为不可用，阻止重复提交，如图 7-21 和图 7-22 所示。增加 getValue(btBroup)方法遍历每组单选框，获取选中的选项对应的值，并增加 Grade()方法实现总分计算，修改 online.html，代码如下。

```
<!DOCTYPE html>
<html>
<head>
    <meta charset="UTF-8">
    <title>在线测试</title>
    <style type="text/css">
        #show{
            color: blue;
            font-size:16px ;
            line-height: 26px;
            margin: 20px;
        }
        #time{
            color: forestgreen;
            float: right;
        }
    </style>
</head>
<body>
    <h1> <img src="img/logo.png" />在线测试系统</h1>
    <hr /><h3> 单元测试 1 </span> <span id="time"> </span></h3>
    <div id="show"></div>
    <script>
        var show = document.getElementById("show");
        var time = document.getElementById('time');   //用来显示成绩总分
```

```
            var questions=new Array();
            var questionXz=new Array();
            var answers=new Array();
            questions[0]="下列选项中（ ）可以用来检索下拉列表框中被选项目的索引号。";
            questionXz[0]=["A.selectedIndex","B.options","C.lenght","D.size"];
            answers[0]='A';
            questions[1]="JavaScript 中（ ）方法可以对数组元素进行排序。";
            questionXz[1]=["A.add()","B.join()","C.sort()","D.length()"];
            answers[1]="C";
            var len=questions.length;
            for(var i = 0;i<len;i++){
                show.innerHTML+=i+1+"."+questions[i]+"<br />";
                show.innerHTML+='<label><input    type="radio"    value="A"    name="tm'+i+'"    />'+
questionXz[i][0]+"</label><br />";
                show.innerHTML+='<label><input    type="radio"    value="B"    name="tm'+i+'"    />'+
questionXz[i][1]+"</label><br />";
                show.innerHTML+='<label><input    type="radio"    value="C"    name="tm'+i+'"    />'+
questionXz[i][2]+"</label><br />";
                show.innerHTML+='<label><input    type="radio"    value="D"    name="tm'+i+'"    />'+
questionXz[i][3]+"</label><br />";
            }
            show.innerHTML += '<button onclick="Grade()" id="tj" >提 交 试 卷</button>';
            function getValue(btBroup) {                    //遍历每组，获取选中的选项对应的值
                var btBroup = document.getElementsByName(btBroup);
                for(var i = 0; i < btBroup.length; i++) {
                    if(btBroup[i].checked) {
                        return btBroup[i].value;
                    }
                }
            }
            function Grade() {                              //计算总分
                var correct = 0;
                for(var i = 0; i < len; i++) {
                    if(getValue("tm" + i) == answers[i]) {
                        ++correct;
                    }
                }
                var result = ((correct / len) * 100).toFixed();//计算总分，求整数
                time.innerHTML = "您做对了" + correct + '题目,' + result + "分";
                var tj = document.getElementById("tj");
                tj.disabled = true;          //提交后，“提交试卷”按钮设为不可用，阻止重复提交
            }
        </script>
    </body>
</html>
```

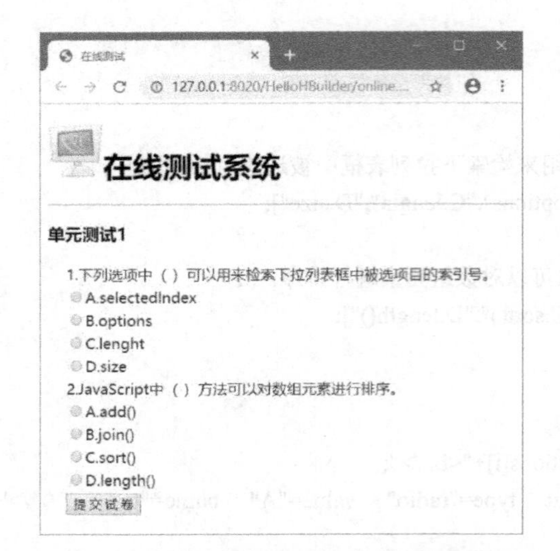

图 7-21　增加“提交试卷”按钮页面效果

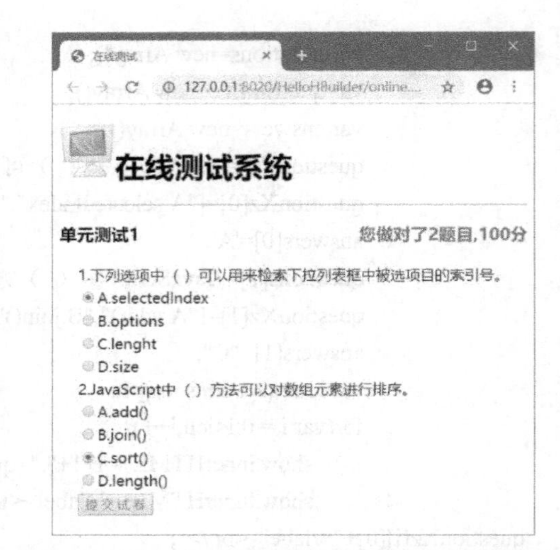

图 7-22　单击“提交试卷”按钮后总分展示页面效果

4．实现倒计时显示

倒计时效果如图 7-23 所示，在 online.html 页面的<script>标签内增加如下代码。

```
var ks = new Date();
var msks = ks.getTime();
var js = msks + 60 * 2 * 1000;      //设定考试时间，比如 2 分钟
timeID = setInterval("jsover()", 1000);
function jsover() {
        var syfz = Math.floor((js - new Date().getTime()) / (1000 * 60));          //计算剩余分钟数
        var sym = Math.floor((js - new Date().getTime() - syfz * 1000 * 60) / (1000)); //计算剩余的秒数
        if(syfz < 0) {
            Grade();        //时间用完后，自动调用 Grade()提交试卷
        } else
            time.innerHTML = "离考试结束还剩" + syfz + "分" + sym + "秒";
}
```

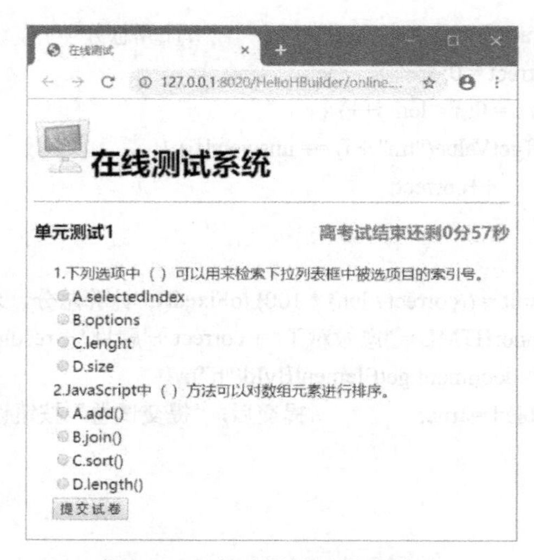

图 7-23　考试倒计时展示效果

在实现提交试卷的 Grade()方法里面添加如下代码。

```
clearInterval(timeID);        //清除定时器
```

5．实现拓展版在线测试

采用 CSS+DIV 布局，结合 JavaScript 方法，在第 3 章综合任务实施中布局效果的基础上，增加本章任务的主体功能代码，效果如图 7-1 和图 7-2 所示。

在第 3 章的 comment.css 内容基础上增加如下样式代码。

```
#show{
        color: blue;
        font-size:16px ;
        line-height: 26px;
        margin: 20px;
}
#time{
        color: forestgreen;
        font-weight: bold;
}
```

将 online.html 核心代码加入第 3 章任务的 default.html 页面中，完整代码如下。

```
<!DOCTYPE html>
<html>
    <head>
        <meta charset="UTF-8">
        <title>在线测试</title>
        <link href="css/comment.css" rel="stylesheet" />
    </head>
    <body>
        <div id="top">
            <div id="logo">
                在线测试系统
            </div>
            <img src="img/zsj.png" /><span id="rq"></span>
        </div>
        <div id="main">
            <div id="left">
                <ul>
                    <li>首页</li>
                    <li>成绩查询</li>
                    <li>单元测试 1</li>
                    <li>单元测试 2</li>
                    <li>单元测试 3</li>
                    <li>单元测试 4</li>
                    <li>单元测试 5</li>
                    <li>单元测试 6</li>
                    <li>单元测试 7</li>
```

```
                    <li>单元测试 8</li>
                </ul>
            </div>
            <div id="right">
                <div id="test1" >
                    <h3 class="box_top">单 元 测 试 1</h3>
                    <span id="time"></span>
                    <div id="show"></div>
                </div>
            </div>
        </div>
        <div id="footer">
            Copyright & copy; cojar 工作室 [2019 版]
        </div>
    </body>
    <script type="text/javascript">
        rq=document.getElementById("rq");    //页眉显示日期
        now=new Date();
        var week_Array=["星期日","星期一","星期二","星期三","星期四","星期五","星期六"];
        rq.innerHTML=now.getFullYear()+" 年 "+(now.getMonth()+1)+" 月 "+now.getDate()+" 日
"+","+week_Array[now.getDay()];
        //主体功能
        var show = document.getElementById("show");
        var time = document.getElementById('time');
        var questions = new Array();
        var questionXz = new Array();
        var answers = new Array();
        questions[0] = "下列选项中（ ）可以用来检索下拉列表框中被选项目的索引号。";
        questionXz[0] = ["A.selectedIndex", "B.options", "C.lenght", "D.size"];
        answers[0] = 'A';
        questions[1] = "JavaScript 中（ ）方法可以对数组元素进行排序。";
        questionXz[1] = ["A.add()", "B.join()", "C.sort()", "D.length()"];
        answers[1] = "C";
        var len = questions.length;
        for(var i = 0; i < len; i++) {
            show.innerHTML+=i+1+"."+questions[i]+"<br />";
            show.innerHTML+='<label><input type="radio" value="A" name="tm'+i+'" />'+
questionXz[i][0]+"</label><br />";
            show.innerHTML+='<label><input type="radio" value="B" name="tm'+i+'" />'+
questionXz[i][1]+"</label><br />";
            show.innerHTML+='<label><input type="radio" value="C" name="tm'+i+'" />'+
questionXz[i][2]+"</label><br />";
            show.innerHTML+='<label><input type="radio" value="D" name="tm'+i+'" />'+
questionXz[i][3]+"</label><br />";
        }
        show.innerHTML += '<button onclick="Grade()" id="tj" class="bt">提 交 试 卷</button>';
```

```
function getValue(btBroup) { //遍历每组，获取选中的选项对应的值
    var btBroup = document.getElementsByName(btBroup);
    for(var i = 0; i < btBroup.length; i++) {
        if(btBroup[i].checked) {
            return btBroup[i].value;
        }
    }
}
function Grade() {                  //计算总分
    clearInterval(timeID);          //清除定时器
    var correct = 0;
    for(var i = 0; i < len; i++) {
        if(getValue("tm" + i) == answers[i]) {
            ++correct;
        }
    }
    var result = ((correct /len) * 100).toFixed(); //计算总分，求整数
    time.innerHTML = '<h2 style="color: red;">测试成绩：' + result + '分</h2><hr>';
    var tj = document.getElementById("tj");
    tj.disabled = true;      //提交后，"提交试卷"按钮设为不可用，阻止重复提交
}
var ks = new Date();
var msks = ks.getTime();
var js = msks + 60 * 1 * 1000;
timeID = setInterval("jsover()", 1000);
function jsover() {
    var syfz = Math.floor((js - new Date().getTime()) / (1000 * 60)); //计算剩余分钟数
    var sym = Math.floor((js - new Date().getTime() - syfz * 1000 * 60) / (1000)); //计算剩
余的秒数

    if(syfz < 0) {
        Grade();  //时间用完后，自动调用 Grade()提交试卷
    } else
        time.innerHTML = "离考试结束还剩" + syfz + "分" + sym + "秒";

}
  </script>
</html>
```

任 务 训 练

【理论测试】

1．在 JavaScript 中，下列关于 window 对象方法的说法错误的是（　　）。

A．window 对象包括 location 对象、history 对象和 document 对象

B．window.onload( )方法中的代码会在一个该页面加载完成后执行

C．window.open( )方法用于在当前浏览器窗口加载指定的 URL 文档

D．window.close( )方法用于关闭浏览器窗口

2．在下拉列表 cityList=document.getElementById("cityList")中，如果删除列表元素的第二项，语句是（　　）。

A．cityList.option[1]= "";

B．cityList.option[1].value="";

C．cityList.option[1]=null;

D．cityList.option[1].text="";

3．下列选项中（　　）可以用来检索下拉列表框中被选项目的索引号。

A．selectedIndex　　B．options　　C．length　　D．add

4．下列选项中（　　）能获得焦点。

A．blur()　　B．onblur()　　C．focus()　　D．onfocus()

5．下面（　　）可实现刷新当前页面。

A．reload()　　B．replace()　　C．href()　　D．referrer

6．当鼠标指针移到页面中某个图片上时，图片出现一个边框，并且图片放大，这是因为触发了（　　）事件。

A．onclick　　B．onmousemove

C．onmouseout　　D．onmousedown

7．在使用事件处理程序对页面进行操作时，最重要的是如何通过对象的事件来指定事件处理程序，其指定方式主要有（　　）。

A．直接在 HTML 标记中指定

B．在 JavaScript 中说明

C．使用 addEventListener指定特定对象的特定事件

D．以上 3 种方法皆可

【实训内容】

1．弹出小窗口，并在指定时间后关闭。

7-14　弹出及关闭小窗口

2．使用 JavaScript 实现功能：在一个文本框中内容发生改变后，单击页面的其他部分将弹出一个消息框显示文本框中的内容。

3．使用 JavaScript 实现功能：一组复选框的全选、全不选、反选。

7-15　实现全选，全不选，反选

4．完善在线测试系统，实现单击“提交试卷”按钮，先询问是否确定提交，确定后再评分，避免误操作（提示：可以使用 confirm 实现）。

任务8　实现学生成绩信息管理功能

学 习 目 标

【知识目标】

掌握DOM对象的常用属性和方法。

掌握DOM对象事件的处理。

掌握表格的动态操作。

掌握DOM对象的样式设置。

【技能目标】

能够实现元素的获取、增、删、改、替及遍历。

能够实现元素事件的绑定。

能建立表格并设置其相关属性。

能动态插入行和单元格，能动态修改单元格内容。

能动态删除某行。

能添加样式及动态改变元素的样式实现表格美化。

能综合应用表单实现信息的添加。

任 务 描 述

本任务实现学生信息的添加、删除及展示功能，如图 8-1 和图 8-2 所示。单击“增加”按钮，弹出“添加信息”对话框，填好后单击“确定”，所填的信息加入表格中，表格每行有一个“删除”，实现单击“删除”删除当前行操作，并实现表格的隔行变色。

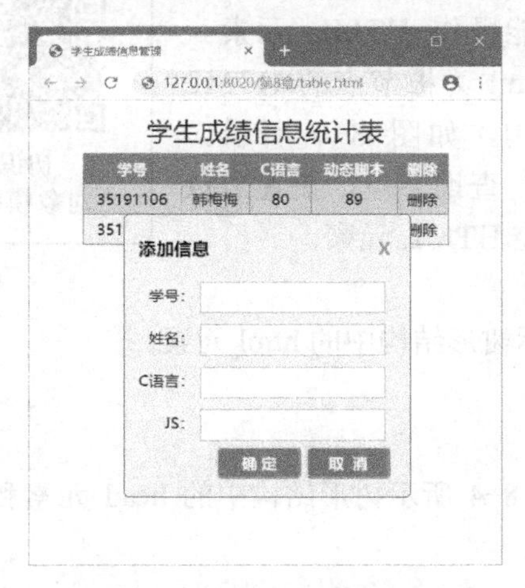

图 8-1 “添加信息”对话框

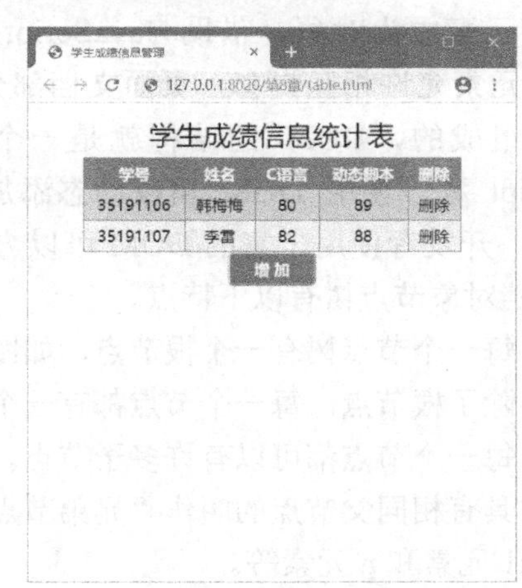

图 8-2　删除指定信息行

知 识 准 备

8.1　DOM

8.1.1　文档对象

文档（document）对象是窗口对象的一个主要部分，如图 8-3 所示，它包含了网页中显示的各个元素对象。

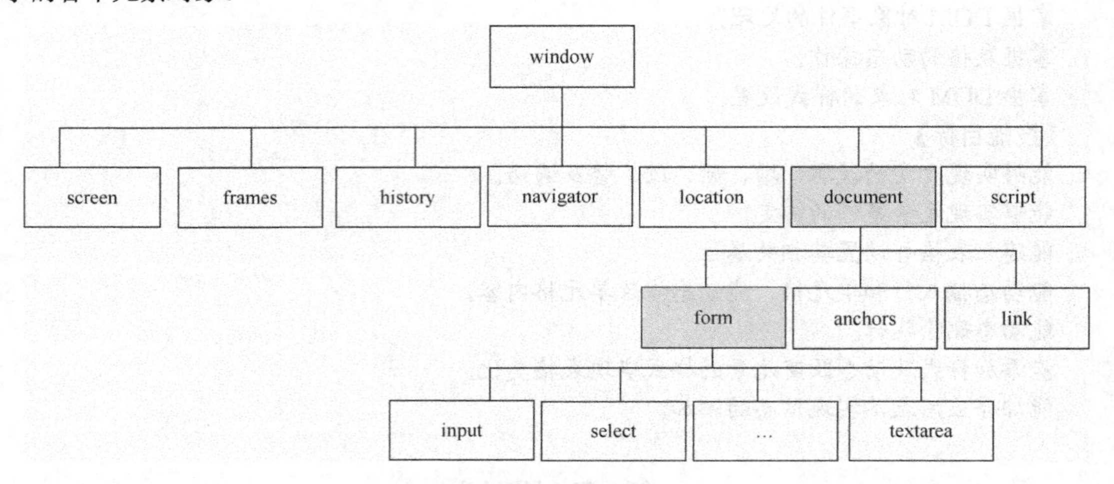

图 8-3　网页层次模型结构图

8.1.2　DOM 简介

DOM（Document Object Model，文档对象模型）的出现，使得 HTML 元素成为对象，借助 JavaScript 脚本就能操作 HTML 元素。HTML 元素允许相互嵌套，页面文档部分是由 html 为根节点的 HTML 节点树组成的，DOM 的结构就是一个树形结构，如图 8-4 所示。JavaScript 程序使用 DOM 可以动态添加、删除、查询节点，设置节点的属性，开发者使用丰富的 DOM 可以方便地操控 HTML 元素。

8-1　初识文档对象模型

文档对象节点树有以下特点。

1）每一个节点树有一个根节点，如图 8-4 所示树形结构中的 html 元素。

2）除了根节点，每一个节点都有一个父节点。

3）每一个节点都可以有许多子节点。

4）具有相同父节点的叫作“兄弟节点”，如图 8-4 所示树形结构中的 head 元素和 body 元素、h1 元素和 p 元素等。

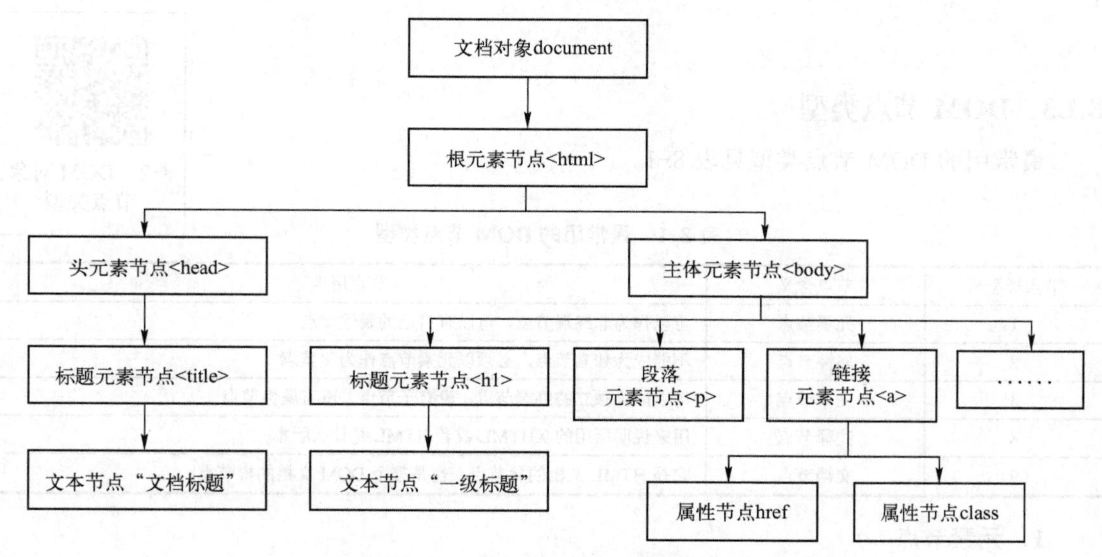

图 8-4　DOM 节点层次图效果

一个文档是由任意多个节点的分层组成的，一个合法的 DOM 文档提供了一个无序列表，文档中包含了最常用的节点类型，它们是元素节点、属性节点和文本节点。通过以下代码认识 DOM 的树形结构。

```
<body>
    <ul id="nav">
        <li><a href="javascript:alert('建设目标');">建设目标</a></li>
        <li><a href="javascript:alert('建设思路');">建设思路</a></li>
        <li><a href="javascript:alert('培养方案');">培养方案</a></li>
    </ul>
</body>
```

上段代码对应的树形结构如图 8-5 所示。

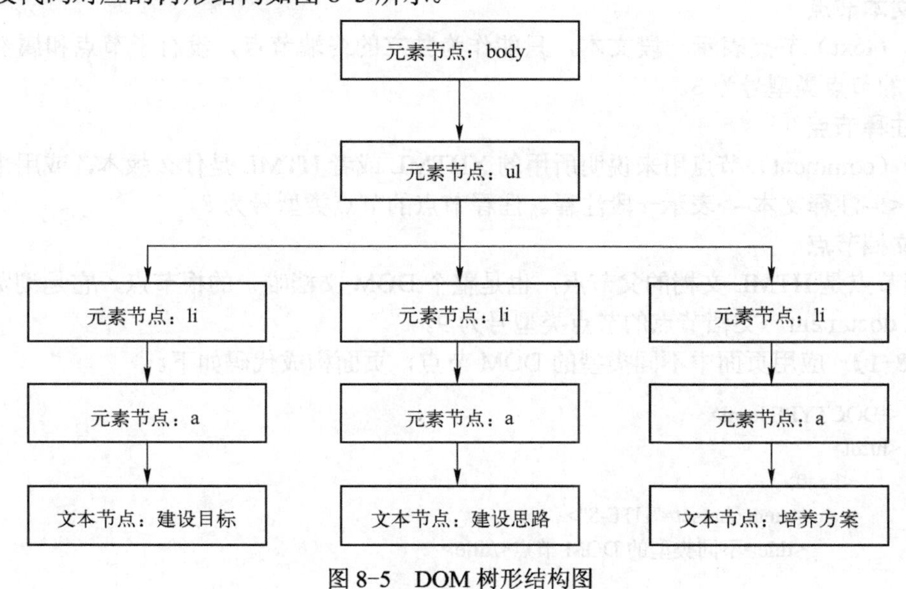

图 8-5　DOM 树形结构图

8.1.3 DOM 节点类型

8-2 DOM 对象节点类型

最常用的 DOM 节点类型见表 8-1。

表 8-1 最常用的 DOM 节点类型

节点类型号	节点含义	节点用途
1	元素节点	可以作为非终端节点，可以有自己的属性节点
2	属性节点	不能成为独立节点，必须以元素节点作为父节点
3	文本节点	可以成为独立的终端节点，没有子节点，没有属性节点
8	注释节点	用来说明所用的 XHTML 或者 HTML 是什么版本
9	文档节点	它是 HTML 文档的父节点，也是整个 DOM 文档的根节点

1．元素节点

元素（element）节点是构建 DOM 树形结构的基础，可以作为非终端节点，可以有自己的属性节点、下级元素节点和下级文本节点，下级元素节点可以实现 DOM 树形结构纵向扩展，同级元素节点可以实现 DOM 树形结构横向扩展。元素节点在没有任何子节点的情况下就是终端节点。元素节点（element 节点）类型用于表现 XML 或 HTML 元素，提供对元素标签名、子节点及特性的访问。元素节点的节点类型号 nodeType 属性值为 1，nodeName 属性表示元素标签名；nodeValue 属性值为 null；parentNode 属性表示可能是 document 或 element，子节点可能是 element、text、comment 等。

2．属性节点

属性（attribute）节点是一个键值对，键是属性名，值是属性值，属性节点不能成为独立节点，它必须从属于元素节点，只用来描述元素节点的属性，充实元素节点的内容，在 DOM 的操作中使用的方法也与其他节点不同。属性节点的节点类型号为 2。

3．文本节点

文本（text）节点表示一段文本，只能作为独立的终端节点，没有子节点和属性节点。文本节点的节点类型号为 3。

4．注释节点

注释（comment）节点用来说明所用的 XHTML 或者 HTML 是什么版本，或用来添加注释文本。<!--注释文本-->表示一段注释。注释节点的节点类型号为 8。

5．文档节点

文档节点是 HTML 文档的父节点，也是整个 DOM 文档唯一的根节点，它是浏览器的内内置对象 document，文档节点的节点类型号为 9。

【例 8-1】 应用页面中不同类型的 DOM 节点，页面构成代码如下。

```
<!DOCTYPE html>
<html>
    <head>
        <meta charset="UTF-8">
        <title>不同类型的 DOM 节点</title>
```

```
        <style>
            ul a{
                    background-color:#ddd;
                    text-align:center; }
        </style>
    </head>
    <body>
        <ul id="nav">
            <li><a href="javascript:alert('建设目标');" style="color: Red">建设目标</a></li>
            <li><a href="javascript:alert('建设思路');">建设思路</a></li>
            <li><a href="javascript:alert('培养方案');">培养方案</a></li>
        </ul>
        <span>内容文本</span><!--注释-->
        <div>标题文本</div>
    </body>
</html>
```

说明：

页面中元素节点的名称为 html、head、title、style、body、ul、li、a、span 及 div。如果有脚本，则不用管 script 在何处定义属于 body 的元素子节点。本页面中 body 的直接子节点有 ul、span、#comment、#text、div 和 script。

8.1.4 DOM 节点常用的属性和方法

通过节点属性和方法，JavaScript 就可以方便地得到每一个节点的内容，并且可以进行添加、删除节点等操作。表 8-2 和表 8-3 列举了 DOM 节点的常用属性和方法。

表 8-2 DOM 节点的常用属性

属性	意义
body	只能用于 document.body，得到 body 元素
innerHTML	元素节点中的 HTML 内容，包括文本和标签
nodeName	元素节点的名字，是只读的，对于元素节点就是元素标签名
nodeValue	元素节点的值，对于文字内容的节点，得到的就是文字内容
nodeType	显示节点的类型
parentNode	元素节点的父节点
children	返回元素节点的子元素的集合
childNodes	元素节点的子节点数组（返回所有节点，包括文本节点、注释节点）
firstChild	第一个子节点，与 childNodes[0]等价
lastChild	最后一个子节点，与 childNodes[childNodes.length-1]等价
previousSibling	前一个兄弟节点，如果这个节点就是第一个节点，那么该值为 null
nextSibling	后一个兄弟节点，如果这个节点就是最后一个节点，那么该值为 null
attributes	元素节点的属性数组

表 8-3　DOM 节点的常用方法

方法	意义
getElementById()	返回带有指定 ID 的元素
getElementsByName()	返回所有带有给定 name 属性值的元素的节点列表（集合/节点数组）
getElementsByTagName()	返回包含带有指定标签名称的所有元素的节点列表（集合/节点数组）
getElementsByClassName()	返回包含带有指定类名的所有元素的节点列表
appendChild()	把新的子节点添加到指定节点（是指定节点内部的底部）
insertBefore()	在指定的子节点前面插入新的子节点
removeChild()	删除子节点
replaceChild()	替换子节点
createElement()	创建元素节点
createTextNode()	创建文本节点
createAttribute()	创建属性节点
getAttribute()	返回指定的属性值
setAttribute()	把指定属性设置或修改为指定的值
removeAttribute()	该方法接收一个参数，用于删除指定属性
hasChildNodes()	boolean，当 childNodes 包含一个或多个节点时，返回真值

8.2　DOM 节点及其属性的访问

8.2.1　获取文档对象中元素对象的一般方法

JavaScript 使用节点的属性和方法，可以通过下述几种方式得到文档对象中的各个元素对象。

1．document.getElementById

如果 HTML 元素中设置了标识 id 属性，就可以通过这一方法直接得到该元素对象，格式：

```
document.getElementById('元素 id 属性值')
```

8-3
getElementById
方法访问页面
元素

例如 document.getElementById("buttonTest")就是获取 id 属性值为"buttonTest"的元素对象。

2．document.getElementsByTagName

这种方式是通过元素标签名得到一组元素对象数组（array），格式：

```
document. getElementsByTagName ('元素标签名')
```

或

```
节点对象. getElementsByTagName ('元素标签名')
```

使用第二种格式将得到该“节点对象”下的所有指定元素标签名的对象数组。例如 document.getElementsByTagName('input')[0]，表示获取一组元素标签名为“input”中的第一个，第二个可以使用 document.getElementsByTagName('input')[1]来获取。

3．document.getElementsByName

这种方式是通过元素名（name）得到一组元素对象数组（array），格式：

```
document. getElementsByName ('元素名')
```

或

```
节点对象. getElementsByName ('元素名')
```

8-4 getElementsByName 方法访问页面元素

它一般用于节点中具有 name 属性的元素，大部分表单及其控件元素都具有 name 属性，例如：

```
document.getElementsByName("but1")[0]
```

8-5 获取元素对象的方法

4．getElementsByClassName

getElementsByClassName()方法接收一个参数，即一个包含一或多个类名的字符串，返回带有指定类的所有元素的 集合。传入多个类名时，类名的先后顺序不重要。如果查找带有相同类名的所有 HTML 元素，可使用这个方法，如返回包含 class="intro"的所有元素：

```
document.getElementsByClassName("intro");//记得不加点==>不是“. intro”
```

注意：getElementsByClassName()方法在 Internet Explorer 5、6、7、8 中无效。

5．特殊集合

除了属性和方法之外，文档对象还有一些特殊的集合。这些集合都是 HTMLCollection 对象，为访问文档常用的部分提供快捷方式。

1）document.anchors：访问文档中所有带 name 特性的<a>元素。

2）document.forms：访问文档中所有<form>元素。

3）document.images：访问文档中所有<img>元素。

4）document.links：访问文档中所有带 href 特性的<a>元素。

8.2.2 元素的属性

innerText：表示起始标签和结束标签之间的文本。

innerHTML：表示元素的所有元素和文本的 HTML 代码。在读模式下，innerHTML 属性返回调用元素的所有子节点对应的 HTML 标签和内容。在写模式下，innerHTML 会根据指定的值来创建新的 DOM 树。利用这个属性可以给指定的标签里面添加标签。例如：

```
<div><b>Hello</b> world</div>
```

8-6 元素的 innerText、innerHTML、outerHTML、outerText

DIV 元素的 innerText 为 Hello world，innerHTML 为 **Hello** world

outerText：是整个目标节点，返回和 innerText 一样的内容。

outerHTML：除了包含 innerHTML 的全部内容外，还包含对象标签本身。

图 8-6 展示了 innerText、innerHTML、outerHTML 之间的区别。

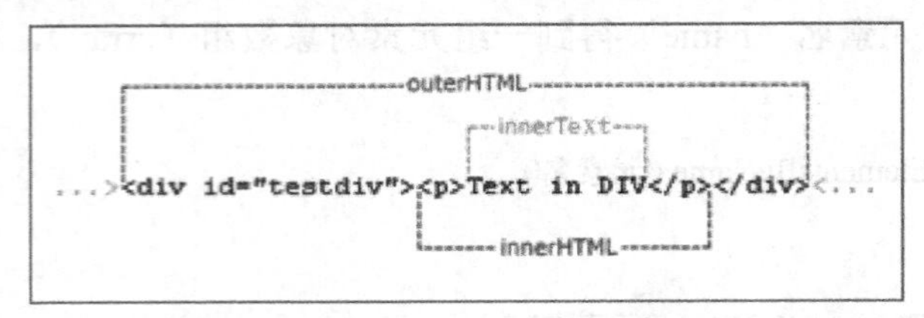

图 8-6　innerText、innerHTML、outerHTML 区别

8.2.3　导航节点关系

8-7　导航节点关系

DOM 对象的访问是操作 DOM 节点的先决条件。使用 getElementById、getElementsByName、getElementsByTagName 等方法可以定位 DOM 节点的绝对位置，后面得到的是 DOM 节点的集合，访问其中某个节点必须借助于下标。

DOM 还为访问 DOM 节点的相对位置提供了丰富的方法，如下所述。

1．访问父节点

parentNode()方法与 parentElement()方法返回唯一的父节点，父节点不存在时返回 null。这两个方法完全等价，因为只有元素节点才能作为父节点。node.parentElement()返回 node 节点的父节点。DOM 顶层节点是 document 内置对象，document.parentNode( )返回 null。

2．访问子节点

childNodes 属性返回包含文本节点及元素节点的子节点集合，文本节点和属性节点的 childNodes 永远是 null。利用 childNodes.length 可以获得子节点的数目，可通过循环与索引查找节点。firstChild 属性返回第一个子节点，lastChild 属性返回最后一个子节点。

【例 8-2】 输出超链接中文本节点的值（文本）。

DOM 结构代码如下。

```
<div id="nav"><a>资讯 </a><a> 视频</a><a> 图片</a></div>
```

核心功能代码如下。

```
var anchs;
anchs = document.getElementById("nav").getElementsByTagName("a");
var len=anchs.length;
for (var i = 0; i < len; i++) {
    var anchs_childNodes = anchs[i].childNodes;
    var count = anchs_childNodes.length;
    for (var j = 0; j < count; j++) {
        var node = anchs_childNodes[j];
        if (node.nodeType == "3"){
            alert(node.nodeValue);
        }
    }
}
```

说明：使用 document.getElementById("nav").getElementsByTagName("a"); 而不是 document.

getElementsByTagName("a")的意义在于缩小查找标签 a 的范围。这是一个在任意节点上查找子节点的例子。

本例使用 childNodes.length 判断有无子节点；也可以使用 hasChildNodes()方法的返回值判断。

3．访问兄弟节点

nextSibling 属性返回同级的下一个节点，最后一个节点的 nextSibling 属性为 null；previousSibling 属性返回同级的上一个节点，第一个节点的 previousSibling 属性为 null。

【例 8-3】 页面节点的访问。

通过本例，可以了解页面节点的 DOM 结构，本例以表格的形式显示 DOM 结构中各节点的类型号、名称和值。页面 HTML 代码及其访问节点的 JavaScript 的代码如下。

```
<!DOCTYPE html>
<html>
    <head>
        <meta charset="UTF-8">
        <title>页面节点的访问</title>
        <style>
            td.line4{
                background-color:#ddd;
                text-align:center;
                }
        </style></head>
    <body>
        <ul id="nav">
            <li><a href="javascript:alert('建设目标');" style="color: Red">建设目标</a></li>
            <li><a href="javascript:alert('建设思路');">建设思路</a></li>
            <li><a href="javascript:alert('培养方案');">培养方案</a></li>
        </ul>
        <span>内容文本</span><!-- 注释 -->
        <div>标题文本</div>
        文本节点
        <script language="JavaScript">
            var doc = document;
            var s = "";
            s = "<table border='1' width='400px'>";
            s+="<tr><td>下标</td><td>nodeType</td><td>nodeName</td><td>nodeValue</td></tr>";
            s += "<tr><td colspan='4' class='line4'>document 的子对象</td></tr>";
            for (var i = 0; i < doc.childNodes.length; i++) {
                s += node_Info(doc.childNodes, i);
            }
            s += "<tr><td colspan='4' class='line4' >head 的子对象</td></tr>";
            var arr = doc.getElementsByTagName("head")[0].childNodes;     //访问 head 的子节点
            for (var i = 0; i < arr.length; i++) {
                s += node_Info(arr, i);
            }
```

```
            s += "<tr><td colspan='4' class='line4'>body 的子对象</td></tr>";
          //var arr = doc.getElementsByTagName("body")[0].childNodes;   //访问 body 的子节点
            var arr = doc.body.childNodes;                              //更简捷
    for (var i = 0; i < arr.length; i++) {
                s += node_Info(arr, i);
            }
            s += "</table>";
            doc.getElementsByTagName("div")[0].innerHTML = s;
            function node_Info(arr, i) {                                 //定义函数，便于维护
                node = arr[i];
                var s1 =
                "<tr>" +
                "<td style='width:40px'>" + (i + 1) + "</td>" +
                "<td>" + node.nodeType + "</td>" +
                "<td>" + node.nodeName + "</td>" +
                "<td>" + node.nodeValue + "</td>" +
                "</tr>";
                return s1;
            }
        </script>
    </body>
</html>
```

运行代码，页面浏览效果如图 8-7 所示。

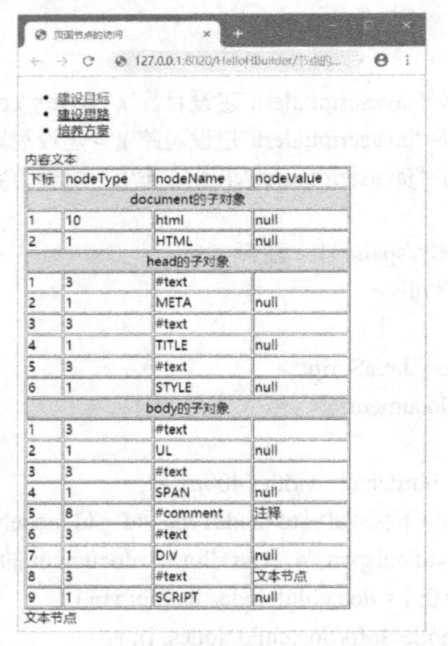

下标	nodeType	nodeName	nodeValue
document的子对象			
1	10	html	null
2	1	HTML	null
head的子对象			
1	3	#text	
2	1	META	null
3	3	#text	
4	1	TITLE	null
5	3	#text	
6	1	STYLE	null
body的子对象			
1	3	#text	
2	1	UL	null
3	3	#text	
4	1	SPAN	null
5	8	#comment	注释
6	3	#text	
7	1	DIV	null
8	3	#text	文本节点
9	1	SCRIPT	null

图 8-7　页面节点的访问示例效果

说明：标签名为 head 的节点虽然只有一个，因为没有 id 属性也没有 name 属性，所以只有使用 document.getElementsByTagName("head")[0]定位。其中[0]不可少，访问 body 节点与此相似，但它有更简捷的方法——document.body。

定义函数 node_Info()，为集合中指定下标的元素输出提供统一处理，减少代码量，提高了可维护性。

8.3 DOM 节点的创建与修改

DOM 树形结构的建立与调整，都可以通过 JavaScript 程序对节点的创建与删除来实现，以取代前面的字符串方式拼接的 HTML 文本，用访问 DOM 节点树中节点对象的方式更容易实现用 JavaScript 编程操作页面中各个 DOM 对象。

8-8 创建和添加节点

8.3.1 创建节点

通过 document 内置对象（也是 DOM 顶层对象）的方法可以创建不同类型 DOM 节点对象。

（1）createElement 方法

createElement(tagName)方法可以创建新的元素节点，返回对新节点的对象引用。其中 tagName 参数为新节点的标签名，例如如下语句创建了一个标签名为"div"的元素节点。

```
var newnode=document.createElement("div");
```

（2）createTextNode 方法

createTextNode(string)方法可以创建新的文本节点，返回对新节点的对象引用。其中 string 参数为新节点的文本，例如如下语句创建了一个文本为" hello "的文本节点。

```
var newnode= document.createTextNode("hello");
```

（3）createAttribute 方法

createAttribute(name)方法可以创建新的属性节点，返回对新节点的对象引用。其中 name 参数为新节点的属性名，例如如下语句创建了一个名为"href"的属性节点。

```
var newnode= document.createAttribute ("href");
```

属性节点的值可以通过写节点对象的 value 属性进行设定，例如：

```
newnode.value = "test.html";
```

属性节点的创建还有一种更加简捷的方法，就是利用 JavaScript 语言的弱类型，直接用赋值的方法产生。

8.3.2 添加节点

创建节点仅仅是在内存中产生节点，该节点放在什么位置、做哪个节点的子节点无法得知，所以必须要学会添加节点的方法。这些方法是已有节点对象的方法，新节点是方法的参数，新节点是已有节点对象的子节点。

（1）appendChild 方法

appendChild(newChild)方法可以添加新节点到方法所属节点的尾部。其中 newChild 参数为新加子节点对象。appendChild 方法适合于元素节点、文本节点等节点的添加，不适合属性节点的添加。

（2）setAttributeNode 方法

setAttributeNode(newChild)方法可以添加新属性节点到方法所属节点的属性集合中。例如，使用 setAttributeNode 方法添加节点，代码如下。

```
var div = document.createElement("div");
var attr = document.createAttribute ("属性名 1");
attr.value = "属性值 1";
div. setAttributeNode(attr);
var newnode= document.createTextNode("hello");
div.appendChild(newnode);
document.body.appendChild(div);   // 页面输出：<div  属性名 1="属性值 1">hello</div>
```

（3）insertBefore 方法

insertBefore(newElement, targetElement)方法可以将新节点 newElement 插入相对节点 targetElement 的前面，作为方法所属节点的子节点，newElement 成为与 targetElement 相邻的兄弟节点，它们的父节点可以通过 targetElement. parentNode 得到。在方法前面加节点对象就显得多余了，所以有必要定义一个全局方法，减少多余的节点对象指定。

DOM 中没有 insertAfter(newElement,targetElement)方法用来实现将新节点 newElement 插入相对节点 targetElement 后面。为了编程的方便，加之前面 insertBefore 的改进，这里编写 insertAfter 函数保存在 global.js 文件中，以供【例 8-4】调用，代码如下。

```
function insertBefore(newElement, targetElement) {
    var parent = targetElement.parentNode;
    parent.insertBefore(newElement, targetElement)
}
function insertAfter(newElement, targetElement) {
    var parent = targetElement.parentNode;
    if (parent.lastChild == targetElement) {              //目标节点是最后一个节点
        parent.appendChild(newElement);
    } else {                                               //目标节点不是是最后一个节点
        parent.insertBefore(newElement, targetElement.nextSibling);
    }
}
```

【例 8-4】 添加节点，代码如下。

```
<!DOCTYPE html>
<html>
<head>
    <meta charset="UTF-8">
    <title>添加节点</title>
    <script src="global.js" type="text/javascript"></script>
</head>
<body>
  <script>
    var div1 = document.createElement("div");
    div1.innerHTML = "第  1  个添加的 DIV 节点";
```

```
            document.body.appendChild(div1);
            var div ;
            div = document.createElement("div");
            div.innerHTML = "第 2 个添加的 DIV 节点";
            insertBefore(div, div1);
            div = document.createElement("div");
            div.innerHTML = "第 3 个添加的 DIV 节点";
            insertAfter(div, div1);
        </script>
    </body>
</html>
```

运行代码，页面浏览效果如图 8-8 所示。

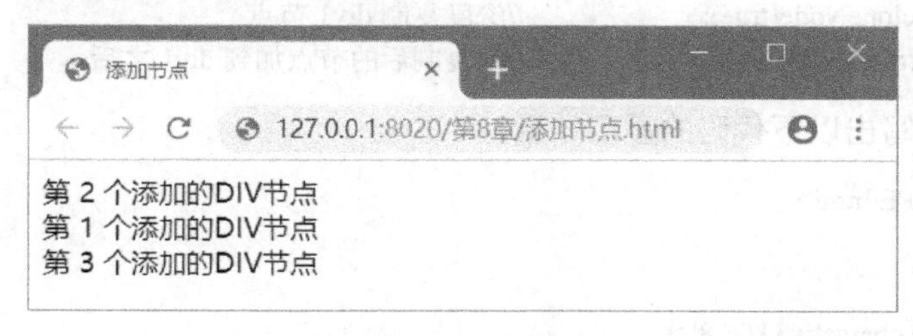

图 8-8　添加节点

8.3.3　删除节点

removeChild(node)方法用于删除节点。该方法的所属节点对象是 node 的父节点，与 insertBefore 方法一样，所属节点对象也是多余的，也可以定义一个全局方法 removeNode（加入 global.js）以实现直接删除指定节点。

removeNode 全局方法定义如下。

```
function removeNode(node) {
    var parent = node.parentNode;
    parent.removeChild(node);
}
```

调用：

```
removeNode(div1);
```

8.3.4　替换节点

replaceChild(newChild,oldChild)方法可以用新节点 newChild 替换原节点 oldChild。该方法的所属节点对象是 oldChild 的父节点，与 insertBefore 方法一样，所属节点对象也是多余的，也可以定义一个全局方法 replaceNode（加入 global.js）以实现直接替换节点。newChild 与 oldChild 的 replaceNode 全局方法定义如下。

8-9　节点的删除、替换与复制

```
function replaceNode(newChild, oldChild) {
```

```
        var parent = oldChild.parentNode;
        parent.replaceChild(newChild, oldChild);
    }
```

调用：

```
    replaceNode (div,div1);
```

8.3.5 复制节点

cloneNode(bool)方法可以复制一个节点，并返回复制后的节点引用。bool 参数为布尔值，true/false 表示是/否复制该节点所有子节点。

例如：

```
    div = div1.cloneNode(true);            //深度复制 div1 节点
    insertAfter(div, div1);                //将复制后的节点加到 div1 之后。
```

【例 8-5】 请写出以下代码的显示结果。

```
<!DOCTYPE html>
<html>
<head>
    <meta charset="UTF-8">
    <title>节点的增删改复</title>
    <script src="global.js" type="text/javascript"></script>
</head>
<body>
    <div>1</div>
    <div>2</div>
    <div>3</div>
    <div>4</div>
    <script>
        var divs ;
        divs = document.body.getElementsByTagName("div");
        removeNode(divs[1]);
        divs = document.body.getElementsByTagName("div");
        var div = divs[divs.length-1].cloneNode(true);
        insertBefore(div, divs[1]);
        divs = document.body.getElementsByTagName("div");
        div = document.createElement("div");
        div.innerHTML = "5";
        replaceNode(div, divs[0]);
    </script>
  </body>
</html>
```

8.3.6 DOM 节点对象的事件处理

8-10 DOM 节点对象的事件处理

对 DOM 节点对象的事件处理只能用代码实现，即事件的动态绑定。

【例 8-6】 DOM 节点对象的鼠标事件。

动态创建与添加 p 节点，并设置这些节点在鼠标指针移入时前景色变红色、背景色为黑色，鼠标指针移出时恢复原状。为此，先定义一个样式类 over，在鼠标指针移入时使用样式类 over，鼠标指针移出时去除样式类 over，代码如下。

```
<!DOCTYPE html>
<html>
  <head>
      <meta charset="UTF-8">
       <title>DOM 对象节点的事件处理</title>
       <style>
           .over {
               color:white;
               background-color:Black;
           }
           p{
               padding:5px;
               margin:1px;
               background-color:#FF9;
               border:1px solid #093;
           }
      </style>
    </head>
    <body>
      <script>
           for (var i = 0; i < 5; i++) {
               var p = document.createElement("p");
               p.oldClassName = p.className;
               p.onmouseover = function () {
                   this.className = "over";
               }
               p.onmouseout = function () {
                   this.className = this.oldClassName;
               }
               var text = document.createTextNode("行内元素" + i);
               p.appendChild(text);
               document.body.appendChild(p);
           }
      </script>
    </body>
</html>
```

运行代码，页面浏览效果如图 8-9 所示。

图 8-9　DOM 节点对象的事件处理

说明：利用 JavaScript 弱类型的特点，通过 p.oldClassName = p.className;语句将 p 元素原来的样式设置保存在新的成员变量 p.oldClassName 中，这个成员变量属于某个 p 对象。对象成员变量的作用域局限在所属对象内，所属对象存在，则对象成员变量就存在，访问到所属对象就能访问到对象的成员变量。本例中由于每个新创建的 p 对象都从未设置过 className 属性，因此，该属性值为空串，这样就不需要用成员变量 oldClassName 保存每个 p 对象的原来样式状态。以上脚本可以作如下简化。

```
for (var i = 0; i < 5; i++) {
    var p = document.createElement("p");
    p.onmouseover = function () {
        this.className = "over";
    }
    p.onmouseout = function () {
        this.className = "";            //原来的样式名为空串
    }
    var text = document.createTextNode("行内元素" + i);
    p.appendChild(text);
    document.body.appendChild(p);
}
```

以上简化代码虽然代码量只少了一行，但却节省了大量成员变量所占的空间。

8.4　表格动态操作

8-11　动态增加表格的行和单元格

8.4.1　动态插入行和单元格

JavaScript 可以控制 table 动态地插入行和单元格。rows 保存着<tbody>元素中行的 HTMLCollection。

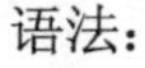

语法：

```
tableObject.insertRow(index)
```

该方法创建一个新的行对象，表示一个新的 <tr> 标签，用于在表格中的指定位置插入一个新行，并返回这个新插入的行对象。正常情况下，新行将被插入 index 所在行之前，若 index 等于表中的行数，则新行将被附加到表的末尾，如果表是空的，则新行将被插入一个新的 <tbody> 段，该段自身会被插入表中。若参数 index 小于 0 或大于表中的行数，该方法将抛出代码为 INDEX_SIZE_ERR 的 DOMException 异常。

table.insertRow()方法默认添加到最后一行，统计行数语句为“table.rows.length;”。

cells 保存着<tr>元素中单元格的 HTMLCollectioin 集合；insertCell(pos) 向 cells 集合的指定位置插入一个单元格，并返回引用；row.insertCell()默认添加到最后一列，还可以根据需要动态改变单元格的属性，例如统计列数“table.rows.item(0).cells.length;”。

【例 8-7】 动态添加行与列。

布局：

```
<table id="cj" >
    <tr>
        <th>学号</th>
        <th>总分</th>
    </tr>
</table>
<input type="button" onclick="insRow()" value="插入行">
<input type="button" onclick="changeContent()" value="修改内容">
```

增加 JavaScript 代码如下。

```
function insRow(){
    rs=document.getElementById('cj').insertRow(1);
    var c0=rs.insertCell(0);
    var c1=rs.insertCell(1);
    c0.innerHTML="001";
    c1.innerHTML="82";
}
function changeContent(){
    var c=document.getElementById('cj').rows[1].cells[0];
    c.innerHTML="006";                              //设置单元格的内容
    c.width = "60";                                 //设置单元格宽度
    c.style.backgroundColor = "#ccc";               //设置单元格背景色
}
```

8-12　动态操作表格

8.4.2　动态删除某行

8-13　动态删除表格的行

table.deleteRow(index)方法用来删除指定位置的行；row.deleteCell(index)方法用来删除指定位置的单元格。

【例 8-8】 动态删除某行，代码如下。

布局：

```
<table id="cj" border="1">
  <tr><td>行 1</td> <td><input type="button" value="删除" onclick="deleteRow(this)"></td></tr>
  <tr><td>行 2</td><td><input type="button" value="删除" onclick="deleteRow(this)"></td></tr>
  <tr><td>行 3</td><td><input type="button" value="删除" onclick="deleteRow(this)"></td></tr>
```

```
</table>
```

实现：

```
<script>
    function deleteRow(bt){ //实参 this 指当前被单击的按钮，两次 parentNode 获取到按钮对应的行对象
        var i=bt.parentNode.parentNode.rowIndex;          // rowIndex 指行的索引
        document.getElementById('myTable').deleteRow(i); //根据索引删除指定行
    }
</script>
```

任务实施

1．任务分析

综合实现学生成绩信息表格行与列的添加、删除及隔行变色，如图 8-1 和图 8-2 所示。单击“增加”按钮，弹出“添加信息”对话框，填好后，单击“确定”按钮，所填的信息加入表格中，表格每行有“删除”，实现单击“删除”删除当前行操作，并实现表格的隔行变色效果。

2．页面布局

建立 table.html 文件，引入后面建立的样式文件 table.css 和 JavaScript 文件 table.js，代码如下。

```
<!DOCTYPE html>
<html>
    <head>
        <meta charset="UTF-8">
        <title>学生成绩信息管理</title>
        <link href="css/table.css" rel="stylesheet" />
    </head>
    <body>
        <table id="cj">
            <caption> 学生成绩信息统计表</caption>
            <tr>
                <th>学号</th>
                <th>姓名 </th>
                <th>C 语言</th>
                <th>动态脚本</th>
                <th>删除</th>
            </tr>
            <tr>
                <td>35191106</td>
                <td>韩梅梅</td>
                <td>80</td>
                <td>89</td>
                <td><span onclick="del(this)">删除</span></td>
```

```
            </tr>
            <tr>
                <td>35191107</td>
                <td>李雷</td>
                <td>82</td>
                <td>88</td>
                <td><span onclick="del(this)">删除</span></td>
            </tr>
        </table>
        <input type="button" value="增 加" id="addInfo" class="btn" />
        <script src="js/table.js"></script>
    </body>
</html>
```

3．添加样式

本任务对 table 对象及其下属对象进行样式设置，使表头行与表体行有区别。建立样式表文件 table.css，添加内容如下。

```
table {
    margin: auto;
    width: 80%;
    background-color: #d9ffdc;  /* 表格背景色 */
    border-collapse: collapse;
}
caption {
    font-size: 28px;
    line-height: 50px;
    color: blue;
}
th {
    margin: 0px;
    background-color: #00a40c;  /* 表头背景色 */
    color: #FFF;                /* 表头文字颜色 */
}
th,td {
    border: 1px solid #00a40c;
    padding: 6px;
}
.btn {                          /* 按钮样式 */
    color: #FFFFFF;
    font-size: 16px;
    font-weight: bold;
    width: 90px;
    height: 36px;
    border-radius: 6px;
    background-color: forestgreen;
}
```

```
body {
        text-align: center;
}
```

4．动态改变样式实现条纹表格

表格的奇数行和偶数行的背景色有区别，建立 JavaScript 文件 table.js，添加内容如下。

8-14　条纹表格效果

```
var tab = document.getElementById('cj');
function strRow() {
        var len = tab.rows.length;
        for(var i = 0; i < len; i++)
                if(i % 2)
                        tab.rows[i].style.backgroundColor = "lightgreen"
                else
                        tab.rows[i].style.backgroundColor = "#d9ffdc";
}
strRow();
```

此时页面效果如图 8-1 所示。

5．动态删除表格的指定行

表格的每行最后一列<td><span onclick="del(this)">删除</span></td>单元格中的 span 对象模拟按钮来实现删除当前行的操作。在 JavaScript 文件 table.js 中添加如下内容。

```
function del(span) {
                var i=span.parentNode.parentNode.rowIndex;
                document.getElementById('cj').deleteRow(i);
                strRow();
}
```

6．表格中信息的动态添加

实现对话框效果，需添加表单布局，创建 name 属性值为“addForm”的表单，在表单中增加学号、姓名、各科成绩等字段，并将表单包裹在 id 属性值为“add”的 div 中，在 table.html 文件中添加如下代码。

```
<div id="add">
        <h3> 添加信息 <span title="关闭" id="close">&Chi;</span></h3>
        <form name="addForm">
                学号：<input name="id" class="text" /><br>
                姓名：<input name="user" class="text" /><br>
                C 语言：<input name="c" class="text" /><br>
                JS：<input name="js" class="text" /><br>
                <input type="button" value="确 定" id="qd" class="btn" />
                <input type="reset" value="取 消" class="btn" />
            </form>
    </div>
```

JavaScript 文件 table.js 中添加如下代码。

```
var btQd = document.getElementById("qd");//通过 id 属性值获取“确定”按钮。
```

```
var add = document.getElementById("add");//通过 id 属性值获取“增加信息”对话框。
var btAdd = document.getElementById("addInfo");//通过 id 属性值获取“增加”按钮。
btQd.onclick = function() {
    insRow();
    add.style.display = "none";
}
btAdd.onclick = function() {
    add.style.display = "block";
    //show();  //要实现居中显示必须调用
}
document.getElementById("close").onclick = function() {
    add.style.display = "none";
}
function insRow() {
    rs = tab.insertRow(tab.rows.length);
    var c0 = rs.insertCell(0);
    var c1 = rs.insertCell(1);
    var c2 = rs.insertCell(2);
    var c3 = rs.insertCell(3);
    var c4 = rs.insertCell(4);
    c0.innerHTML = addForm.id.value;        // 新增行的第 1 个单元格赋值
    c1.innerHTML = addForm.user.value;      // 新增行的第 2 个单元格赋值
    c2.innerHTML = addForm.c.value;         // 新增行的第 3 个单元格赋值
    c3.innerHTML = addForm.js.value;        // 新增行的第 4 个单元格赋值
    c4.innerHTML = '<span onclick="del(this)">删除</span>'; //第 5 个单元格
strRow()// 隔行变色
}
```

实现对话框效果，还需在 table.css 文件中添加如下样式代码。

```
#add {
        display: none;   /* 默认不可见 */
        position: absolute;
        border: 1px solid darkgreen;
        padding:5px 20px 20px 25px;
        border-radius: 6px;
        background-color: #d9ffdc;
        text-align: right;
    }
    h3 {
        text-align: left;
    }
    #close{
        float: right;
        color: lightcoral;
    }
    .text {
```

```
            padding: 0 10px;
            color: #777777;
            font-weight: bold;
            margin: 6px;
            height: 30px;
        }
```

7. 实现“添加信息”对话框的居中效果

```
function show() {
    var w = window.innerWidth || document.documentElement.clientWidth || document.body.clientWidth;
    var h = window.innerHeight || document.documentElement.clientHeight || document.body.clientHeight;
    var top = (h - 260) / 2;
    var left = (w - 300) / 2;
    add.style.top = top + 'px';
    add.style.left = left + 'px';
}
window.onresize = function() {
                show();
};
```

任 务 训 练

【理论测试】

1．在节点<body>下添加一个<div>，正确的语句为（　　）。

A．var div1 = document.createElement("div");document.body.appendChild(div1);

B．var div1 = document.createElement("div");document.body.deleteChild(div1);

C．var div1 = document.createElement("div");document.body.removeChild(div1);

D．var div1 = document.createElement("div");document.body.replaceChild(div1);

2．在某页面中有一个 10 行 3 列的表格，表格的 id 为 Ptable，下面的语句（　　）能够删除最后一行。

A．document.getElementById("Ptable").deleteRow(10);

B．var delrow=document.getElementById("Ptable").lastChild;
delrow.parentNode.removeChild(delrow);

C．var index=document.getElementById("Ptable").rows.length;
document.getElementById("Ptable").deleteRow(index);

D．var index=document.getElementById("Ptable").rows.length-1;
document.getElementById("Ptable").deleteRow(index);

3．某页面中有一个 1 行 2 列的表格，其中表格行<tr>的 id 为 r1，下列（　　）能在表格中增加一列，并且将这一列显示在最前面。

A．document.getElementById("r1").Cells(1);

B．document.getElemtntById("r1").Cells(0);

C．document.getElementById("r1").insertCell(0);

D．document.getElemtntById("r1").insertCell(1);

4．某页面中有一个 id 为 main 的 div，div 中有两个图片及一个文本框，下列（　　）能够完整地复制节点 main 及 div 中的所有内容。

A．document.getElementById("main").cloneNode(true);

B．document.getElementById("main").cloneNode(false);

C．document.getElementById("main").cloneNode();

D．main.cloneNode();

5．关于如下 JavaScript 代码，说法正确的是（　　）。

```
var s=document.getElementsByTagName("p");
  for(var i=0;i<s.length;i++){
      s[i].style.display="none";
  }
```

A．隐藏了页面中所有 id 为 p 的对象

B．隐藏了页面中所有 name 为 p 的对象

C．隐藏了页面中所有标签为<p>的对象

D．隐藏了页面中所有标签为<p>的第一个对象

6．下面（　　）不是 document 对象的方法。

A．getElementsByTagName()　　　　B．getElementById()

C．write()　　　　D．reload()

7．某页面中有一个 id 为 pdate 的文本框，下列（　　）能把文本框中的值改为"2012-10-10"。（选择两项）

A．document.getElementById("pdate").setAttribute("value","2012-10-10");

B．document.getElementById("pdate").value="2012-10-10";

C．document.getElementById("pdate").getAttribute("2012-10-10");

D．document.getElementById("pdate").text="2012-10-10";

8．某页面中有如下代码，下列选项中（　　）能把单元格中的“令狐冲”改为“任盈盈”。（选择两项）

```
<table id="Table1">
    <tr id="row1">
        <td>张三丰</td>
        <td>90</td>
    </tr>
    <tr id="row2">
        <td>令狐冲</td>
        <td>88</td>
    </tr>
</table>
```

A．document.getElementById("Table1").rows[2].cells[1].inner="任盈盈";

B．document.getElementById("Table1").rows[1].cells[0].innerHTML="任盈盈";

C．document.getElementById("row2").cells[0].innerHTML="任盈盈";

D．document.getElementById("row2").cells[1].innerHTML="任盈盈";

【实训内容】

1．补充完成学生信息表的内容添加和指定行的删除。

2．为学生成绩表增加总分列，实现总分计算功能。

8-15　DOM 操作

3．综合应用：同一文档实现元素的增、删、改、替。

4．实现简易选项卡，效果如图 8-10 所示。

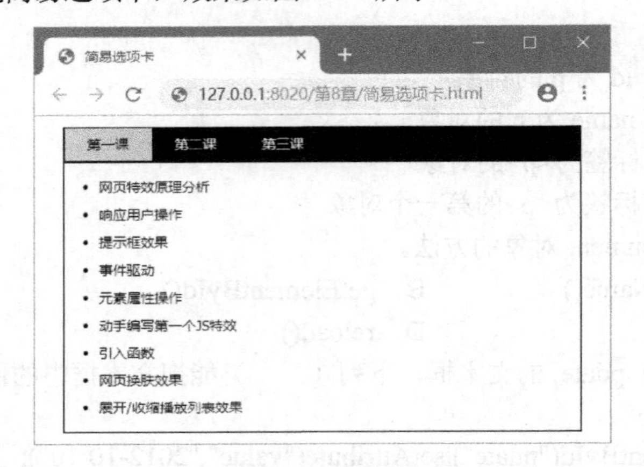

图 8-10　简易选项卡

8-16　简易选项卡

任务9　实现在线测试系统远程数据访问

学习目标

【知识目标】

掌握制作页面菜单和使用 JavaScript 控制页面元素的方法。
掌握 form 对象及其子对象的综合应用。
掌握函数的定义和调用。
掌握 DOM 对象事件的触发和处理。
理解 Ajax 的概念与相关技术，认识 Ajax 的实现步骤。
掌握 DOM 对象的常用属性和方法。
了解数据库的建立和访问。
巩固学习 HTML 和 CSS 的使用方法。

【技能目标】

能够实现表单的验证，并显示友好提示。
能使用原生 Ajax 实现浏览器与服务器之间异步交互。
能使用本地存储保存用户信息。
能够实现页面的整体布局。

任务描述

本任务实现页面的整体布局，实现用户登录的本地和远程验证，并给予错误提示（见图9-1），验证成功后能够进入主功能页面，如图9-1和图9-2所示。拓展实现试卷答案远程访问，和用户自选的答案进行比较，计算总分，提交后显示总成绩和正确答案。

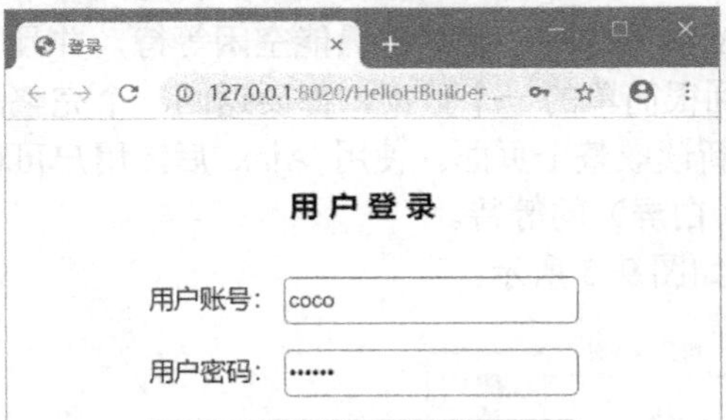

图9-1　远程验证失败时显示提示信息

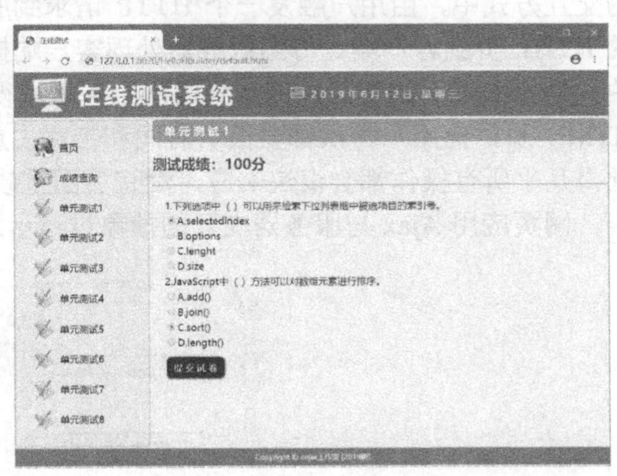

图9-2　测试结果展示

知 识 准 备

9.1 Ajax 概述

Ajax（Asynchronous JavaScript and XML）是一种创建交互式网页应用的网页开发技术，通过在后台与服务器进行少量数据交换，Ajax 可以使网页实现异步更新。这就意味着可以在不重新加载整个网页的情况下，对网页的局部进行更新，进而带来更好的用户体验。

9.1.1 Ajax 简介

Ajax 不是新的编程语言，而是一种使用现有标准的新方法。Ajax 是在不重新加载整个页面的情况下与服务器交换数据并更新部分网页的技术。就是利用 JavaScript 来无刷新与后端交互，通过 get 和 post 方法把数据发送到后端，或者请求后端的数据，然后根据返回的数据进行改变 DOM 节点等操作，从而替代一提交就会跳转页面的情况（采用 form 的 submit 方式）。

Ajax 具有的优势如下所述。

1）减轻服务器的负担。因为 Ajax 的根本理念是“按需取数据”，所以最大可能减少了冗余请求和对服务器造成的负担。

2）无刷新更新页面，减少了用户实际和心理等待时间。

3）可以把以前的一些服务器负担的工作转嫁到客户端，利用客户端闲置的处理能力来处理，减轻服务器和带宽的负担，节约空间和带宽租用成本。

4）Ajax 使 Web 中的界面与应用分离（也可以说是数据与呈现分离）。

9.1.2 Ajax 的工作原理

Ajax 的工作原理相当于在用户和服务器之间加了一个中间层，使用户操作与服务器响应异步化，并不是所有用户请求都提交给服务器，只有确定需要从服务器读取新数据时再由 Ajax 引擎代为向服务器提交请求。

Ajax 的核心只有 JavaScript、XMLHttpRequest（与服务器异步交互数据）和 DOM，在旧的交互方式中，由用户触发一个 HTTP 请求到服务器，服务器对其进行处理后再返回一个新的 HTHL 页到客户端。每当服务器处理客户端提交的请求时，客户都只能空闲等待，并且哪怕只是一次很小的交互，例如只需从服务器端得到很简单的一个数据，都要返回一个完整的 HTML 页，而用户每次都要浪费时间和带宽去重新读取整个页面。使用 Ajax 后，用户可以觉得几乎所有操作都会很快响应，没有页面重载（白屏）的等待。

网页应用 Ajax 与服务器交互的抽象过程示意如图 9-3 所示。

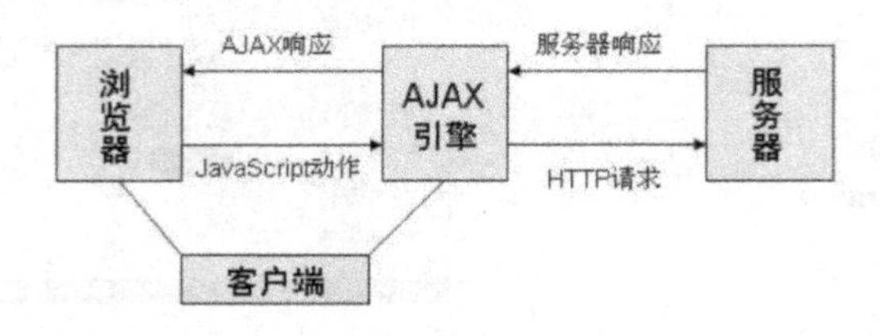

图 9-3 Ajax 与服务器交互过程示意图

9.2 Ajax 编程

9.2.1 安装 Web 环境

9-1 安装 Web 环境-AppServ

后端工程师需要了解前端的基本知识，同样，前端工程师也必须了解服务器端编程的基本内容，知道整体的流程。

作为一名前端开发工程师，必须掌握一门后端语言。本书选择的是 PHP，因为 PHP 环境搭建简单，语言与 JavaScript 相似性比较大，并且容易上手，连接数据库也非常方便。安装配置 PHP 开发环境，需下载 AppServ，本书的素材包里可以找到，也可以到官网下载。

AppServ 是一个知名的 PHP 环境一键安装包，它把 PHP 环境所需的资源程序整合在一起，打包成一个安装程序，方便 PHP 初学者架设环境，运行 PHP 程序。本书资源提供的 AppServ 版本稳定且小巧，很适合初学者。启动安装程序，设置安装目录，将所有组件都选上，配置 Apache 中的 Server Name 为 localhost 或者 127.0.0.1，默认端口为 80，如果 80 端口已有其他服务，需要修改 HTTP 的服务端口，比如 8088，如图 9-4 所示。

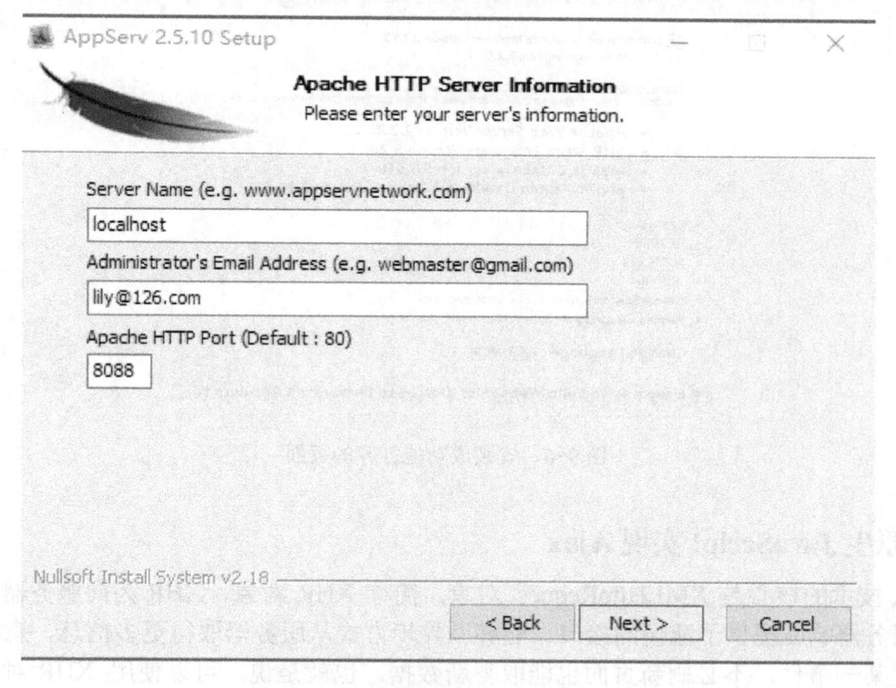

图 9-4 安装配置 Apache 中的 Server

配置 AppServ 中的 MySQL 服务用户名和密码，MySQL 服务数据库的默认管理账户为 root，如图 9-5 所示。

测试 AppServ 是否安装配置成功，在浏览器地址栏输入“http://localhost:8088”，如图 9-6 所示，能看到图示效果说明 AppServ 安装成功了。

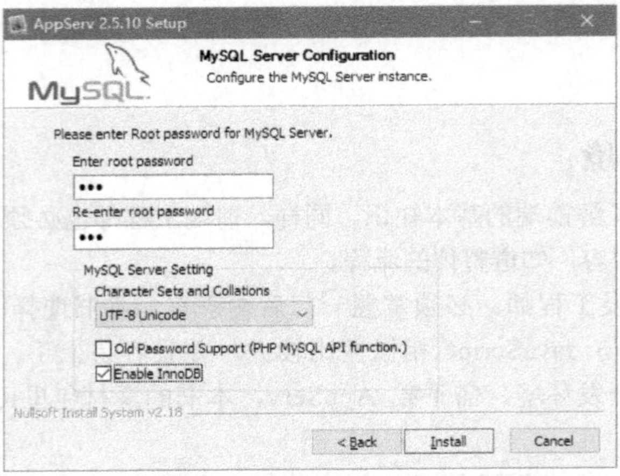

图 9-5　安装配置 AppServ 中的 MySQL 服务

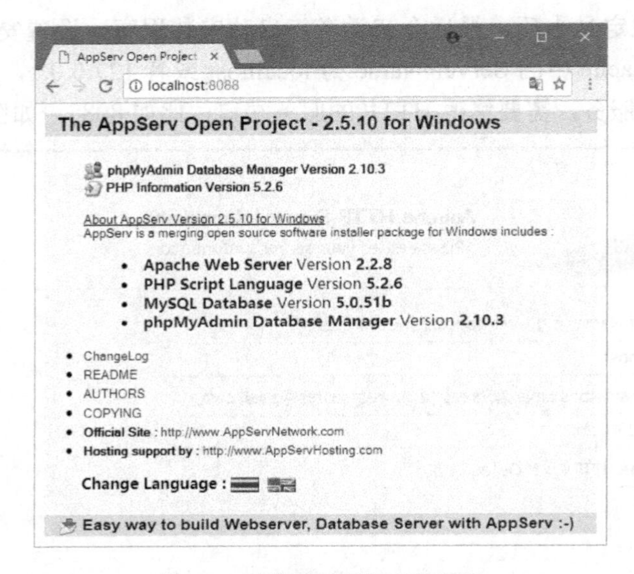

图 9-6　安装成功能打开的页面

9.2.2　原生 JavaScript 实现 Ajax

Ajax 技术的核心是 XMLHttpRequest 对象，简称 XHR 对象，XHR 为向服务器发送请求和解析服务器响应提供了流畅的接口。能够以异步方式从服务器取得更多信息，意味着用户只要触发某一事件，不必刷新页面也能取得新数据。也就是说，可以使用 XHR 对象取得新数据，然后再通过 DOM 将新数据插入页面中。虽然名字中包含 XML 的成分，但 Ajax 通信与数据格式无关，这种技术就是无须刷新页面即可从服务器取得数据，但不一定是 XML 数据。所有现代浏览器（IE7+、Firefox、Chrome、Safari 以及 Opera）均内建了 XHR 对象。

1．创建 XHR 对象的两种方式

```
variable=new XMLHttpRequest();    //现代浏览器（IE7+、Firefox、Chrome、Safari 以及 Opera）
variable=new ActiveXObject("Microsoft.XMLHTTP");   //（IE5 和 IE6）使用 ActiveX 对象
```

为了适应所有浏览器，可以使用如下代码。

```
var xmlhttp;
 if (window.XMLHttpRequest)
     xmlhttp=new XMLHttpRequest();             // IE7+, Firefox, Chrome, Opera, Safari 浏览器执行代码
 else
     xmlhttp=new ActiveXObject("Microsoft.XMLHTTP"); // IE6, IE5 浏览器执行代码
```

2．向服务器发送请求

请求发送到服务器，需使用 XHR 对象的 open()和 send()方法。open()方法并不会真正发送请求，而只是启动一个请求以备发送，然后通过 send()方法进行发送请求。表 9-1 列举了这两种方法的参数。

表 9-1　XHR 对象常用方法

方法	意义
open(method,url,async)	规定请求的类型、URL 以及是否异步处理请求： method：请求的类型，为 GET 或 POST url：文件在服务器上的位置 async：true（异步）或 false（同步）
send(string)	将请求发送到服务器： string：仅用于 POST 请求

要调用的第一个方法是 open()，它接收要发送的请求的类型（"GET"、"POST"等）、请求的 URL 和表示是否异步发送请求的布尔值 3 个参数。如“xhr.open("get", "example. php", true);”。

Ajax 的优势就在于异步请求，所以第三个参数通常为 true。同步类似于现实生活中的打电话，是一件一件的来，而异步则类似于接收短信，是多件一起来。

（1）GET 请求

```
var xmlhttp = new XMLHttpRequest();
xmlhttp.open("GET","demo_get.php?id=1&name=lemoo&t=" + Math.random(),true);
xmlhttp.send();
```

传递参数直接在?后指定，多个参数用&分隔，GET 请求同一 URL 时会有缓存，通过判断参数是否一致来解决缓存问题，可以加个随机数使每次参数不一致。

（2）POST 请求

```
var xmlhttp = new XMLHttpRequest();
xmlhttp.open("POST","test.php",true);
```

与 POST 相比，GET 更简单也更快，并且在大部分情况下都能用，通常用于获取数据（如浏览帖子）。POST 没有缓存，适合更新服务器上的文件或数据库时使用（如用户注册），POST 可以向服务器发送大量数据，可达 2GB，没有数据量限制。发送包含未知字符的用户输入时，POST 比 GET 更稳定，也更可靠。本质区别就是两个页面是不是通过地址栏来传递数据，GET 是在 url 里传递数据安全性低，容量小，不适于传送大数据。

3．服务器响应

当请求被发送到服务器时，需要执行一些基于响应的任务。每当 readyState 改变时，就会触发 onreadystatechange 事件。readyState 属性存有 XHR 对象的状态信息。

当请求发送到服务器端，收到响应后，响应的数据会自动填充 XHR 对象的属性，相关

的属性见表 9-2。

表 9-2　XHR 对象常用属性

属性名	说明
responseText	作为响应主体被返回的文本
responseXML	如果响应主体内容类型是"text/xml"或"application/xml"，则返回包含响应数据的 XML DOM 文档
status	响应的 HTTP 状态（200: "OK"；404: 未找到页面）
readyState	存有 XHR 对象的状态，从 0 到 4 发生变化： 0：未初始化。尚未调用 open()方法 1：启动。已经调用 open()方法，但尚未调用 send()方法 2：发送。已经调用 send()方法，但尚未接收到响应 3：接收。已经接收到部分响应数据 4：完成。已经接收到全部响应数据，而且已经可以在客户端使用了

readyState 属性的值由一个值变成另一个值时，都会触发一次 readystatechange 事件，分别是 0→1、1→2、2→3、3→4。利用这个事件可以检测每次状态变化后 readyState 的值，通常只关注值为 4 的阶段。接收响应之后，进一步检查 status 属性，以确定响应已经成功返回。HTTP 状态代码为 200 作为成功的标志，还有其他一些状态码，如 404 表示需要访问的资源不存在。

如果需要以 POST 方法提交表单数据，可使用 setRequestHeader()来添加 HTTP 头，然后在 send()方法中规定希望发送的数据。

```
xmlhttp.setRequestHeader("Content-type","application/x-www-form-urlencoded");
xmlhttp.send("name=lily&pass=123");
xmlhttp.onreadystatechange=function()
        {
            if (xmlhttp.readyState==4 && xmlhttp.status==200)
            {
                document.getElementById("myDiv").innerHTML=xmlhttp.responseText;
            }
        }
```

【例 9-1】 Ajax GET 方式应用，实现适用于任何浏览器的方案，代码如下。

布局：

```
<div id="myDiv"><h2>使用 Ajax 修改该文本内容</h2></div>
<button type="button" onclick="load ()">修改内容</button>
```

功能实现：

```
<script >
  function load (){
    var xmlhttp;
    if (window.XMLHttpRequest)
        xmlhttp=new XMLHttpRequest(); //IE7+、Firefox、Chrome、Opera、Safari 浏览器执行代码
    else
        xmlhttp=new ActiveXObject("Microsoft.XMLHTTP"); // IE6、IE5 浏览器执行代码
    xmlhttp.onreadystatechange=function(){
        if (xmlhttp.readyState==4 && xmlhttp.status==200) {
```

```
                document.getElementById("myDiv").innerHTML=xmlhttp.responseText; // 返回的数据
            }
        }
        xmlhttp.open("GET","get.php",true);
        xmlhttp.send();
    }
</script >
```

请求的 get.php 文件中代码如下。

```
<?php
    echo"异步测试成功，很高兴";
?>
```

【例 9-2】 Ajax 实现远程登录，用户登录成功时页面效果如图 9-7 所示，失败时页面效果如图 9-8 所示，代码如下。

布局：

```
<form id="logform" >
    <h2>登录:</h2>
    <p>姓名: <input type="text" name="username" id="username" /></p>
    <p>密码: <input type="password" name="pass" id="pass" /></p>
    <p><input type="button" id="send" value="提交"/></p>
</form>
<div>登录结果回复：</div>
<div id="resText" > </div>
```

9-2 原生 Ajax 实现登录

功能实现：

```
<script >
  var send=document.getElementById("send");
  send.onclick=function(){
    var xmlhttp;
    if (window.XMLHttpRequest)
        xmlhttp=new XMLHttpRequest(); // IE7+、Firefox、Chrome、Opera、Safari 浏览器执行代码
    else
        xmlhttp=new ActiveXObject("Microsoft.XMLHTTP"); // IE6、IE5 浏览器执行代码
    xmlhttp.onreadystatechange=function(){
        if (xmlhttp.readyState==4 && xmlhttp.status==200)
            document.getElementById("resText").innerHTML=xmlhttp.responseText;
    }
    var username = document.getElementById("username").value;
    var pass = document.getElementById("pass").value;
    xmlhttp.open("POST","login.php",true);
    xmlhttp.setRequestHeader("Content-type","application/x-www-form-urlencoded");
    var queryString = "username="+ username + "&pass=" + pass;
    xmlhttp.send(queryString);
  }
</script >
```

login.php 代码：

```
<?php
  if ($_POST['username'] == 'cc' && $_POST['pass'] == '123456') {
  //if ($_REQUEST['username'] == 'cc' && $_REQUEST['pass'] == '123456' ){
          echo '<h3>欢迎光临 CC！ </h3>';
    } else {
          echo '<h5>账号或密码有误，请重新输入！ </h5>';
    }
?>
```

注意：$_REQUEST[]能接收 GET 请求方式以及 POST 请求方式发送的数据，但没有直接使用$_GET[]或$_POST[]获取的速度快，通常 GET 请求方式在服务器通过$_GET[]获取，POST 请求方式通过$_POST[]获取。

图 9-7　用户登录成功时页面效果示例

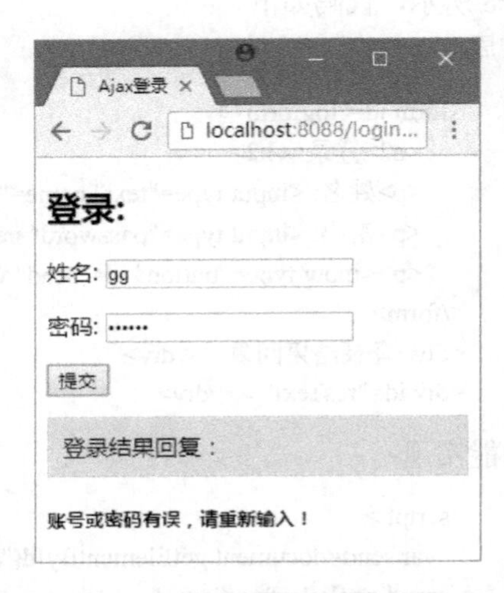

图 9-8　用户登录失败时页面效果示例

任 务 实 施

1．任务分析

本任务实现在线测试系统中的 Ajax 编程，如登录的远程验证、拓展实现远程数据库访问。通过 Ajax 还可以实现试卷答案远程访问、和用户自选的答案进行比较、计算总分，提交后显示总成绩和正确答案。

2．用户登录的内容结构描述

```
<div id="login">
            <h3>用 户 登 录</h3>
            <form action="login.php" name="regform" method="post" >
                  用户账号：<input name="user" placeholder="用户名不少于 3 位"><br />
                  用户密码：<input type="password" name="pass" placeholder="密码不少于 6 位"><br />
                  <input type="button" id="send" class="bt" value="登    录" >
```

```
        </form>
        <span id="err"> </span>
</div>
```

3．用户登录的样式设置

```
input {
    width: 200px;
    height: 28px;
    margin-top: 18px;
    font-size: 15px;
    padding: 2px;
    border: solid 1px darkgreen;
    border-radius: 5px;
}
.bt {
    width: 300px;
    height: 39px;
    font-size: 20px;
    border: solid 1px darkgreen;
    background-color: white;
}
body {
    margin: 0px;
}
#login { position: absolute;
    width: 360px;
    height: 290px;
    text-align: center;
    font-size: 18px;
}
#err{
    color: red;
    font-size: 12px;
}
```

4．JavaScript 实现用户登录居中显示效果

JavaScript 实现用户登录居中显示效果如图 9-9 所示，功能代码如下。

```
var login = document.getElementById("login");
show();
function show() {
    var w = window.innerWidth || document.documentElement.clientWidth || document.body.clientWidth;
    var h = window.innerHeight || document.documentElement.clientHeight || document.body.clientHeight;
        var top = (h - 290) / 2;
        var left = (w - 360) / 2;
        login.style.top = top + 'px';
        login.style.left = left + 'px';
}
```

```
            window.onresize = function() {
                    show();
            };
```

5. JavaScript 实现用户登录本地验证功能

表单控件元素值的获取与验证，效果如图 9-10 所示，功能代码如下。

```
err=document.getElementById("err")
var send = document.getElementById("send");
send.onclick = function() {
                checkForm();
              };
  function checkForm() {
          var user = regform.user.value;
          var pass = regform.pass.value;
          var errArr=[];
          if(!( /^[a-zA-Z]\w{2,15}$/.test(user))){
                errArr[0]="用户账号字母开头，3-16 位字母、数字、下画线";
                regform.user.select();
          }
          if(!( /^\w{4,16}$/.test(pass))){
                errArr[1]="密码由 4-16 位字符组成";
                regform.pass.select();
          }
          if(errArr.length) {
          err.innerHTML=errArr.join("<br>")
      }
      else {
          err.innerHTML="格式正确";
      }
}
```

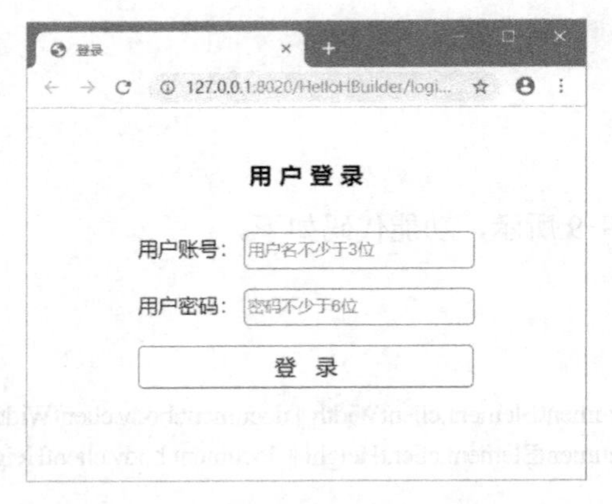

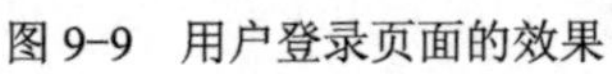
图 9-9　用户登录页面的效果

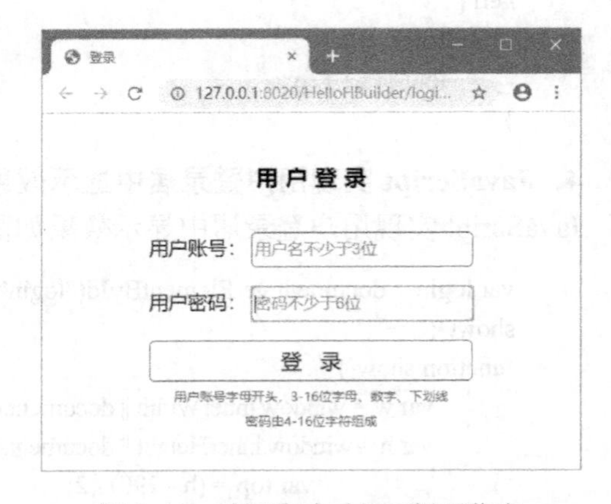

图 9-10　验证失败时显示提示信息

6. Ajax 实现在线测试系统登录远程验证功能

验证成功进入主功能页面，否则显示远程验证失败的提示信息，效果见图 9-1，功能实现代码如下。

```
send.onclick=function(){
    checkForm();        //本地验证
    if( err.innerHTML!="格式正确"){
        return;
    }
    var xmlhttp;
    if (window.XMLHttpRequest)
        xmlhttp=new XMLHttpRequest();   // IE7+、Firefox、Chrome、Opera、Safari 浏览器执行代码
    else
        xmlhttp=new ActiveXObject("Microsoft.XMLHTTP"); // IE6、IE5 浏览器执行代码
    xmlhttp.open("POST","login.php",true);
    xmlhttp.setRequestHeader("Content-type","application/x-www-form-urlencoded");
    var queryString = "username=" + user + "&pass=" + pass;
    xmlhttp.send(queryString);
    xmlhttp.onreadystatechange=function(){
        if (xmlhttp.readyState==4 && xmlhttp.status==200){
            if(xmlhttp.responseText=="true"){
                location = "online.html";
                localStorage.username = user;          //本地存储用户信息
            }
        }
        else{
            err.innerHTML='账号或密码有误，请重新输入！';
        }
    }
}
```

login.php 代码如下。

```
<?php
    if ($_POST['username'] == 'lily' && $_POST['pass'] == '123456')
        echo "true";
    else
        echo "false";
?>
```

9-3 数据库的应用

7．拓展实现远程数据库访问

数据库（Database）是按照数据结构来组织、存储和管理数据的仓库，每个数据库都有一个或多个不同的 API 用于创建，访问，管理，搜索和复制所保存的数据。我们也可以将数据存储在文件中，但是在文件中读写数据速度相对较慢。

MySQL 是一个关系型数据库管理系统，MySQL 具有其体积小、速度快、总体拥有成本低的特点，特别是其开放源码这一特点，一般中小型网站的开发都选择 MySQL 作为网站数据库。MySQL 数据库将数据保存在不同的表中，而不是将所有数据放在一个大仓库内，这样就增加了速度并提高了灵活性。MySQL 所使用的 SQL 语言是用于访问数据库的最常用标准化语言。

点击 http://localhost:8088 页面的phpMyAdmin Database Manager，输入用户名：root，密

码是安装时输入的密码，如图 9-11 所示。打开数据库管理页面，建立 testdb 数据库，如图 9-12 所示。建立用户表，表结构如图 9-13 所示。

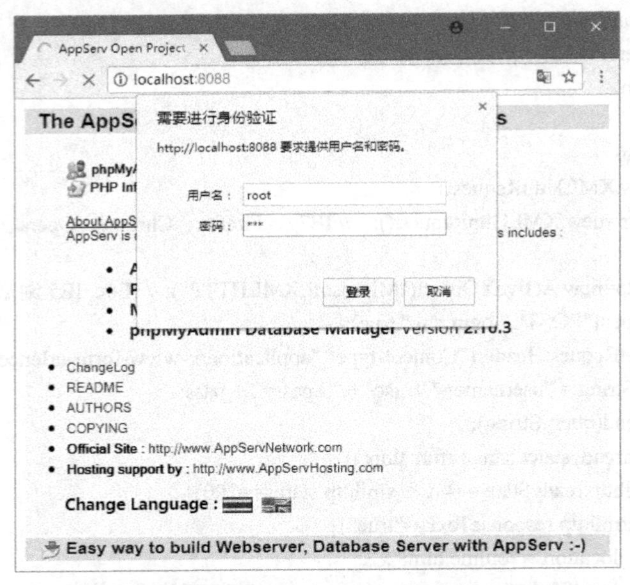

图 9-11　MySQL 服务用户名和密码输入界面

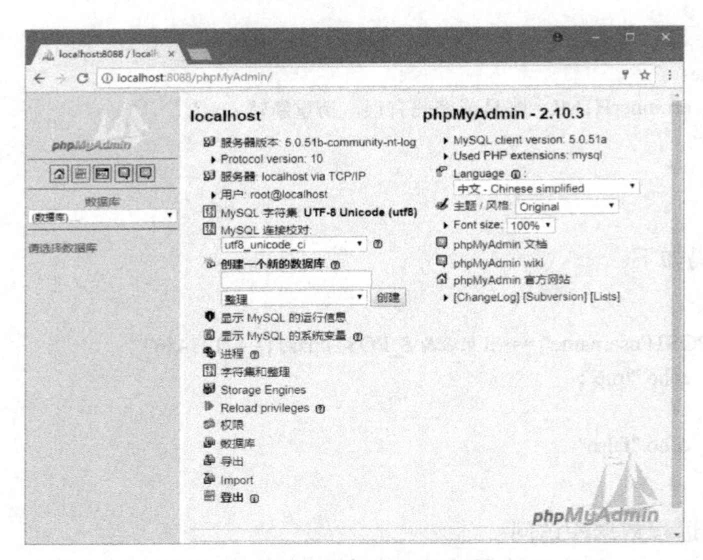

图 9-12　数据库管理页面

	字段	类型	整理	属性	Null	默认	额外
	id	smallint(5)		UNSIGNED	否		auto_increment
	name	varchar(80)	utf8_general_ci		否		
	email	varchar(100)	utf8_general_ci		否		
	pass	varchar(40)	utf8_general_ci		否		
	tel	varchar(15)	utf8_general_ci		否		
	role	varchar(5)	utf8_general_ci		否		

图 9-13　用户信息表结构

以实现登录为例，JavaScript 代码不变，只用修改 php 文件。

数据库连接文件 config.php 代码如下：

```
<?php
  header('Content-Type:text/html; charset=utf-8');
  define('DB_HOST', 'localhost');
  define('DB_USER', 'root');
  define('DB_PWD', '123');
  define('DB_NAME', 'testdb');
  $conn = @mysql_connect(DB_HOST, DB_USER, DB_PWD) or die('数据库链接失败：'.mysql_error());
  @mysql_select_db(DB_NAME) or die('数据库错误：'.mysql_error());
  @mysql_query('SET NAMES UTF8') or die('字符集错误：'.mysql_error());
?>
```

login.php 代码如下：

```
<?php
   require 'config.php';
   $_pass = sha1($_POST['pass']);
   $query = mysql_query("SELECT name,pass FROM users WHERE name='{$_POST['username']}' AND pass='{$_pass}'") or die('SQL 错误！');
   if (mysql_fetch_array($query, MYSQL_ASSOC)) {
       echo 'true';
   }
   else {
       echo 'false';
   }
   mysql_close();
?>
```

8．在线测试系统：在线测试功能模块远程获取答案的实现

JavaScript 实现在线测试功能拓展：使用 Ajax 获取答案信息字符串，在客户端把字符串转换成数组（split(",")方法实现），再进行比较计算总分，实现答案的远程获取。远程答案获取代码如下（其余功能与第 7 章一样）：

answers.php 代码如下：

```
<?php
    $answers="C,D,C,A,B,B";
    echo $answers;
?>
```

JavaScript 功能代码如下：

```
var answers=[]; // 初始化参数
function load(){
     var xmlhttp;
     if (window.XMLHttpRequest)
          xmlhttp=new XMLHttpRequest();
     else
```

```
            xmlhttp=new ActiveXObject("Microsoft.XMLHTTP");
            xmlhttp.onreadystatechange=function(){
                if (xmlhttp.readyState==4 && xmlhttp.status==200) {
                    var str=xmlhttp.responseText;
                    answers=str.split(",");
                }
            }
        xmlhttp.open("GET","answers.php",true);
        xmlhttp.send();
    }
```

任 务 训 练

【理论测试】

1．使用 Ajax 可带来的便捷有（　　）。（选择 3 项）

A．减轻服务器的负担

B．无刷新更新页面

C．可以调用外部数据

D．可以不使用 JavaScript 脚本

2．构成 Ajax 的技术有（　　）。（选择 3 项）

A．DOM　　B．XMLHttpRequest　　C．JavaScript　　D．HTML

3．当 XMLHttpRequest 对象的 readyState 属性的值为 4 时，表示数据（　　）。

A．发送中　　B．正在 load　　C．已经完成　　D．未初始化

4．下面（　　）不是 XMLHttpRequest 对象的方法名。（选两项）

A．open　　B．send　　C．readyState　　D.responseText

5．当 XMLHttpRequest 对象的状态发生改变时，若要调用名为 myCallback 的函数，下列用法正确的（　　）。

A．XMLHttpRequest.myCallback = onreadystatechange;

B．XMLHttpRequest.onreadystatechange (myCallback);

C．XMLHttpRequest.onreadystatechange (new function( ){myCallback});

D．XMLHttpRequest.onreadystatechange = myCallback;

6．Ajax 由多种技术组成，其中控制通信的是（　　）。

A．DOM　　B．CSS

C．HTML　　D．XMLHttpRequest

【实训内容】

1．补充完成用户密码修改功能，实现表单远程数据访问。

2．补充完成访问本地存储，将用户信息显示在主页面页眉的右侧。

任务 10　实现移动版在线测试页面布局及测试功能

学 习 目 标

【知识目标】

掌握 MUI 的基础架构。

掌握 MUI 常用控件的使用。

掌握 form 对象及其子对象的综合应用。

掌握 MUI 事件的绑定。

【技能目标】

能够使用 HBuilder 编辑器创建基于 MUI 的 App 项目。

能够使用 MUI 移动端框架实现页面基础布局。

能使用基于 MUI 按钮的应用。

能使用基于 MUI 输入框的应用。

能使用基于 MUI 单、复选框的应用。

能够运用 MUI 框架实现页面的整体布局。

能实现 MUI 单个元素的事件绑定。

任 务 描 述

本任务使用 MUI 框架实现在线测试系统页面的整体布局，结合 JavaScript 方法实现测试功能，并有提示信息给考生缓冲，如图 10-1 所示。单击“开始测试”按钮后再开始进行测试。测试时，显示结束倒计时，根据测试数据动态创建 DOM 对象，显示带选框的试卷，如图 10-2 所示。获取用户选项，并与数组中的正确答案比较，单击“提交试卷”按钮后计算总分，显示总成绩，如图 10-3 所示。

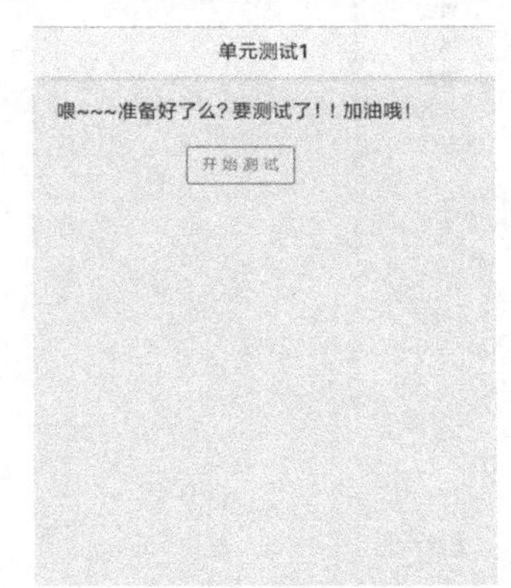

图 10-1　在线测试系统页面效果

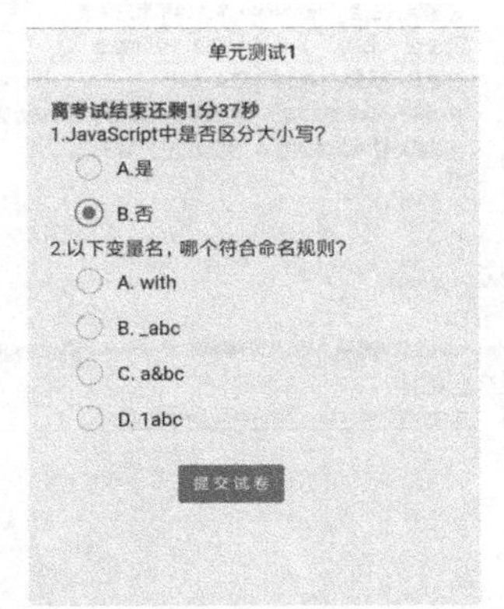

图 10-2　倒计时及试卷展示效果

图 10-3　评分展示效果

知识准备

10.1　MUI 初体验

MUI 是一套前端框架，由 DCloud 公司研发而成，提供大量 HTML5 和 JavaScript 语言组成的组件，大大提高了开发效率，可以用于开发 Web 端应用、WebApp、混合开发等应用，可以在 MUI 官网上看到使用说明文档。MUI 是一个可以方便开发出高性能 App 的框架，利用 MUI 框架，用户在使用 App 时可以得到接近原生 App 的操作体验。

10.1.1　MUI 介绍

MUI 的使用方式非常简单，在常规的移动端页面架构中，只需要引入 MUI 框架中相应的封装好的 CSS 样式文件和 JavaScript 功能文件，使用基于 MUI 框架的页面样式布局和简单的逻辑操作，就能快速开发 App，十分方便。

MUI 框架对样式和 API 进行了封装，大部分功能使用标签元素特定的属性 id 或者属性类名 class 进行绑定，实现样式的展示和功能使用。

10-1　新建基于 MUI 的 App

10.1.2　创建 MUI 新项目

启动 Hbuilder，选择“文件”|“新建”|“选择移动 App”命令就可以搭建一个移动 App 项目，“创建移动 App”对话框如图 10-4 所示，在“应用名称”文本框中输入项目的名称，如 myApp；在“选择模板”列表框中选择“mui 项目”，单击“完成”按钮即可创建 MUI 项目。

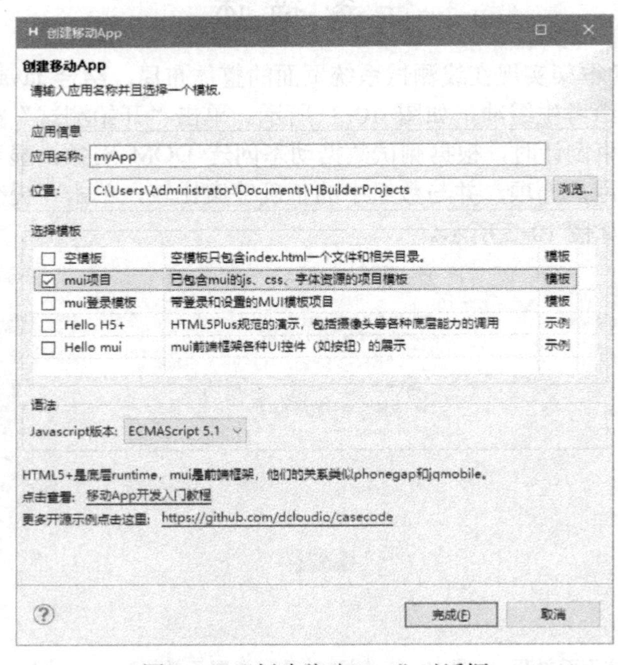

图 10-4　“创建移动 App”对话框

1．项目文件结构介绍

项目文件的目录结构如图 10-5a 所示，开发者可以自行添加文件夹，比如 img，效果如图 10-5b 所示。

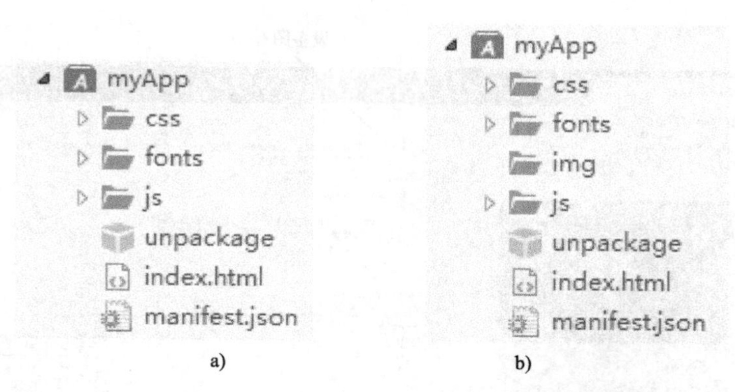

图 10-5　文件结构图

a) 初建项目时文件结构图　b) 增加 img 文件夹后文件结构图

建好项目后需要新增页面，只需要新建 HTML 文件即可，目录中的 manifest.json 文件几乎包含了 App 的所有设置，页面结构说明如下。

1）|_ css：样式表文件夹。

2）|_ fonts：字体文件夹。

3）|_ img：图片文件夹。

4）|_ js：JavaScript 脚本文件夹。

5）|_ index.html：默认的入口文件。

6）|_ manifest.json：配置文件。

2．手机真机调试

开发过程中，每个页面都要进行大量调试测试，HBuilder 也是支持的，常用的方式有多种，如直接通过浏览器调试、通过手机运行调试、通过模拟器调试。

HBuilder 可以实现手机真机调试，将手机用 USB 数据线和计算机连接，然后在菜单栏单击运行，在有 USB 连接的情况下，页面会直接在手机上出现，同步调试页面的过程中修改代码并保存后，手机上就会自动更新，反应非常快。可以选择同时在手机上和谷歌浏览器调试，相互不会造成干扰，还能同时检测兼容性的问题。

注意：手机连接了 USB 需要设置 USB 调试模式，以小米手机为例，需要打开“我的设备”后找到“全部参数”并打开，找到“MIUI 版本”，连续点击（7～8 下就可以了），直到提示开发者模式已启动。然后在“设置”主界面打开“更多设置”，在最下面就可以看到“开发者选项”，展开“开发者选项”，勾选“USB 调试”即可。

3．浏览器调试

直接通过浏览器调试是最方便的一种方式，除了 plus 部分的代码，都可以通过浏览器调试，Chrome 浏览器模拟手机调试页面如图 10-6 所示。Chrome 浏览器打开页面后，在右键快捷菜单中选择“检查”命令，即可打开开发者工具窗口来调试页面，按“F12”快捷键可以快速打开。单击设备图标，使其显示为蓝色高亮状态，就可以实现模拟移动端的显示效果；可以看到图 10-6 所示这样的界面，再次单击。可以打开/关闭手机模式，使得移动端和 PC 端进行切换。

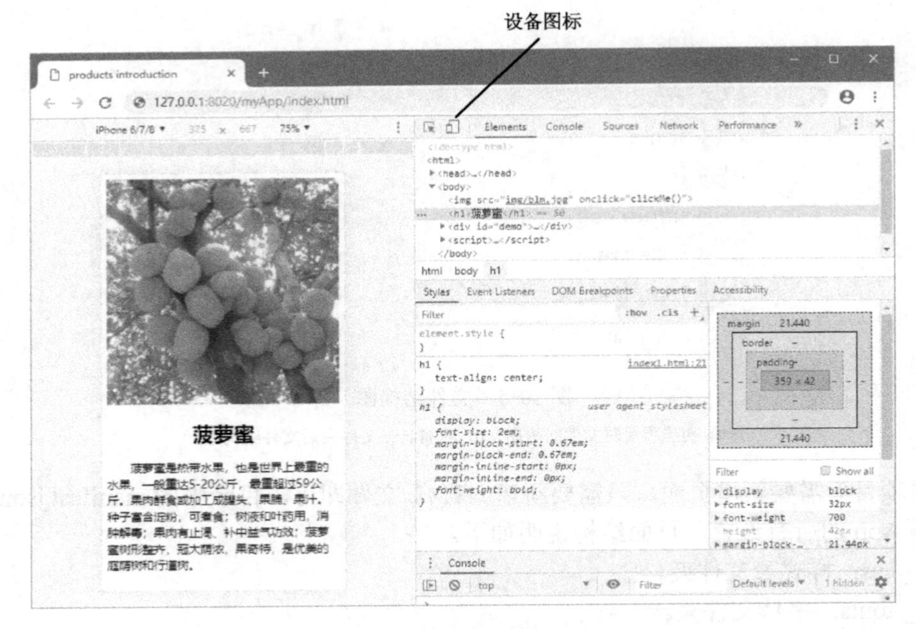

图 10-6　Chrome 模拟调试效果

10.2　基础布局

10-2　基于 MUI 的 App 基础布局

MUI 提供了大量组件，只需要在 HBuilder 中输入字母“m”，就可以弹出列表展示各种组件供选择，如图 10-7 所示。

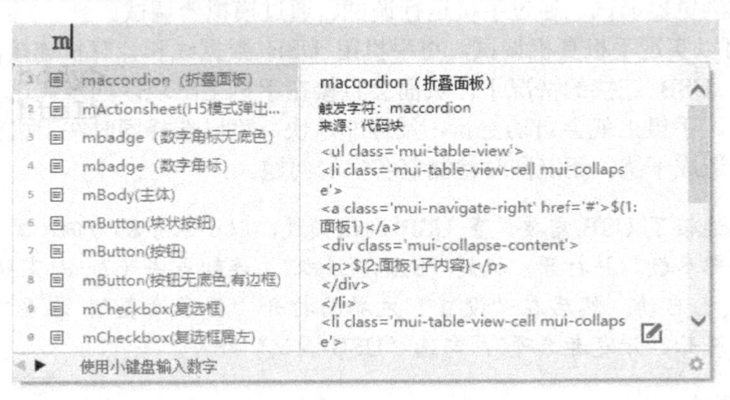

图 10-7　MUI 组件列表

选中需要的任意一个组件，按“Enter”键，一大段代码即可直接生成。本书中，MUI 框架的主要功能是搭建 WebApp 的页面布局。

10.2.1 搭建一个基于 MUI 的 App 应用

了解了基于 MUI 的 App 搭建的基本内容，现在开始制作第一个基于 MUI 的移动 App。

新建 HTML 文件的时候在“选择模板”列表框中勾选“含 mui 的 html”复选框，这样可以自动导入所需要的各种默认配置，“创建文件向导”对话框如图 10-8 所示，在“文件名”文本框中输入文件的名称，如 game.html。

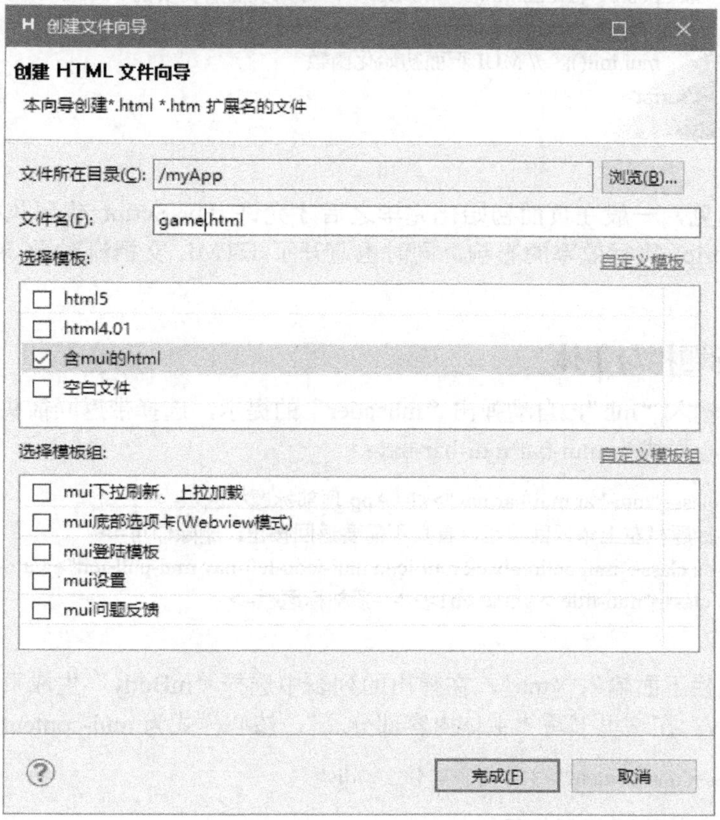

图 10-8　创建文件向导对话框

单击“完成”按钮进入 game.html 页面，可以发现 MUI 相关的 CSS 和 JavaScript 自动导入了。最实用的是找路径，无论在哪个目录中新建，HBuilder 总能正确导入。以 MUI 模板创建的文件，都有已经引用的如下两个文件。

```
<link href="css/mui.min.css" rel="stylesheet"/>
<script src="js/mui.min.js"></script>
```

创建完成后的第一个文件完整代码以及详细解释如下。

```
<!DOCTYPE html>                          <!--文档类型：这是标准的 HTML5doctype-->
<html>
    <head>
        <meta charset="UTF-8">           <!--这是 utf-8，表示国际通用的字符集编码格式-->
        <title> Sample Page!</title>
```

```
            <!--设置页面的视口宽度-->
            <meta name="viewport" content="width=device-width,initial-scale=1,minimum-scale=1,
maximum- scale= 1,user-scalable=no" />
            <link href="css/mui.min.css" rel="stylesheet" /><!--导入页面所需要的MUI 的 CSS 文件-->
        </head>
        <body>
            <script src="js/mui.min.js"></script><!--导入页面所需要的 MUI 的 JS 文件-->
            <script type="text/javascript">
                mui.init();    // MUI 页面初始化函数
            </script>
        </body>
    </html>
```

为了安全起见，一般在页面初始化完毕之后才允许 JavaScript 代码执行，这样可以避免网速对 JavaScript 执行效率的影响，同时也避开了 HTML 文档流对于 JavaScript 执行的限制。

10.2.2 顶部标题栏与主体

在 body 中输入“mh”，自动弹出“mheader”的提示，选择带返回箭头或者不带返回箭头的标题栏，核心样式为 mui-bar mui-bar-nav：

```
<header class="mui-bar mui-bar-nav"><!-- App 顶部标题栏区域-->
    <!--标题栏左上角返回按钮，首页不需要返回按钮，删除即可-->
    <!--<a class="mui-action-back mui-icon mui-icon-left-nav mui-pull-left"></a>-->
    <h1 class="mui-title"> game</h1> <!—顶部标题栏-->
</header>
```

在顶部标题栏下面输入“mb”，在弹出的列表中选择“mBody”生成页面的主体部分，其实就是一个 div。在这里书写“主体内容部分....”，核心样式为 mui-content：

```
<div class="mui-content">主体内容部分.... </div>
```

基础页面的完整代码展示如下。

```
<!doctype html>                          <!--文档类型：这是标准的 HTML5doctype-->
<html>
    <head>
        <meta charset="UTF-8">        <!--这是 utf-8，表示国际通用的字符集编码格式-->
        <title> Sample Page!</title>
        <meta name="viewport" content="width=device-width,initial-scale=1,minimum-scale=1,maximum-
scale=1,user-scalable=no" />
        <link href="css/mui.min.css" rel="stylesheet" /><!--导入页面所需要的 MUI 的 CSS 文件-->
    </head>
    <body>
        <header class="mui-bar mui-bar-nav"><!--App 顶部标题栏区域-->
            <a class="mui-action-back mui-icon mui-icon-left-nav mui-pull-left"></a><!--返回按钮-->
            <h1 class="mui-title">hello</h1><!—顶部标题栏-->
        </header>
```

```
            <div class="mui-content">内容部分.... </div>
            <script src="js/mui.min.js"></script><!--导入页面所需要的 MUI 的 JS 文件-->
            <script type="text/javascript">
                mui.init();    // MUI 页面初始化函数
            </script>
        </body>
</html>
```

MUI 的文件由顶部标题栏和文件组成，开发者在写一个页面的时候大部分都会用到这样的排版格式。然后在采用.mui-content 样式容器中输入“m”便会出现海量的组件任开发者选择。

10.3 MUI 表单相关组件的应用

10.3.1 按钮

MUI 默认按钮为灰边白底，另外还提供了蓝色（blue）、绿色（green）、黄色（yellow）、红色（red）、紫色（purple）五种色系的按钮，五种色系对应五种场景，分别为 primary、success、warning、danger、royal；使用.mui-btn 类即可生成一个默认按钮，继续引用.mui-btn-颜色值或.mui-btn-场景可生成对应色系的按钮，例如，.mui-btn-blue 或.mui-btn-primary 均可生成蓝色按钮。

1．有底色按钮

有底色按钮是在 button 节点上引用.mui-btn 类，如<button type="button" class="mui-btn">按钮</button>，即可生成默认按钮；若需要其他颜色的按钮，则继续引用对应的 class 即可，比如引用.mui-btn-blue 即可变成蓝色按钮。输入“mbu”，在弹出的列表中选择“mButton(按钮)”，也可以生成蓝色按钮，常用有底色按钮效果如图 10-9 上侧图例所示，代码如下。

```
<button type="button" class="mui-btn">默认</button>
<button type="button" class="mui-btn mui-btn-primary">蓝色</button>
<button type="button" class="mui-btn mui-btn-success">绿色</button>
<button type="button" class="mui-btn mui-btn-warning">黄色</button>
<button type="button" class="mui-btn mui-btn-danger">红色</button>
<button type="button" class="mui-btn mui-btn-royal">紫色</button>
```

2．无底色、有边框的按钮

若希望生成无底色、有边框的按钮，仅需引用.mui-btn-outlined 类即可，输入“mbu”，在弹出的列表中选择“mButton（按钮无底色，有边框）”，就可以快速生成无底色、有蓝色边框的按钮，常用按钮效果如图 10-9 下侧图例所示，代码如下。

```
<button type="button" class="mui-btn mui-btn-outlined">默认</button>
<button type="button" class="mui-btn mui-btn-primary mui-btn-outlined">蓝色</button>
<button type="button" class="mui-btn mui-btn-success mui-btn-outlined">绿色</button>
<button type="button" class="mui-btn mui-btn-warning mui-btn-outlined">黄色</button>
<button type="button" class="mui-btn mui-btn-danger mui-btn-outlined">红色</button>
```

```
<button type="button" class="mui-btn mui-btn-royal mui-btn-outlined">紫色</button>
```

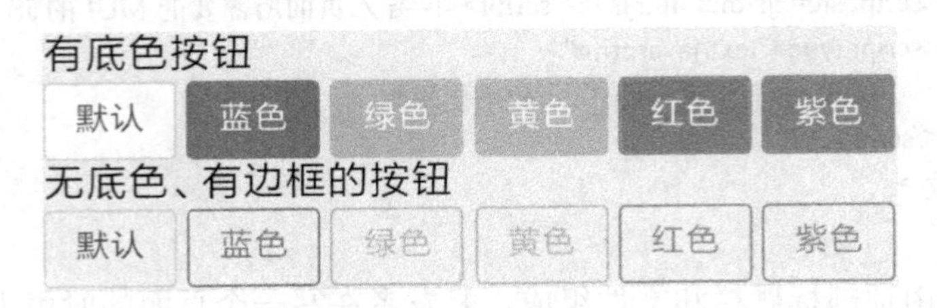

图 10-9　MUI 常用按钮

3．块状按钮

输入“mbu”，在弹出的列表中选择“mButton(块状按钮)”，就可以生成蓝色块状按钮，代码如下。

```
<button type="button" class="mui-btn-block mui-btn-blue mui-btn-block">块级按钮</button>
```

可以看到，相比于普通按钮，其仅需引用.mui-btn-block 类即可，其他颜色的块状按钮亦如此。

10.3.2　MUI 复选框、单选框的使用

10-3　单选框和复选框的使用

1．复选框

复选框（checkbox）常用于多选的情况，比如批量删除、添加等；输入“mc”，在弹出的列表中选择“mCheckbox”，就可以生成复选框，效果如图 10-10a 所示，DOM 结构如下。

```
<div class="mui-input-row mui-checkbox ">
    <label>Checkbox</label>
    <input name="Checkbox" type="checkbox" checked>
</div>
```

默认 checkbox 在右侧显示，若希望在左侧显示，效果如图 10-10b 所示，只需引用.mui-left 类即可，代码如下。

```
<div class="mui-input-row mui-checkbox mui-left">
    <label>checkbox 左侧显示示例</label>
    <input name="checkbox1" value="Item 1" type="checkbox">
</div>
```

输入“mc”，在弹出的列表中选择“mCheckbox”，就可以生成 checkbox 在左侧显示的效果。

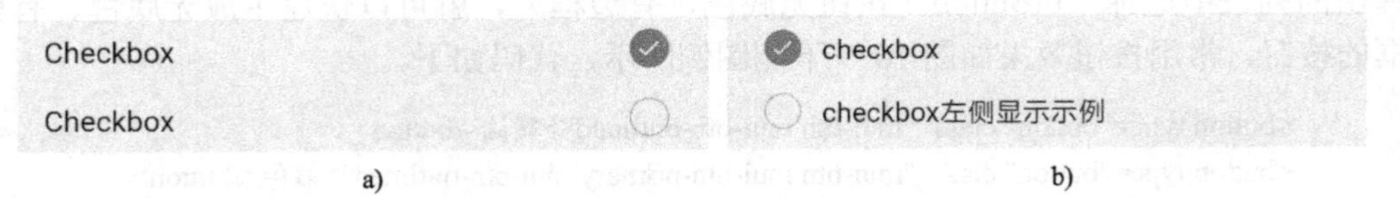

a)　　　　　　　　b)

图 10-10　复选框效果

a) 复选框在右侧显示效果　b) 复选框在左侧显示效果

修改上面代码可以达到扩大选区的效果，这样单击复选按钮或说明文字都可以选中，代码如下。

```
<div class="mui-input-row mui-checkbox mui-left">
  <label> <input type="checkbox" name="hobby" value="足球" >足球</label>
</div>
```

2．单选框

10-4　单选框值的获取

radio 用于单选的情况，输入“mr”，在弹出的列表中选择“mRadio (单选框)”，就可以生成单选框，效果如图 10-11a 所示，DOM 结构代码如下。

```
<div class="mui-input-row mui-radio">
    <label>radio</label> <input name="radio" type="radio">
</div>
```

默认 radio 在右侧显示，若希望在左侧显示，效果如图 10-11b 所示，只需引用.mui-left 类即可，代码如下。

```
<div class="mui-input-row mui-radio mui-left">
    <label>radio</label> <input name="radio1" type="radio">
</div>
```

输入“mr”，在弹出的列表中选择“mRadio（单选框居左）”，也可以生成左侧显示的单选框。

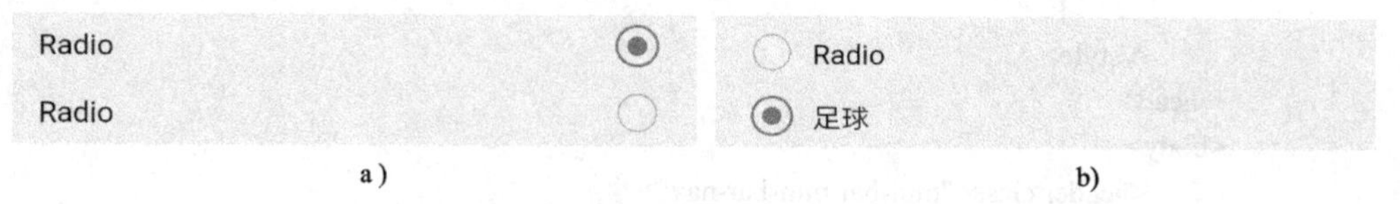

a）　　　　b）

图 10-11　单选框效果

a) 单选框在右侧显示效果　b) 单选框在左侧显示效果

修改上面代码可以达到扩大选区的效果，这样单击复选按钮或说明文字都可以选中，代码如下。

```
<div class="mui-input-row mui-radio mui-left">
      <label> <input type="radio" name="hobby" value="足球" >足球</label>
</div>
```

任 务 实 施

1．任务分析

本任务采用 MUI 框架实现页面的整体布局，结合 JavaScript 方法，给文档中的按钮元素设定事件处理器，引用函数，设计完成试题展示效果。

document.getElementById("col").onclick = function() {}可以实现事件的绑定，但是快速响应是 App 实现的重中之重，研究表明，当延迟超过 100 毫秒时，用户就能感受到界面的卡顿，然而，手机浏览器的 click 单击存在 300 毫秒延迟，MUI 为了解决这个问题，封装了 tap

事件，因此在移动端单击的时候，建议用 tap 代替 click 使用。

2．在线测试系统：测试页面基础布局

新建 test.html 页面，实现测试页基础布局，效果如图 10-1 所示，完整代码如下。

```
<!DOCTYPE html>
<html>
	<head>
		<meta charset="utf-8">
		<meta name="viewport" content="width=device-width,initial-scale=1,minimum-scale=1,
maximum-scale=1,user-scalable=no" />
		<title>单元测试</title>
		<link href="css/mui.min.css" rel="stylesheet" />
	<style type="text/css">
			.scroll {
				margin: 20px;
			}
			button{
				margin: 20px 110px;
			}
			#time {
				color: blue;
				font-weight: bolder;
			}
		</style>
	</head>
	<body>
		<header class="mui-bar mui-bar-nav">
			<!--<a class="mui-action-back mui-icon mui-icon-left-nav mui-pull-left"></a>-->
			<h1 class="mui-title" id="tt1">单元测试 1</h1>
		</header>
		<div class="mui-content">
			<div class="scroll">
				<div id="time"></div>
				<div id="tmshow">
					喂~~~准备好了么？要测试了！！加油哦！
					<button type="button" id="start" class="mui-btn mui-btn-blue mui-btn-
outlined">开 始 测 试</button>
				</div>
			</div>
		</div>
		<script src="js/mui.min.js"></script>
		<script type="text/javascript" charset="utf-8">
			mui.init();
		</script>
	</body>
</html>
```

3．在线测试系统：倒计时显示

单击 id 属性为“start”的“开始测试”按钮，调用 start()方法实现倒计时动态展示，需要在 test.html 页面的<script></script>标签对内增加如下代码。

```
document.getElementById('start').addEventListener('tap', function() {  //tap 点击事件相当于 click
            start();
});
var time = document.getElementById('time');
var tmshow = document.getElementById("tmshow");
function jsover() {
        var syfz = Math.floor((js - new Date().getTime()) / (1000 * 60));          //计算剩余分钟数
        var sym = Math.floor((js - new Date().getTime() - syfz * 1000 * 60) / (1000));//计算剩余的秒数
        if(syfz < 0) {
            clearInterval(timeID);       //时间用完后，清除定时器，后面调用 Grade()提交试卷
            time.innerHTML = "";      //显示置空
        } else
            time.innerHTML = "离考试结束还剩" + syfz + "分" + sym + "秒";
}
  function start() {
        var ks = new Date();
        msks = ks.getTime();
        js = msks + 60 * 2 * 1000; //设定考试时间，比如 2 分钟
        timeID = setInterval("jsover()", 1000);
        tmshow.innerHTML = "";
}
```

10-5　带单选框的试卷展示

4．在线测试系统：带单选框的试卷展示

单击 id 属性为“start”的“开始测试”按钮，调用 start()方法，不但要实现倒计时动态展示，同时还要展示试卷信息，需要在 test.html 页面的<script></script>标签对内增加如下代码。

```
var questions = new Array(); //测试数据
var questionXz = new Array();
var answers = new Array();
questions[0] = "下列选项中()可以用来检索下拉列表框中被选项目的索引号。";
questionXz[0] = ["A.selectedIndex", "B.options", "C.length", "D.size"];
answers[0] = 'A';
questionXz[1] = ["A.正确", "B.错误"];
questions[1] = "P 标记符的结束标记符通常不可以省略。";
answers[1] = 'B';
var len=questions.length;
function start() {    //start()函数内增加循环访问测试的数据，实现试卷展示
        var ks = new Date();
        msks = ks.getTime();
        js = msks + 60 * 2 * 1000;
        timeID = setInterval("jsover()", 1000);
        tmshow.innerHTML = "";
       for(var i = 0;i<len;i++){
```

```
            tmshow.innerHTML += i + 1 + "." + questions[i] + "<br/>";
            tmshow.innerHTML += '<div class="mui-input-row mui-radio mui-left"><label>
<input type="radio" value="A" name="x' + i + '"/>' + questionXz[i][0] + "</label></div>";
            tmshow.innerHTML += '<div class="mui-input-row mui-radio mui-left"><label>
<input type="radio" value="B" name="x' + i + '"/>' + questionXz[i][1] + "</label></div>";
            if(questionXz[i][2] !== undefined) {  //判断有无第三个选项，有则显示后续的选项
                tmshow.innerHTML += '<div class="mui-input-row mui-radio mui-left"><label>
<input type="radio" value="C" name="x' + i + '"/>' + questionXz[i][2] + "</llabel></div>";
                tmshow.innerHTML += '<div class="mui-input-row mui-radio mui-left"><label>
<input type="radio" value="D" name="x' + i + '"/>' + questionXz[i][3] + "</label></div>";
            }
        }
        tmshow.innerHTML += '<button onclick="Grade()" id="tj" class="mui-btn mui-btn-blue">提
交 试 卷</button>';
    }
```

5．在线测试系统：试卷评分展示

获取选项，并与数组中的正确答案比较，单击“提交试卷”按钮计算总分，显示总成绩；单击“提交试卷”按钮后，该按钮设为不可用，阻止重复提交。确认提交后反馈测试结果。要实现这些功能，需要在 test.html 页面<script></script>标签对内增加获取标题栏代码，增加 getValue(btBroup)方法实现遍历每组，获取选中的选项对应的值，并增加 Grade()方法，实现总分计算，代码如下。

```
var tt1 = document.getElementById("tt1"); //获取标题栏
function getValue(btBroup) {  //遍历每组，获取选中的选项对应的值
    var btBroup = document.getElementsByName(btBroup);
    for(var i = 0; i < btBroup.length; i++) {
        if(btBroup[i].checked) {
            return btBroup[i].value;
        }
    }
}
function Grade() {              //计算总分
    time.innerHTML = "";
    clearInterval(timeID);
    var correct = 0;
    for(var i = 0; i < len; i++) {
        if(Getvalue("x" + i) == answers[i]) {
            ++correct;
        }
    }
    var result = ((correct /len) * 100).toFixed(); //分数为整数
    time.innerHTML = "您做对了" + correct + '题目,' + result + "分";
    tt1.innerHTML += "——您的总分为" + result + "分";  //标题栏增加分值显示
    var tj = document.getElementById("tj");
    tj.disabled = true;      //提交后，“提交试卷”按钮设为不可用，阻止重复提交
}
```

6．在线测试系统：测试页面完整代码展示

在线测试完整代码如下。

```
<!DOCTYPE html>
<html>
	<head>
		<meta charset="utf-8">
		<meta name="viewport" content="width=device-width,initial-scale=1,minimum-scale=1,
maximum-scale=1,user-scalable=no" />
		<title>单元测试</title>
		<link href="css/mui.min.css" rel="stylesheet" />
		<style type="text/css">
			.scroll {
				margin: 20px;
			}
			button{
				margin: 20px 110px;
			}
			#time{
				color:blue;
				font-weight: bolder;
			}
		</style>
	</head>
	<body>
		<header class="mui-bar mui-bar-nav">
			<!--<a class="mui-action-back mui-icon mui-icon-left-nav mui-pull-left"></a>-->
			<h1 class="mui-title" id="tt1">单元测试 1</h1>
		</header>
		<div class="mui-content">
			<div class="scroll">
				<div id="time"></div>
				<div id="tmshow">
				喂~~~准备好了么？要测试了!!加油哦!
				<button id="start" type="button" class="mui-btn mui-btn-blue mui-btn-
outlined" >开 始 测 试</button>
				</div>
			</div>
		</div>
		<script src="js/mui.min.js"></script>
		<script type="text/javascript">
			mui.init();
			var time = document.getElementById("time");
			var tt1 = document.getElementById("tt1");
			var tmshow = document.getElementById("tmshow");
			document.getElementById("start").addEventListener('tap', function() {
				start();
			});
```

```
function jsover() {
    var syfz = Math.floor((js - new Date().getTime()) / (1000 * 60)); //计算剩余分钟数
    var sym = Math.floor((js - new Date().getTime() - syfz * 1000 * 60) / (1000));
                                                                        //计算剩余的秒数
    if(syfz < 0) {
        Grade();    //时间用完后，自动提交试卷
    } else
        time.innerHTML = "离考试结束还剩" + syfz + "分" + sym + "秒";
}
var questions = new Array();
var questionXz = new Array();
var answers = new Array();
questions[0] = "下列选项中()可以用来检索下拉列表框中被选项目的索引号。";
questionXz[0] = ["A.selectedIndex", "B.options", "C.length", "D.size"];
answers[0] = 'A';
questionXz[1] = ["A.正确", "B.错误"];
questions[1] = "P 标记符的结束标记符通常不可以省略。";
answers[1] = 'B';
var len=questions.length;
function start() {
    var ks = new Date();
    msks = ks.getTime();
    js = msks + 60 * 2 * 1000;
    timeID = setInterval("jsover()", 1000);
    tmshow.innerHTML = "";
    for(var i = 0;i<len;i++){
        tmshow.innerHTML += i + 1 + "." + questions[i] + "<br/>";
        tmshow.innerHTML += '<div class="mui-input-row mui-radio mui-left">
<label><input type="radio" value="A" name="x' + i + '"/>' + questionXz[i][0] + "</label></div>";
        tmshow.innerHTML += '<div class="mui-input-row mui-radio mui-left">
<label><input type="radio" value="B" name="x' + i + '"/>' + questionXz[i][1] + "</label></div>";
        if(questionXz[i][2] !== undefined) {
            tmshow.innerHTML += '<div class="mui-input-row mui-radio mui-
left"> <label><input type="radio" value="C" name="x' + i + '"/>' + questionXz[i][2] + "</llabel></div>";
            tmshow.innerHTML += '<div class="mui-input-row mui-radio mui-
left"><label><input type="radio" value="D" name="x' + i + '"/>' + questionXz[i][3] + "</label></div>";
        }
    }
    tmshow.innerHTML += '<button onclick="Grade()" id="tj" class="mui-btn mui-
btn-blue">提 交 试 卷</button>';
}
function getValue(btBroup) {
    var btBroup = document.getElementsByName(btBroup);
    for(var i = 0; i < btBroup.length; i++) {
        if(btBroup[i].checked) {
            return btBroup[i].value;
        }
    }
```

```
            }
            function Grade() {
                time.innerHTML = "";
                clearInterval(timeID);
                var correct = 0;
                for(var i = 0; i < len; i++) {
                    if(getValue("x" + i) == answers[i]) {
                        ++correct;
                    }
                }
                var result = ((correct /len) * 100).toFixed();
                time.innerHTML = "您做对了" + correct + '题目,' + result + "分";
                tt1.innerHTML += "—总分为" + result + "分";
                var tj = document.getElementById("tj");
                tj.disabled = true;
            }
        </script>
    </body>
</html>
```

任 务 训 练

1．使用 JavaScript 实现一组复选框的全选、全不选、反选，如图 10-12 所示。

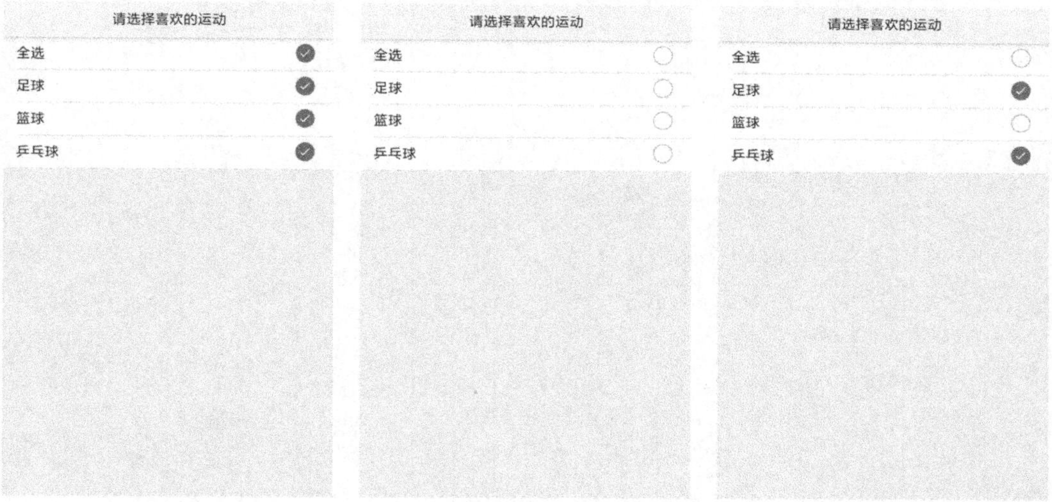

a)　　b)　　c)

图 10-12　复选框实现喜欢的运动项目选择效果

a) 全选效果　b) 全不选效果　c) 部分选择效果

2．参考在线测试 App，制作学生调查问卷 App，利用单选框实现最喜欢的运动项目展示，效果如图 10-13 所示。

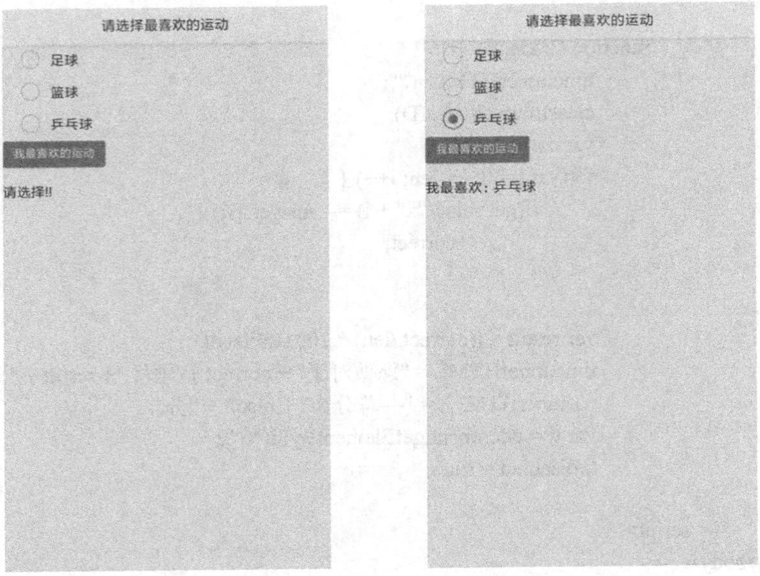

a)

b)

图 10-13　单选框实现最喜欢的运动项目展示效果

a) 未选择时的效果　b) 选中单选按钮的效果

参考文献

[1] Nicholas C Zakas. JavaScript 高级程序设计[M]. 李松峰，曹力，译. 3 版. 北京：人民邮电出版社，2012.

[2] 郑丽萍. JavaScript 与 jQuery 案例教程[M]. 北京：高等教育出版社，2018.

[3] Eric T. Freeman, Elisabeth Robson. Head First JavaScript 程序设计[M]. 袁国忠，译. 2 版. 北京：人民邮电出版社，2017.

[4] Jeremy Keith, Jeffrey Sambells. JavaScript DOM 编程艺术[M]. 杨涛，王建桥，杨晓云，等译. 2 版. 北京：人民邮电出版社，2011.

[5] 卢淑萍. JavaScript 与 jQuery 实战教程[M]. 北京：清华大学出版，2015.